全国高职高专教育规划教材

计算机应用基础实训

Jisuanji Yingyong Jichu Shixun

（第2版）

王　津　主编

韩银峰　李　琳　黄丽英　副主编

高等教育出版社·北京

HIGHER EDUCATION PRESS　BEIJING

内容提要

本书是全国高职高专教育规划教材，是王津主编的《计算机应用基础》（第2版）的配套教材，全书内容分为实验篇、实训篇、测试篇和解答篇。实验篇根据教学内容安排了20个上机实验，配以丰富多彩的实验样文作为基本实验的补充；实训篇以40个实训项目为基础，按提出问题、分析项目、解决问题的思路，全面讲解相关软件各项功能的用法；测试篇精选了大量的基础知识测试题，并配有参考答案，供学生进行自我测试，以巩固所学知识；解答篇附有主教材的综合练习解答，内容实用，解析准确。

本书是精品课程“计算机应用基础”的配套教学指导书，可作为应用性、技能型人才培养的各类教育“计算机应用基础”课程的教学用书，也可供各类培训机构、计算机从业人员和爱好者参考。

图书在版编目（CIP）数据

计算机应用基础实训 / 王津主编. —2版.—北京：高等教育出版社，2011.8

ISBN 978-7-04-032495-2

Ⅰ. ①计…　Ⅱ. ①王…　Ⅲ. ①电子计算机—高等职业教育—教材　Ⅳ. ①TP3

中国版本图书馆 CIP 数据核字（2011）第142048号

策划编辑　洪国芬　　责任编辑　洪国芬　　封面设计　张雨微　　责任绘图　宗小梅

版式设计　王艳红　　责任校对　陈旭颖　　责任印制　刘思涵

出版发行　高等教育出版社
社　　址　北京市西城区德外大街4号
邮政编码　100120
印　　刷　山东鸿杰印务集团有限公司
开　　本　787mm × 1092mm　1/16
印　　张　18
字　　数　440千字
购书热线　010－58581118
咨询电话　400－810－0598

网　　址　http://www.hep.edu.cn
　　　　　http://www.hep.com.cn
网上订购　http://www.landraco.com
　　　　　http://www.landraco.com.cn
版　　次　2008年7月第1版
　　　　　2011年8月第2版
印　　次　2011年8月第1次印刷
定　　价　24.60元

物 料 号　32495-00

前　言

本书是在第 1 版的基础上修订而成的，内容及体例与第 1 版大致相同，并保持了第 1 版的特点，强调实践操作，突出应用技能的训练。操作系统版本及 Office 软件运行的界面与第 1 版相同，操作系统是 Windows XP 版本，Office 版本为目前仍然流行的 Office 2003。

本书主要修订的内容有两个方面：一方面根据技术的发展及作者的实践对部分内容进行了更新，另一方面根据作者的计算机基础教学经验对部分实训项目进行了更新，使读者更容易掌握。

本书是与主教材王津主编的《计算机应用基础》（第 2 版）配套的辅助教材，按照基于工作过程导向的课程开发新思路编写，主教材采用“问题（任务）驱动”的编写方式，本书采用环境教学法的编写方式。主教材与辅助教材二者相辅相成，相得益彰。

本书的编写目的是：配合计算机基础课程理论教学，改变教师授课缺少演示实例和学生上机时由于没有操作对象而收效欠佳的局面。编写时，为了让读者在最短的时间内掌握最多的知识，运用了环境教学法。书中大量的应用实例、样文、计算机故事、计算机常识和经验技巧，可让读者融入计算机应用的环境中，充分体验计算机文化的魅力。实际上，茶余饭后读者信手翻开本书，就能学习、了解很多东西，因此本书读者不用“学”，不需要“死记硬背”，即可在轻松、自然中掌握知识要点。

本书内容分为实验篇、实训篇、测试篇和解答篇。

实验篇配合主教材各章内容，按照软件的功能分类，安排了 20 个实验。每个实验配有相关实验的原文和样文及要求，使学生可以做到有的放矢，改变学生在上机时由于缺少操作对象而收效欠佳的局面。力求让学生在上机操作时以主动思考为主，在估计学生有困难的地方给予一定的提示，尽量做到使学生不依赖于书本，充分发挥其主观能动性。

实训篇采用新颖的模式，将知识点与实训项目紧密结合。为了让读者能够深入而且熟练地掌握相关软件的用法，针对各个应用软件精心制作了 40 个实训项目。通过对各实训项目的详细讲解，使读者从实训项目的实现过程中体会到各个软件各项功能的用法，并自己做出实例展现的效果。这样既节省了读者大量宝贵时间，也使读者有身临其境的感觉，并可通过反复演练，将所学知识运用到实际工作中去。

测试篇综合了每一章的要点，以基础知识测试题的形式作为对理论知识和基本操作的扩充和完善。基础知识测试题的题量大、题型丰富多彩，供学生在学习结束时进行自我测试，一方面可以巩固基本知识，另一方面可以对理论和基本操作进行拓展，使学生开阔眼界，对所学内容有更全面、更深入的了解，并使学生对所学知识产生浓厚的兴趣。

解答篇为主教材的综合练习解答，内容实用，解析准确。

主教材配套光盘提供了本书所有的教学课件、电子教案以及书中实例涉及的所有素材和源文件。读者也可以直接从开放的教学网站（课程网址：http://jpdx.sxpi.com.cn/jsjyyjc/）上查用，以方便教师授课和学生学习。若不能正常下载，请发 E-mail 到 Wangjin1962@163.com 或 576748804@qq.com 索取。

本书由王津（陕西工业职业技术学院）担任主编，韩银峰（西安航空职业技术学院）、李琳（内江职业技术学院）、黄丽英（铁岭市信息工程学校）担任副主编。实验篇由王津、韩银峰编写，实训篇由李琳、周中（内江职业技术学院）、李岭（陕西航天职工大学）、文欣（西安外事学院）编写，测试篇和解答篇由黄丽英、向秀丽（铜川职业技术学院）编写，全书由王津负责统稿。

由于编写时间仓促，作者水平有限，书中的缺点和疏漏在所难免，恳请各位读者和专家批评指正，以便在再版时得以修正。

编者

2011 年 4 月

目　录

实　验　篇

实　训　篇

测 试 篇

解 答 篇

实 验 篇

第 1 部分
计算机基础实验

实验 1　认识计算机和输入法测试

实验目的

1．熟悉计算机的基本组成和配置。

2．输入法基本练习。

3．特殊字符和汉字输入练习。

实验内容

1．熟悉计算机机房环境及计算机的基本组成和配置。

（1）结合实物，认识计算机的各个部件，了解主机面板和显示器上各个按钮的作用。将计算机主机面板和显示器上的按钮名称写在相应条目的后面：

主机面板上有____________按钮；显示器上有__________按钮。

（2）了解实验所用微型计算机的品牌、档次，将计算机各个部件的相关情况写在相应条目的后面：

CPU 型号及频率：________；内存容量：________；软盘驱动器类型：________；显示器分辨率：________；硬盘容量：________；键盘上的按键数：________；使用的是单机还是网络终端：________。

2．掌握启动计算机的方法，将计算机机房内你所使用的计算机的开、关机步骤写在相应条目的后面：

开机步骤：____________；关机步骤：____________。

思考：为什么有些计算机在关机时，只需通过菜单命令关闭电源，而有些计算机却必须手动关闭？

3．输入法测试。

在 Microsoft Office Word 2003（从“开始”→“所有程序”→Microsoft Office→Microsoft Office Word 2003 启动）中输入以下内容，要求在 10 分钟内完成。

● Can he really be typical? He thinks. He has an umbrella, healthy rolled, but no bowler hat; in fact, no hat at all. Of course, he is reading about cricket and he is reserved and not interested in other people.

● ① ② ③ ④ ⑤ ⑥ ⑦ ⑧ ⑨ ⑩　A)　B)　C)　D)　(5)　(6)　(7)　(8)　(9)　(10)

1. 2. 3. 4. 5. 6. 7. 8. 9. 10.　Ⅰ　Ⅱ　Ⅲ　Ⅳ　Ⅴ　Ⅵ　Ⅶ　Ⅷ　Ⅸ　Ⅹ

4．特殊字符输入练习。

启动 Microsoft Office Word 2003，输入下列特殊字符。

（1）标点符号：　。　，　、　：　…　～　〖　【　《　『

（2）数学符号：　≈　≠　⩽　≮　∷　±　÷　∫　∑　∏

（3）特殊符号：　§　№　☆　★　○　●　◎　◇　◆　※

（4）Webdings：　Ⓟ　⏸　⏭　☎　🖷　🌧　🌩　♫　🖅　📅

（5）Wingdings：　✏　👓　🕮　🖂　💻　✍　💾　❹　🕖　☑

（6）特殊字符：　©　®　™　§

提示：（1）～（3）通过软键盘输入，（4）～（6）通过“插入”菜单中的“符号”命令输入。

5．汉字输入练习。

启动“记事本”程序，输入下述文字。要求正确地输入标点符号、英文和数字。

1946 年 2 月，世界上第一台电子数字计算机 ENIAC（Electronic Numerical Integrator And Calculator）在美国宾夕法尼亚大学问世，它采用电子管作为基本部件，使用了 18 800 只电子管、10 000 只电容器和 7 000 只电阻，每秒可进行 5 000 次加减运算。这台计算机占用面积 170 平方米，重达 30 吨，耗电 150 千瓦。这种计算机的程序是外加式的，存储容量很小，尚未完全具备现代计算机的主要特征。后来，美籍匈牙利科学家冯·诺依曼提出存储程序的原理，即由指令和数据组成程序存放在存储器中，程序在运行时，按照其指令的逻辑顺序把指令从存储器中取出并逐条执行，自动完成程序所要求的处理工作。1951 年，冯·诺依曼等人研制成功世界上首台能够存储程序的计算机 EDVAC（Electronic Discrete Variable Automatic Computer），它具有现代计算机的 5 个基本部件：输入设备（input device）、运算器（ALU，又称算术逻辑部件）、存储器（memory）、控制器（control unit）、输出设备（output device）。

计算机故事

ENLAC 登场

计算机和微处理器的发明，揭开了信息革命的序幕，世界因此而改变。

乾隆 34 年（公元 1769 年），英国伦敦仪表厂的徒工发明了蒸汽机。119 年后，光绪14 年（公元 1888 年），李鸿章寻求法国人赞助，在紫禁城中修建了一条1 500 米的铁路，慈禧太后平生第一次乘坐火车。她这次感受工业文明的独特经历，为晚清时期的中国写下了意味深长的一节。此后，华夏几千年的田原牧歌式生活，逐渐被机械化时代的隆隆轰鸣声淹没。

工业革命的伟大意义，早已融入人们的日常生活细节，难以分割。然而，62 年前发明的计算机，却又一次唤醒了革命的激情。

历史学家阿诺德·汤因此在《1884 年英国工业革命演讲集》中写道：社会在蒸汽机和动力织布机的强烈冲击下突然间变得支离破碎。谁能想象：再过 100 年，历史学家如何评价当今的信息革命呢？

人类历史上第一部电子计算机（ENIAC）于 1946 年由美国人莫奇利（John Mauchly）和埃克特（J. Presper Eckert）发明，人们将这一事件定义为信息革命的起点。与工业革命一样，信息革命也起源于新技术，随着科学技术的不断进步和日渐普及，最终引发社会形态的变革。

1947 年，美国人肖克利、巴丁和布拉顿合作发明了晶体管。在 1958 年，集成电路出现了。1971 年冬天，英特尔公司宣布了人类历史上第一个微处理器的诞生：该公司工程师霍夫(Ted Hoff)发明了 Intel 4004 芯片。这是 4 位的芯片，集成了 60 000 个晶体管，时钟频率 108 kHz。

微处理器一经问世，很快便成为计算机的引擎，如同安装在汽车上的发动机。自 Intel 4004 芯片问世至今，微处理器一直在遵循 1965 年提出的摩尔定律向前发展：在同等价格下，每隔 18 ~ 24 个月，芯片上晶体管的数量便会翻一番。如此，就打开了以微处理器为核心的计算机产品价格大幅度下降、性能快速提升的技术通路。1960 年，每秒操作 100 万次计算机的相应部件价格是 75 美元，到了 1990 年则只需不足一美分。

微处理器的发明是继计算机的发明之后，信息革命历程中的第二次具有历史意义的技术突破。

罗斯福、丘吉尔、斯大林三位领导人 1945 年在苏联克里米亚半岛的雅尔塔举行聚会，确立了第二次世界大战之后的世界格局：昔日的“日不落帝国”英国被美国和苏联所取代，开始持续半个多世纪的冷战时代。ENIAC 也是冷战兵器之一，由美国出资建造，用于计算弹道。不仅如此，冷战时期的大多数半导体器件也被用于军事目的。

1958 年 6 月，我国第一台电子管计算机研制成功，运算速度达到每秒 1 500 次，字长 31 位，内存容量 1 024 字节。

这台计算机的确来之不易。按照我国的传统习俗，新生儿的名字将关系到他今后的命运。因此，围绕计算机的命名发生了一些争议。军方的科学家们根据这台机器正常运行的日期，称其为“八一机”；而中国科学院的专家们考虑到今后如果批量生产必须加以区分的关系，称其为“103 机”。最后，DJS-103 成为它的官方名称。DJS-103 是信息革命在我国沃土上的第一缕晨曦。紫禁城中的火车是舶来品，而 DJS-103 却是中国人自己创造的，慈禧太后乘坐的火车距火车发明 74 年，DJS-103 距人类第一台电子计算机的发明 12 年。不过，我国的 DJS-103 与 ENIAC 计算机并不存在任何血缘关系。

第 2 部分
操作系统实验

实验 2　Windows 的基本操作

实验目的

1．掌握 Windows 的基本知识。

2．掌握 Windows 的基本操作。

实验内容

1．Windows XP 任务栏和语言栏的设置

（1）显示或隐藏桌面上的“我的文档”、“我的电脑”、“网上邻居”和 Internet Explorer

提示：当 Windows XP 安装好之后，桌面上只出现一个“回收站”图标。可以通过桌面快捷菜单中的“属性”命令显示或隐藏一些常用的项目，如实验图 2.1 和实验图 2.2（由实验图 2.1 中的“自定义桌面”按钮而得）所示。

（2）设置任务栏外观为自动隐藏

提示：在任务栏的快捷菜单中选择“属性”命令，弹出如实验图 2.3 所示的“任务栏和「开始」菜单属性”对话框，可以在其中进行相应的设置。

实验图 2.1

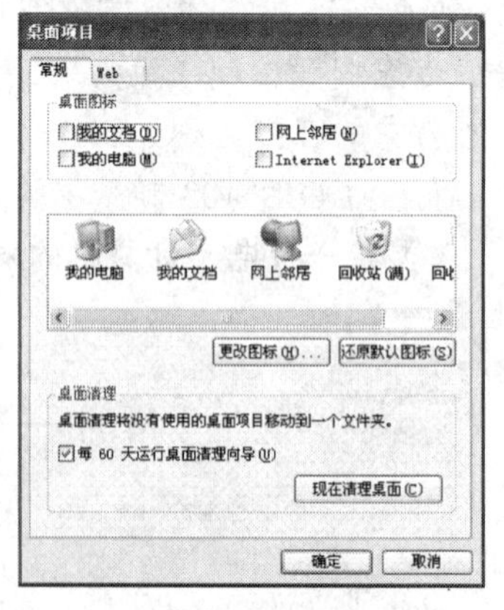

实验图 2.2

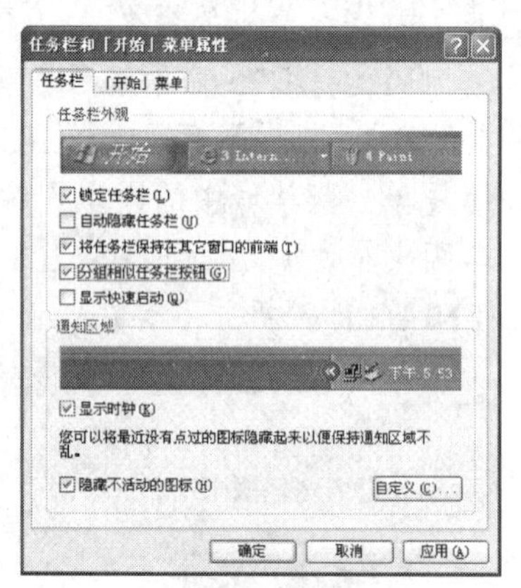

实验图 2.3

（3）选择或取消“分组相似任务栏按钮”功能

选定“分组相似任务栏按钮”功能，多次启动 Microsoft Office Word 2003 或“画图”程序，直到它们以分组方式显示为止。

提示：“分组相似任务栏按钮”是指把同一个程序已打开的文档组合成一个任务栏按钮加以显示，以便减轻任务栏的混乱程度。“分组相似任务栏按钮”需要在如实验图 2.3 所示的对话框中进行设置。

（4）设置“智能 ABC”为默认输入法

（5）显示或隐藏语言栏

语言栏如实验图 2.4 所示，可悬浮于桌面上，主要用于选择中英文输入法。如果要隐藏语言栏，则在其快捷菜单中选择“设置”命令，在弹出的“文字服务和输入语言”对话框（如实验图 2.5 所示）中单击“语言栏”按钮，最后在“语言栏设置”对话框（如实验图 2.6 所示）中进行相应的设置。如果要显示语言栏，可以通过依次选择“开始”→“控制面板”→“区域和语言选项”→“语言”选项卡→“详细信息”按钮打开“文字服务和输入语言”对话框。

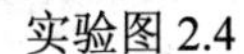

实验图 2.4

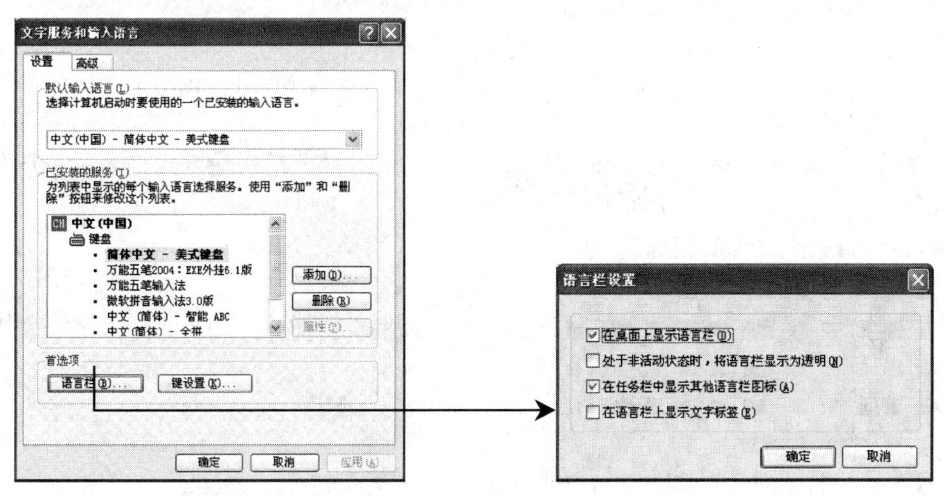

实验图 2.5　　　　实验图 2.6

（6）“记事本”和“画图”程序的使用

对这些程序的窗口进行层叠、横向平铺和纵向平铺等操作。

2．Windows XP 桌面的设置

（1）选择 Windows XP 主题。

（2）桌面背景选用“Tulips”，并使其拉伸至整个桌面。

（3）选择“三维文字”屏幕保护程序，显示文字“计算机屏幕保护”，摇摆式旋转，等待时间为 1 分钟，恢复时返回至欢迎界面。

（4）查看屏幕分辨率。如果分辨率为 1 024×768 像素，则将其设置为 800×600 像素，否则都设置为 1 024×768 像素。

（5）将经修改的主题保存起来，文件命名为 Windows XP New.theme。

3．在桌面上创建快捷方式和其他对象

（1）为“控制面板”中的“系统”创建快捷方式

提示：建立快捷方式有两种方法：一是用鼠标把“系统”图标直接拖曳到桌面上；二是使用“系统”快捷菜单中的“创建快捷方式”命令。

（2）为“Windows 资源管理器”建立一个名为“资源管理器”的快捷方式

提示：有两种简单的创建方式：一是用鼠标右键单击“开始”→“所有程序”→“附件”组，选择其中的“资源管理器”项，然后在其“Windows 资源管理器”图标的快捷菜单中选择“发送到”→“桌面快捷方式”命令；二是按住 Ctrl 键，直接把“附件”组中列出的“Windows 资源管理器”拖曳到桌面上。

也可以通过桌面快捷菜单中的“新建”→“快捷方式”命令完成，但是这个过程稍显复杂，关键是确定“Windows 资源管理器”的文件名及其所在的文件夹。对应的文件名是 explorer.exe，其路径可以通过“开始”→“搜索”命令查找。如果事先不知道对应的文件名，则可用鼠标右键单击“附件”组中列出的“Windows 资源管理器”，然后在其快捷菜单中选择“属性”命令，在弹出的“Windows 资源管理器 属性”对话框中就可以确定文件名及其路径。

（3）利用桌面快捷菜单中的“新建”命令，建立名称为 Myfile.txt 的文本文件和名称为“我的相片”的文件夹。

（4）在 C:\WINDOWS\Start\Menu 文件夹中建立“记事本”的快捷方式，然后单击“开始”菜单按钮，观察“开始”菜单有何变化。

（5）自动排列桌面上的图标。

4．回收站的使用和设置

（1）删除桌面上已经建立的“Windows 资源管理器”快捷方式和“系统”快捷方式。

提示：按 Delete 键或选择其快捷菜单中的“删除”命令。

（2）恢复已删除的“Windows 资源管理器”快捷方式。

提示：先打开“回收站”，然后选定要恢复的对象，最后选择“文件”菜单中的“还原”命令。

（3）永久删除桌面上的 Myfile.txt 文件对象，使之不可被恢复。

提示：删除文件的同时按住 Shift 键，将永久性地删除文件。

（4）设置各个驱动器的回收站容量

C 盘回收站的最大空间为该盘容量的 10%，其余硬盘上的回收站容量为该盘容量的 5%。

提示：通过“回收站 属性”对话框进行设置。

实验 3 文件和文件夹的管理

实验目的

1. 掌握磁盘格式化的方法。
2. 掌握“Windows 资源管理器”和“我的电脑”的使用方法。
3. 掌握文件和文件夹的常用操作。

实验内容

假定 Windows XP 已安装在 C 盘。

1. 通过“我的电脑”或“Windows 资源管理器”格式化可移动磁盘，并用你自己的学号设置可移动磁盘的卷标号。

需要注意的是：磁盘不能处于写保护状态，磁盘上不能有已经打开的文件。

2.“我的电脑”或“Windows 资源管理器”的使用。

（1）分别选用“缩略图”、“列表”、“详细信息”等方式浏览 WINDOWS 目录，观察各种显示方式的特点。

（2）分别按名称、大小、类型和修改时间对 WINDOWS 目录进行排序，观察这 4 种排序方式之间的区别。

（3）设置或取消下列文件夹的查看选项，并观察其中的区别。

① 显示所有的文件和文件夹。

② 隐藏受保护的操作系统文件。

③ 隐藏已知文件类型文件的扩展名。

（4）查看任一文件夹的属性，了解该文件夹的位置、大小、包含的文件及子文件夹数、创建时间等信息。

（5）查看“Microsoft Word 文档”的文件类型，了解这类文件的默认扩展名、内容类型、打开方式及已经定义的操作，并更改这类文件的图标。

3. 在可移动磁盘上创建文件夹，对于文件夹结构的要求如实验图 3.1 所示。

可移动磁盘 (H:)
Test1
Sub1
Sub2
Tset2
ABC
XYZ

实验图 3.1

4. 浏览硬盘，记录 C 盘的有关信息。

项　　目	信　　息
文件系统类型	
可用空间	
已用空间	
驱动器容量	
Windows 系统文件夹 （一般有 3 个，安装 IIS 后增加了 1 个）	

每位用户都有独立的“我的文档”和桌面设置，而且都对应着一个文件夹，请记录当前用户的“我的文档”和桌面对应的文件夹及其路径。

桌面：________________；“我的文档”：________________。

“图片收藏”（Windows XP）：________________。

“我的音乐”（Windows XP）：________________。

5．文件的创建、移动和复制。

（1）在桌面上，用“记事本”建立一个文本文件 t1.txt。用“快捷菜单”中的“新建”→“文本文档”命令创建文本 t2.txt，任意输入两个文件中的内容。

（2）对于桌面上的 t1.txt，用快捷菜单中的“复制”和“粘贴”命令复制到可移动磁盘 H 的 Testl 文件夹中。

（3）将桌面上的 t1.txt 用 Ctrl+C 组合键和 Ctrl+V 组合键复制到可移动磁盘 H 的 Testl\Subl 子文件夹中。

（4）将桌面上的 t1.txt 用鼠标拖曳方式复制到可移动磁盘 H 的 Testl\Sub2 子文件夹中。

（5）将桌面上的 t2.txt 移动到可移动磁盘 H 的 Test2\ABC 子文件夹中。

（6）将可移动磁盘 H 中的 Testl\Sub2 子文件夹移动到同一磁盘的 Test2\XYZ 子文件夹中。要求移动整个文件夹，而不是仅仅移动其中的文件。

（7）将可移动磁盘 H 的 Testl\Subl 子文件夹用“发送”命令发送到桌面上，观察究竟在桌面上创建了文件夹还是文件夹的快捷方式。

6．文件和文件夹的删除及回收站的使用。

（1）删除桌面上的文件 t1.txt。

（2）恢复刚刚被删除的文件。

（3）用 Shift+Delete 组合键删除桌面上的文件 t1.txt，观察其是否被送到回收站。

（4）删除可移动磁盘 H 中的 Test2 文件夹，观察其是否被送到回收站。

7．查看可移动磁盘 H 中 Testl\TI.txt 文件的属性，并将其设置为“只读”和“隐藏”。

8．搜索文件或文件夹。

要求如下：

（1）查找 C 盘中扩展名为.txt 的所有文件。

在进行搜索时，可以使用符号“?”和“*”。“?”表示任意一个字符，“*”表示任意一个字符串。因此，在此处应输入“*.txt”作为文件名。

（2）查找 C 盘中文件名的第 3 个字符为“a”、扩展名为.bmp 的文件，并以“BMP 文件.fnd”为文件名将搜索条件保存在桌面上。

在进行搜索时，输入“??a*.bmp”作为文件名。搜索完成后，使用“文件”菜单中的“保存搜索”命令保存搜索结果。

（3）查找文件内容中含有文字“Windows”的所有文本文件，并将其复制到可移动磁盘 H 的根目录下。

（4）查找 C 盘中在去年一年内修改过的所有.bmp 文件。

（5）在 C 盘上查找 notepad 程序文件，若找到则运行该程序。

实验 4　Windows 的程序管理

实验目的

1．掌握 Windows 的基本知识。

2．掌握 Windows 的程序管理。

实验内容

1．剪贴簿查看器的使用

（1）打开“开始”→“所有程序”→“附件”组中的“计算器”。

（2）按 Alt+Print Screen 组合键，“计算器”窗口将被复制到剪贴板中。

（3）启动剪贴簿查看器，将剪贴板中的内容保存起来，文件命名为 Calc.clp。

提示：执行“开始”→“运行”命令，运行 clipbrd。

（4）删除剪贴板中的所有内容。

提示：执行“编辑”→“删除”命令。

（5）打开剪贴板文件 Calc.clp。

提示：执行“文件”→“打开”命令。

（6）启动“画图”程序，用“编辑”→“粘贴”命令将剪贴板中的内容复制到画板上，并保存起来，文件命名为 Calc.jpg。

2．使用 Windows XP 的帮助系统

（1）搜索关于“文件和文件夹”的信息，在搜索结果中查看有关“文件和文件夹管理概述”主题的内容，如实验图 4.1 所示，把帮助信息保存起来，文件命名为 File.txt。

提示：按 Ctrl+A 组合键选定所有的帮助信息，按 Ctrl+C 组合键将其复制到剪贴板，打开“记事本”程序，按 Ctrl+V 组合键把信息从剪贴板中粘贴过来，然后执行“文件”→“保存”命令保存文件。

（2）从“帮助和支持中心”的首页开始，按照“音乐、视频、游戏和照片”、“照片和其他数字图像”、“使用照片和图形”、“共享计算机上的图片和音乐”的顺序查看“共享计算机上的图片和音乐”项目的内容。

（3）在“索引”子窗格中，输入关键字“日期设置”，查看主题为“日期设置”的内容，如实验图 4.2 所示。

（4）如果计算机已与 Internet 建立连接，尝试从“帮助和支持中心”窗口搜索和更新计算机系统。

提示：在“帮助和支持中心”主页中，选择“用 Windows Update 保持您的计算机处于最新状态”。

（5）如果计算机已与 Internet 建立连接，尝试进入 Windows 新闻组，并查看其中的信息。

提示：在“帮助和支持中心”主页中，选择“获取支持，或在 Windows XP 新闻组中查找信息”。

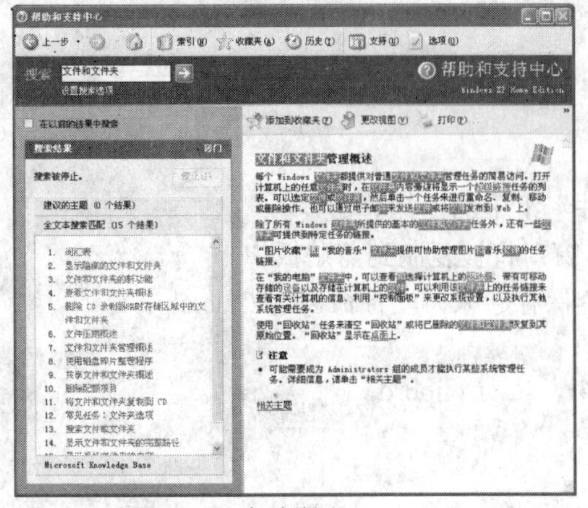

实验图 4.1

实验图 4.2

3．“Windows 任务管理器”的使用

（1）启动“画图”程序，打开“Windows 任务管理器”窗口，记录系统当前进程数和“画图”的线程数。

系统当前进程数：________；“画图”的线程数：________。

提示：① 按 Ctrl+Alt+Delete 组合键可以打开“Windows 任务管理器”窗口，如实验图 4.3 所示。在默认情况下，“Windows 任务管理器”窗口不显示进程的线程数。若需要显示线程数，应先选择“进程”选项卡，然后通过“查看”菜单中的“选择列”命令设置显示线程计数，如实验图 4.4 所示。
② “画图”程序的文件名是 mspaint.exe。

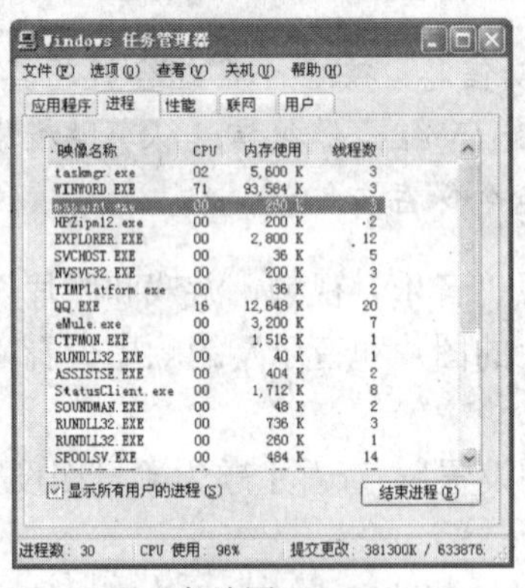

实验图 4.3

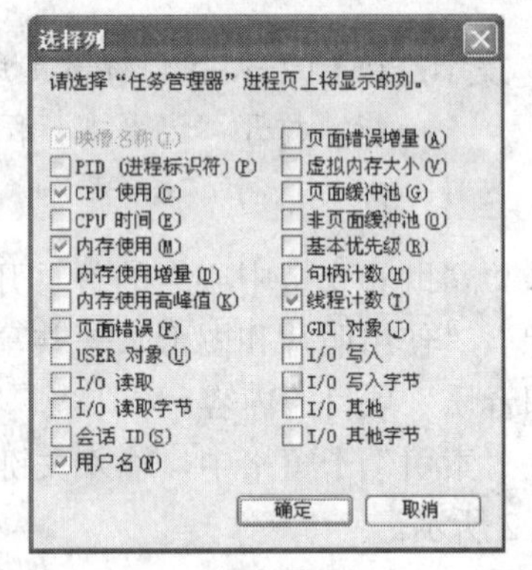

实验图 4.4

（2）通过“Windows 任务管理器”终止“画图”程序的运行。

4．观察并记录当前系统各磁盘分区的信息

<table>
<tr><th colspan="2">存　储　器</th><th>盘　　符</th><th>文件系统类型</th><th>容　　量</th></tr>
<tr><td rowspan="4">磁盘</td><td>主分区</td><td></td><td></td><td></td></tr>
<tr><td rowspan="3">扩展分区</td><td></td><td></td><td></td></tr>
<tr><td></td><td></td><td></td></tr>
<tr><td></td><td></td><td></td></tr>
<tr><td colspan="2">CD-ROM</td><td></td><td></td><td></td></tr>
</table>

提示：依次选择“控制面板”→“管理工具”→“计算机管理”，在弹出的“计算机管理”窗口中选择“存储”项目下的“磁盘管理”。

实验 5 控制面板的使用

实验目的

1．掌握控制面板的使用方法。

2．掌握磁盘碎片整理程序等实用程序的使用方法。

实验内容

1．通过“显示 属性”对话框（在“控制面板”窗口中双击“显示”图标，或者鼠标右键单击桌面再在快捷菜单中选择“属性”项）进行下列操作。

（1）选择名为 Clouds 的墙纸，将其平铺在桌面上，观察实际显示效果。

（2）取消墙纸，选择名为 Buttons 的图案，适当修改该图案，观察实际显示效果。

提示：如果不取消墙纸，能否任意选择图案？

（3）选择名为“字幕”的屏幕保护程序，并将滚动文字的内容设置为“你好!”，背景颜色设置为蓝色，等待时间设置为 2 分钟，观察实际显示效果。

（4）选择名为“橄榄绿”的色彩方案作为桌面的外观，并依照自己的喜好在高级设置中更改桌面的颜色，观察实际显示效果。

（5）将桌面的外观恢复为 Windows 标准“默认（蓝）”方案，并取消墙纸及屏幕保护程序。

（6）按照自己的喜好更改“我的电脑”图标，观察实际显示效果。

2．在控制面板中打开“字体”文件夹，以“详细信息”方式查看本机中已安装的字体。

3．在控制面板中打开“鼠标 属性”对话框，适当调整指针移动速度，并按照自己的喜好选择是否显示指针踪迹及调整指针形状，然后恢复初始时的系统默认设置。

4．在控制面板中打开“区域和语言选项”对话框，选择“语言”选项卡，单击“详细信息”按钮，打开“文字服务和输入语言”对话框，进行下列操作。

（1）删除“区位输入法”，添加“王码五笔型 98 版”输入法。

（2）将“智能 ABC 输入法”的快捷键设置为 Ctrl+Alt+O。

实验 6 Windows 常见问题及解决方法

实验目的

1．掌握 Windows 的基本知识。

2．掌握 Windows 常见问题及其解决方法。

实验内容

1．“任务栏”不可见怎么办？

（1）按 Ctrl+Esc 组合键或单击“开始”菜单，在经典“开始”菜单中选择“设置”→“任务栏和「开始」菜单”命令，打开如实验图 6.1 所示的“任务栏和「开始」菜单属性”对话框。

（2）在“任务栏”选项卡中，禁用“自动隐藏任务栏”选项。

（3）单击“确定”按钮。

提示：找不到“任务栏”右端的时钟时可以启用“显示时钟”选项。

2．找不到输入法指示器怎么办？

（1）打开“控制面板”窗口，在经典视图下双击“区域和语言选项”图标，在相应对话框中选择“语言”选项卡，单击“详细信息”按钮，打开如实验图 6.2 所示的“文字服务和输入语言”对话框。

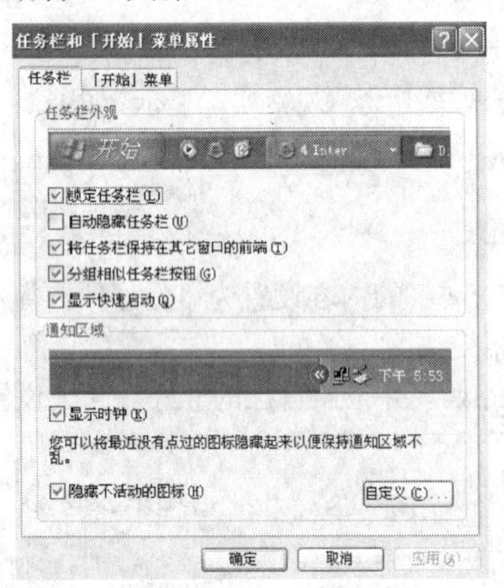

实验图 6.1

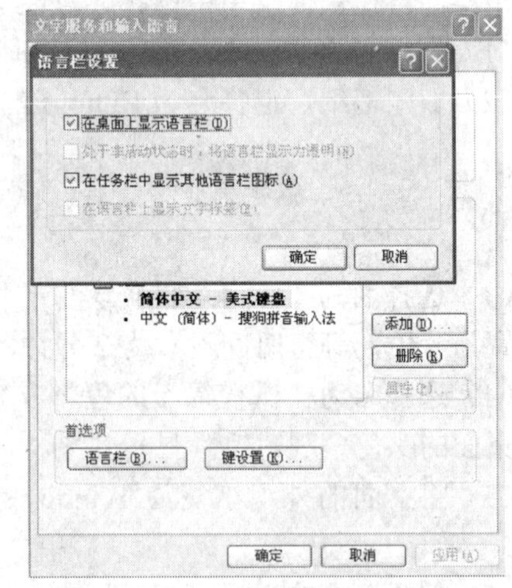

实验图 6.2

（2）在“设置”选项卡中单击“语言栏”按钮，打开“语言栏设置”对话框，选择其中的“在桌面上显示语言栏”选项。

（3）单击“确定”按钮。

提示：也可以在“控制面板”窗口中打开“键盘 属性”对话框来进行相应的设置。

3．“附件”组中找不到“记事本”怎么办？

（1）在如实验图 6.1 所示的“任务栏和「开始」菜单属性”对话框中，选择“「开始」菜单”选项卡中的“自定义”按钮，打开“自定义经典「开始」菜单”对话框，如实验图 6.3 所示。

（2）单击“添加”按钮，弹出如实验图 6.4 所示的“创建快捷方式”对话框。

（3）在“请键入项目的位置”文本框中输入 notepad.exe，然后单击“下一步”按钮，则出现如实验图 6.5 所示的“选择程序文件夹”对话框。

（4）选择“附件”项后单击“下一步”按钮，出现如实验图 6.6 所示的“选择程序标题”对话框。

（5）在“键入该快捷方式的名称”文本框中输入“记事本”，单击“完成”按钮。

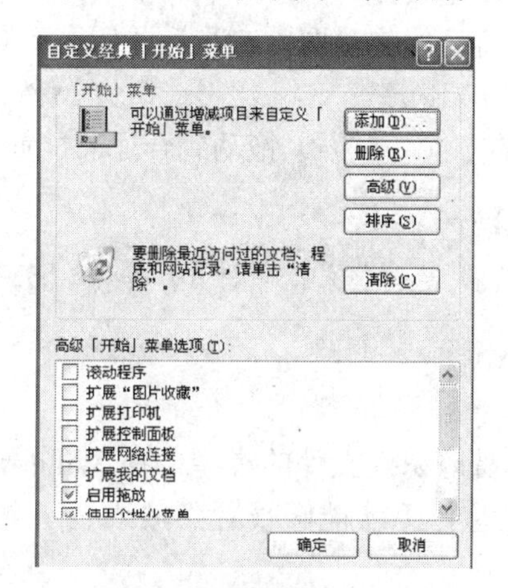

实验图 6.3

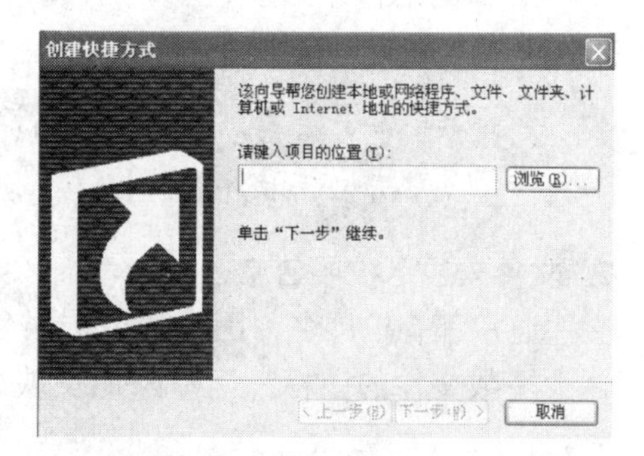

实验图 6.4

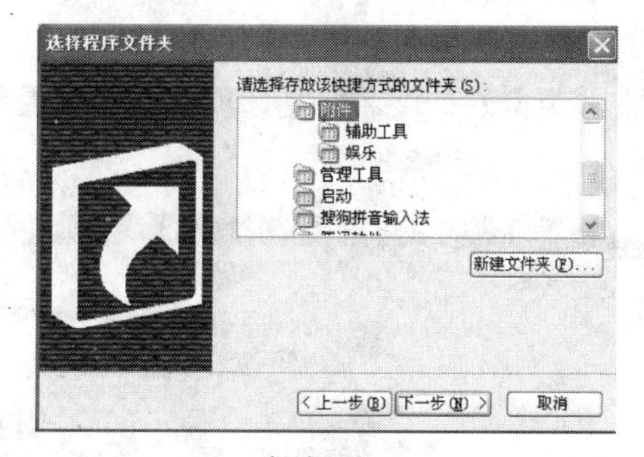

实验图 6.5

实验图 6.6

提示：“写字板”write、“画图”mspaint、“资源管理器”explorer、“计算器”calc等在“附件”组中找不到时也可如此添加。

4．文件属性设置为隐藏后，若想去除隐藏属性，但却看不见文件怎么办？

（1）在“资源管理器”→“工具”菜单→“文件夹选项”对话框的“查看”选项卡中选定“显示所有文件和文件夹”单选按钮，然后就可以看到该隐藏文件。

（2）选定该隐藏文件后，选择“文件”菜单中的“属性”命令；也可以右击该文件的图标，在弹出的快捷菜单中选择“属性”命令。

（3）在出现的“属性”对话框中禁用“隐藏”复选项。

（4）单击“确定”按钮，即可去除其隐藏属性。

5．在开机后频繁处于屏幕保护状态怎么办？

（1）在桌面空白处右击，在弹出的快捷菜单中选择“属性”命令，即出现“显示 属性”对话框，然后选择“屏幕保护程序”选项卡，如实验图 6.7 所示。

（2）在“等待”微调框中将时间从小（比如 1 分钟）调大（比如 15 分钟）

（3）设置完毕后，单击“确定”按钮。

提示：若想去掉屏幕保护程序的密码，则禁用“在恢复时使用密码保护”复选项。

6．用鼠标双击应用程序图标却打不开应用程序窗口怎么办？

（1）打开“控制面板”窗口，双击“鼠标”图标，打开如实验图 6.8 所示的“鼠标 属性”对话框。

（2）在“双击速度”选项区域中，将滑块朝着慢的方向（左方）拖动到合适的位置。

（3）单击“确定”按钮。

提示：也可右击应用程序图标，在弹出的快捷菜单中选择“打开”命令，从而打开应用程序窗口。

7．文件未显示扩展名怎么办？

文件通常都有扩展名，因为通过扩展名可以很容易地识别文件的类型。在 Windows 环境下，大多数文件的图标都能形象地反映该文件的类型，系统能够设置隐藏或显示文件的扩展名。

（1）启动资源管理器，选择“工具”菜单中的“文件夹选项”命令，在弹出的“文件夹选项”对话框中选择“查看”选项卡。

（2）在“高级设置”列表框中选择“隐藏已知文件类型的扩展名”复选项，可以设置是否显示文件的扩展名，如实验图 6.9 所示。

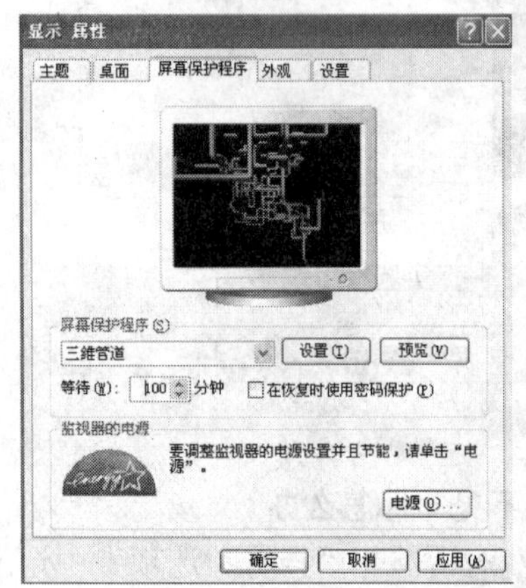

实验图 6.7

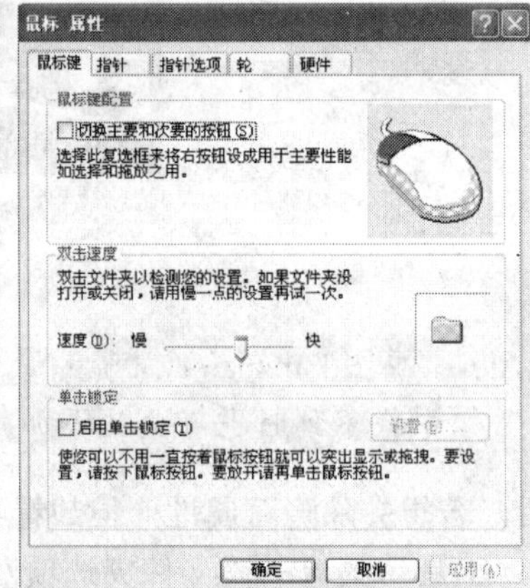

实验图 6.8

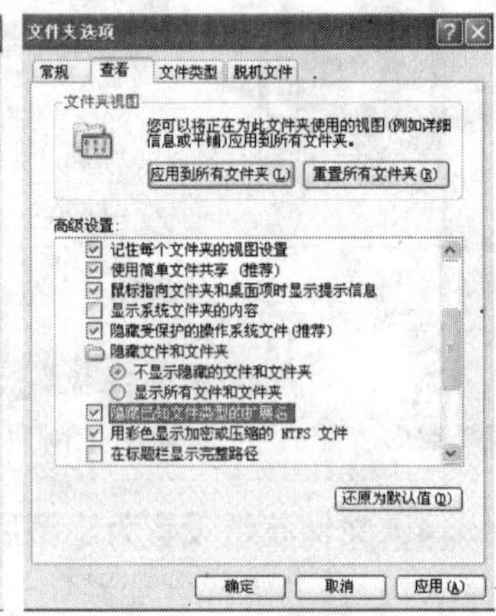

实验图 6.9

（3）单击“确定”按钮，关闭对话框。

8．执行某应用程序后，系统繁忙怎么办？

用户在执行某个应用程序后，出于内存不足等原因，可能会导致“死机”或长时间的等待。此时，有些用户选择立即关闭电源以便重新启动计算机，这样既耽误时间又可能造成数据丢失。Windows 系统提供了关闭任务的办法来解决这类问题。

（1）同时按下 Ctrl+Alt+Delete 组合键，弹出如实验图 6.10 所示的“Windows 任务管理器”窗口。

（2）“应用程序”选项卡的“任务”列表框中列出了内存中正在运行的程序，并且默认选中处于繁忙状态的那个程序，单击“结束任务”按钮。如果该程序已经发生死锁，这时会弹出一个提示任务繁忙的对话框，单击“结束任务”按钮即可使系统恢复正常。

9．如何处理屏幕保护程序的密码？

屏幕保护程序密码的作用是为了避免在用户离开机器时他人破坏当前正在使用的计算机状态，如果用户忘记了密码，或者计算机被他人设置了密码，此时将无法恢复屏幕显示状态。

（1）重新启动计算机，然后用鼠标右键单击桌面空白处，打开“显示 属性”对话框。

（2）选择“屏幕保护程序”选项卡，单击取消“在恢复时使用密码保护”复选项。

（3）单击“确定”按钮，关闭对话框，如实验图 6.11 所示。

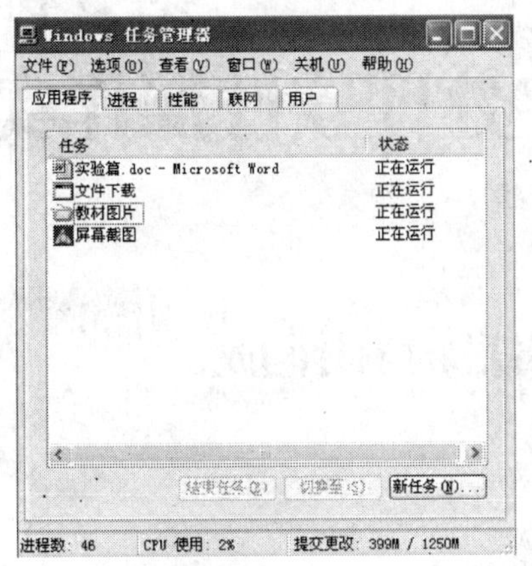

实验图 6.10

实验图 6.11

计算机故事

Intel Pentium 时代

1968 年，集成电路发明人诺伊斯和格鲁夫、摩尔共同成立了一个名为“英特尔”（Intel）的公司，5 个英文字母 Intel 是 Integrated Electronics（集成电子）的缩写。

1969 年春，英特尔公司首创全球第一颗双极性集成电路存储芯片——64 比特存储器 3101；1970 年，研制出第一颗金属氧化物半导体（MOS）存储芯片 1101，其容量扩大到 256 比特。同年，代号为 1103 的动态随机存储器（DRAM）问世，宣告了老式磁芯存储器的终结。

接下来，微处理器 8080、80286 相继问世。1985 年 7 月，Intel 公司推出 32 位的 386 微处理器；1989 年，Intel 486 微处理器面世。

从 386 微处理器开始，就有多家半导体公司在仿照英特尔公司生产类似的芯片，同样自称型号为 386 和 486，致使他们把官司打到了法院。法官的判决书上明确地写着：“美国法律不可能对‘386’之类的数字商标给予保护。”

1992 年，英特尔公司总裁格鲁夫宣布，公司从 586 微处理器开始中断以数字命名的传统，并启用一个崭新的名字——Pentium。“Pent”的拉丁文词义是“第五”，而词尾“ium”像是某种化学元素。Pentium 意味着这个微处理器是计算机的第五代“元素”。Pentium 的中文译音比英文名称更加响亮，叫做“奔腾”。

英特尔（中国）有限公司巧妙地借助“奔腾”的中文译音，打出了“给电脑一颗奔腾的芯”的大幅广告，适逢微软公司的 Windows 3.1 版操作系统出台，奔腾芯片的销量奔腾而上。1993 年，“奔腾”芯片以及还处于畅销之中的 486 微型计算机，再加上其他公司生产的个人计算机，全球 PC 机的数量奇迹般地达到 4 000 万台，第一次超过了汽车的销量。

到 1994 年 11 月，带有“奔腾”芯片的计算机变成全世界市场的主流产品，全球 PC 机的数量也达到 5 000 万台，电视机和录像机的销量则望尘莫及。英特尔公司雄心勃勃，开始筹划今后的发展方向了，每年生产重达 1 吨的“奔腾”芯片。芯片的原材料硅原本取自不值钱的沙粒，英特尔公司赚取的是以“吨”为计量单位的美圆。从此，计算机制造业进入了“奔腾时代”，奔腾Ⅱ、奔腾Ⅲ、奔腾Ⅳ……直奔向前。

第 3 部分
文字处理软件操作实验

实验 7　Word 基本编辑和排版

实验目的

1．掌握 Word 文档的建立、保存和打开。

2．掌握 Word 文档的基本编辑操作，包括删除、修改、插入、复制和移动等操作。

3．熟练掌握 Word 文档编辑中的快速编辑、文本替换等操作。

4．掌握字符的格式化方法。

5．掌握段落的格式化方法。

实验内容

建立 Word 文档，按照下列要求进行操作，将操作结果以 w1.doc 为文件名存入可移动磁盘中。

（1）按照本实验的样文将标题中的“如何安装和使用”靠左对齐，字号设置为二号；文字“Microsoft Excel”靠右对齐，字号 20 磅，并加设下划线，对标题添加花纹边框和 12.5% 的粉红色底纹图案。

（2）正文五号字。将正文中所有“网络”二字的格式设置成“赤水情深”动态效果，粗斜体，阳文。

（3）按照样文将正文中的两个小标题居中放置，加边框，黑体，字号设置为小四号，缩放 200%，并按样文重新排版。

（4）在第三段中插入“上凸带形”的自选图形，高 1.5 厘米，宽 4 厘米，内附文字“网络”，隶书，字号设置为二号；按样文以正文文字环绕。

【样文】

如何安装和使用　<u>Microsoft Excel</u>

第一部分

“在***网络***文件服务器上建立 Microsoft Excel”，是为要将 Microsoft Excel 安装到***网络***上的***网络***管理员而设计的。***网络***管理员在将 Microsoft Excel 安装到任何***网络***工作站上之前都必须先将 Microsoft Excel 安装到***网络***文件服务器上。

第二部分

“为工作站用户建立自定义安装”，是为想要建立自定义安装描述文件的**网络**管理员而设计的。最终用户可以按照该安装描述文件从**网络**文件服务器上安装或更新 Microsoft Excel。

如果您的**网络**支持使用\vserver\share 形式的国际命名通则（UNC）路径，则工作站设定用户可以使用路径，而不必用逻辑驱动器号。然而，就**网络**服务器设定而言，还是必须使用逻辑驱动器号的。

实验 8　Word 表格的应用

实验目的

1．熟练掌握 Word 文档中表格的建立及内容的输入。

2．熟练掌握表格的编辑操作。

3．熟练掌握表格的格式化方法。

实验内容

建立如样文所示的“新生军训安排表”，并以 w2.doc 为文件名将其保存在当前文件夹或可移动磁盘中。

操作步骤和要求如下。

1．可通过三种方式建立表格。

（1）使用“常用”工具栏中的“插入表格”按钮，根据需要拖曳出行、列数。

（2）执行“表格”→“插入”→“表格”命令，在“插入表格”对话框中输入所需的行、列数。

（3）通过“表格和边框”工具栏中的绘制表格按钮，直接绘制自由形式的表格。

【样文】

新生军训安排表

内容 日期	信息工程系	机械工程系	材料工程系	电气工程系
6 月 15 日	军训	培训	军训	培训
7 月 10 日	培训	军训	培训	军训
8 月 5 日	总结表彰			

2．本实验中的表格是一个异构表，可以先建立 4 行 5 列的有规律表格；然后利用“表格和边框”工具栏中的相关按钮实现单元格的拆分或合并。

3．将表格第一行的行高设置为 0.6 厘米、最小值，该行文字字体为宋体，字号设置为小三号，字符缩放比例为 80%，对齐方式是水平和垂直居中；其余各行的行高均设置为 0.5 厘米、最小值，文字水平和垂直居中，宋体、五号字。

4．将表格的外框线按照样文设置为 3 磅的三线型，内框线粗细设置为 0.75 磅，然后对第一行和最左侧一列添加 20%的底纹。

5．表头列标题的斜线可直接通过按钮绘制，也可以通过“表格”→“绘制斜线表头”菜单命令操作；表格的行列标题“内容”、“日期”是通过在两行（按回车键）中分别输入各自内容后再分别进行右、左对齐来实现的。

6．根据制作表格所得到的体会，练习制作如下表格。

【样文】

××××公司技术人员人事档案卡

<table>
<tr><td colspan="2">姓名</td><td></td><td>性别</td><td></td><td>健康状况</td><td></td></tr>
<tr><td colspan="2">出生年月</td><td></td><td>民族</td><td></td><td>政治面貌</td><td></td></tr>
<tr><td colspan="2">联系人及电话</td><td colspan="5"></td></tr>
<tr><td colspan="2">通讯地址及邮编</td><td colspan="5"></td></tr>
<tr><td colspan="2">现（或曾）工作单位</td><td colspan="5"></td></tr>
<tr><td colspan="2">现从事专业</td><td></td><td>现任职务</td><td></td><td>技术职称</td><td></td><td>有何专长</td><td></td></tr>
<tr><td rowspan="3">文化程度</td><td>毕业院校</td><td colspan="5"></td></tr>
<tr><td>毕业时间</td><td></td><td>学制</td><td colspan="3"></td></tr>
<tr><td>国家承认学历</td><td></td><td>懂何种外语及程度</td><td colspan="3"></td></tr>
<tr><td>工作简历</td><td colspan="6"></td></tr>
<tr><td>备注</td><td colspan="6"></td></tr>
</table>

实验 9　图形、公式和图文混排

实验目的

1．熟练掌握在 Word 文档中插入图片、图片编辑和格式化的方法。
2．掌握绘制简单图形和格式化的方法。
3．掌握艺术字的使用方法。
4．掌握公式编辑器的使用方法。
5．掌握文本框的使用方法。
6．掌握图文混排、页面排版的方法。

实验内容

建立 Word 文档，按照下列要求进行操作，将操作结果以 w3.doc 为文件名存入可移动磁盘中。

1．按照样文插入标题“计算机文化”，并设置成两个形状相同、位置不同的艺术字，外面加设蓝色边框。

2．正文设置为宋体、小四号字；按照样文将正文中的所有英文单词设置成首字母大写，其余字母小写，空心字，粗斜体，加粗下划线。

3．按照样文将第二段分成三栏，第一栏栏宽 4 厘米，第 2 栏栏宽 3.5 厘米，加设分隔线。

4．按照样文输入公式，并将其设置到第一段中间，外加三线框。

5．最后，按照样文插入标志剪贴画，将其缩小至 15%，分散对齐。

【样文】

计算机文化　　计算机文化

Microsoft Word For Windows 中文版是处于领先地位的 ***Windows*** 环境文字处理软件，它比以往任何软件都适于生成漂亮的文件资料。现在，用户每天的任务，如制作表、加项目符号、多栏编排、制作图表和绘画等都可以使用工具栏，通过单击鼠标来完成。用户也可以通过单击鼠标生成信封或检查拼写错误。***Microsoft Word For Windows*** 中文版简化了用户每天的工作。

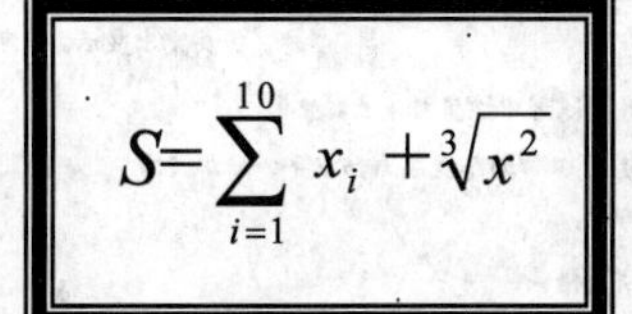
$$S=\sum_{i=1}^{10} x_i + \sqrt[3]{x^2}$$

在实际生成文档的操作中，***Word*** 比以往任何软件都更快，更容易。窗口顶部的工具栏允许用户采用快捷步骤完成每项任务：即单击某一按钮。***Word*** 还拥有其他必需的、但又往往是复杂的功能。***Print Merge Helper*** 引导用户在生成格式字符的过程中漫游

实验 10　Word 综合操作

实验目的

1．综合运用从前面实验中掌握的知识，学会对 Word 文档进行排版。

2．掌握文档的打印方法。

实验内容

建立 Word 文档，按照下列要求操作，将操作结果以 w4.doc 为文件名存入可移动磁盘中。

1．标题中的英文采用 22 磅、Arial 字体，汉字采用一号、隶书、居中；正文五号、楷体，每段首行缩进 2 个汉字的位置，正文中的行距为 20 磅。

2．将正文前 3 节分 2 栏排版；将第一节加设文本框，文字竖排，20%红色底纹，外框双线。

3．第 3 节首字下沉 3 行，要求采用空心字。

4．为最后 5 行文字加上项目符号——红色的书🕮，并在右边添加艺术字“计算机”，其位置、大小和样式详见样文。

5．页眉居中加设计算机系统当前时间，小五号、黑体，将文章标题插入页脚，五号、宋体，居中显示。

【样文】

12:36:56

Word 的输入及修改

启动 Word 后，会显示出一空白文档供您输入，称为插入点的闪烁竖条显示输入时文本插入的位置，与使用打字机不同，当您到达右边界时不必进行换行，要开始新段落，只需按下 Enter 键。您可以删除插入点左右两边的字符。

多数文档都包含较多的文本。要查看没有显示出的文档部分，请使用鼠标或键盘滚动文档。在文档窗口右边和底部可以显示出滚动条，使用滚动条能在文档中快速移动。

修改文档中的某些项目，首先要进行标记，这称为选定。选定的常用方法是按住鼠标左键并且将鼠标拖过要选定的文本，使其突出显示。选定某一项目相当于将插入点设置其中。例如，在要居中对齐的段落中设置插入点。

Word 中的编辑和审校工具可以帮助您提高写作水平，增加文章的可读性。编辑和校对工具可以：

- 🕮查找和修正英文拼写错误
- 🕮自动更正您指定的输入和拼写错误
- 🕮查找同义词、反义词及相关单词
- 🕮自动对文章断字或通过控制断字改善文本的显示效果
- 🕮检查在系统中安装了词典的其他语言的文字

计算机

Word 的输入及修改

实验 11　书籍的编排——Word 脚注与尾注

实验目的

1．掌握文档分栏操作。

2．掌握 Word 脚注与尾注。

实验内容

本实验样文内容引用徐志摩的“再别康桥”，按照下列要求操作，将操作结果以 w5.doc 为文件名存入可移动磁盘中。

1．标题“再别康桥”采用二号、红色、黑体，位置居中；作者名字“徐志摩”采用小三号、舒体，位置居中，与正文间隔一行；正文采用五号、宋体。

2．对标题“再别康桥”和作者名字分别加上尾注，尾注采用小五号、宋体。

3．正文分为两栏，加设分隔线，并调整好正文与分隔线之间的距离。

4．在正文中插入剪贴画“雪”，图片大小2厘米×2厘米，位置详见样文。

【样文】

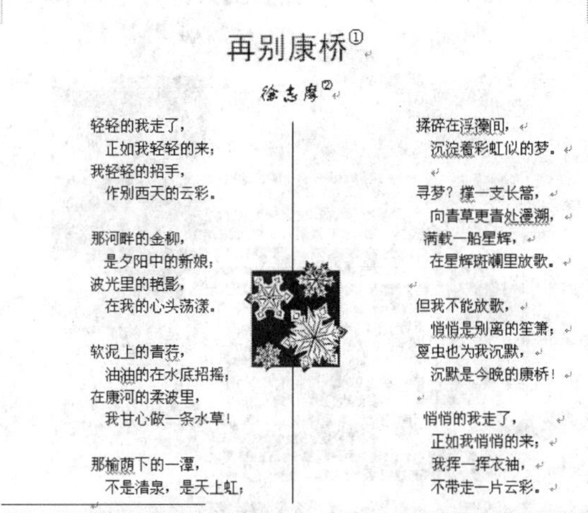

再别康桥①

徐志摩②

轻轻的我走了，
正如我轻轻的来；
我轻轻的招手，
作别西天的云彩。

那河畔的金柳，
是夕阳中的新娘；
波光里的艳影，
在我的心头荡漾。

软泥上的青荇，
油油的在水底招摇；
在康河的柔波里，
我甘心做一条水草！

那榆荫下的一潭，
不是清泉，是天上虹；
揉碎在浮藻间，
沉淀着彩虹似的梦。

寻梦？撑一支长篙，
向青草更青处漫溯，
满载一船星辉，
在星辉斑斓里放歌。

但我不能放歌，
悄悄是别离的笙箫；
夏虫也为我沉默，
沉默是今晚的康桥！

悄悄的我走了，
正如我悄悄的来；
我挥一挥衣袖，
不带走一片云彩。

①康桥，即英国著名的剑桥大学所在地。1920年10月—1922年8月，诗人曾游学于此。康桥时期是徐志摩一生的转折点。1928年，诗人故地重游。11月6日，在归途的南中国海上，他吟成了这首传世之作。这首诗最初刊登在1928年12月10日《新月》月刊第1卷第10号上，后收入《猛虎集》。可以说，“康桥情结”贯穿于徐志摩一生的诗文中；而“再别康桥”无疑是其中最有名的一篇。

②徐志摩（1897—1931）：现代诗人、散文家。名章垿，笔名南湖、云中鹤等。浙江海宁人。1915年毕业于杭州一中，先后就读于上海沪江大学、天津北洋大学和北京大学。1918年赴美国学习银行学。1921年赴英国留学，入伦敦剑桥大学当特别生，研究政治经济学。在剑桥大学两年深受西方教育的熏陶及欧美浪漫主义和唯美派诗人的影响。1921年开始创作新诗。1922年返国后在报刊上发表大量诗文。其中“自剖”、“想飞”、“我所知道的康桥”、“翡冷翠山居闲话”等都是传世名篇。

实验12　报纸的编排——Word高级操作

实验目的

1．综合运用从前面实验中掌握的知识，学会对文档进行综合排版。

2．掌握图文框和文本框的使用方法。

实验内容

建立Word文档，按照下列要求操作，将操作结果以w6.doc为文件名存入可移动磁盘中。

1．在相应主题中插入素材文字，每一个主题中都必须有一份文字。

2．本期报纸的3个标题文字分别设置如下：

（1）真人真事：方正舒体，三号字，加阴影效果。

（2）趣人趣事：华文新魏，四号字，阳文，红色。

（3）好人好事：华文行楷，四号字。

3．在第一行插入自选图形“横卷轴”，并设置浅灰色底纹，添加文字“星星之火”（宋体、五号）。

4．插入一个竖排文本框，并设置浅灰色底纹，在其中插入“好人好事”文字内容。文字设置为幼圆、五号字，文本框边框无线条颜色。

5．插入一个横排文本框，并设置双色底纹，在其中插入“趣人趣事”文字内容。文字设置为宋体、五号字。

6．在版面左侧插入一个图文框，在其中插入江南景色图片 j0090386.wmf。

7．在第一行的位置插入图片 j0199661.wmf，将其叠放方式和文字环绕方式设置为衬于文字下方。

8．在“好人好事”文章标题处插入图片 j0281904.wmf，将其叠放方式和文字环绕方式设置为浮于文字上方。

9．在“真人真事”文章处插入图片 j0216724.wmf，设置为水印，其大小和位置详见样文。

请读者充分发挥主观能动性，将图文并茂的小报纸制作完成。

【样文】

星星之火

真人真事

吃完晚饭后，我和爸爸进屋看电视去了，妈妈又照例在厨房里收拾着碗筷。

“哗哗”的流水声把我从电视机前拉回来。我想老师经常教导我们要帮助爸爸妈妈干些家务活，每天妈妈都是从早忙到晚，太辛苦了！我为什么不能帮妈妈做点力所能及的事呢？想到这儿，我就上厨房拉着妈妈的衣角说，“妈妈，今天我要帮您洗碗，您进屋看电视吧。”妈妈说：“不用你洗，你去看吧。”我说：“妈妈，我长大了。”我一边说一边卷起袖口，请妈妈帮我把围裙系在腰上。我学着妈妈洗碗的样子，先在盆里放上水，又倒入洗涤剂，用手轻轻地搅了几下，这时盆里出现了许多泡沫。接着我把碗放入盆中，一只一只地洗干净。最后把碗又放在清水中冲干净，整齐地摆进碗架里。

妈妈望着我洗的碗，脸上露出了笑容。投稿人：王伟

我的外公有个爱好，就是喜欢收集酒瓶子，讲关于酒瓶的故事。

他的房间里有各种各样的酒瓶，颜色、图案各异，大小不一，大的很大，小的只有一点点。外公看这些酒瓶就如同珍宝。

每次当客人来访时，他喜欢把自己藏的东西拿给别人看，并且讲给别人听，也不管人家爱不爱听，他都讲得津津有味。我是他的最忠实的听众，有些事情外公不知讲了多少遍，但我听不烦，甚至可以代他讲出来。所以外公非常喜欢我。

投稿人：刘芳

好人好事

今天下午，我乘公共汽车到外婆家。“嘀……”汽车进站了，从车门口上来一位老爷爷。这位老爷爷穿着浅蓝色的上衣，黑色的裤子。他满头白发，下巴有一绺胡须，眉毛也花白了，脸上有许多皱纹。上车后，他一手拄着拐杖，一手扶着椅背。

车开动了，老爷爷拄拐杖的手微微颤抖着，身子也随着开动的汽车来回晃动，那一头白发也被窗外灌进来的风吹得蓬乱了。我连忙站了起来，朝老爷爷说：“爷爷请坐！”老爷爷微笑着向我点点头，慢慢地移到我身边，小心地坐下了。

我给老爷爷让了座，心里很高兴。

投稿人：李

实验 13　会议通知与成绩通知单——Word 邮件合并

实验目的

掌握邮件合并的使用方法。

实验内容

1．建立 Word 文档，按照下列要求操作，采用邮件合并的方法制作 5 份会议通知，将操作结果以 w7.doc 为文件名存入可移动磁盘中。

（1）标题“会议通知”采用艺术字，加设阴影效果，位置居中。

（2）正文二号、隶书；落款“校工会”、“学生会”和“2011 年 9 月 5 日”采用四号、宋体，位置居右；段落左、右边距各缩进 1 厘米。

（3）在正文中添加水印效果的剪贴画玫瑰花，并复制 5 个，其大小设置为原图片的 50%，位置详见样文。

（4）将主文档文件与数据源文件（自行拟定）进行邮件合并，使得“会议通知”中的教师姓名、教师所属系数据能从数据源文件中获取，并要求邮件合并后教师姓名、教师所属系有下划线。

（5）附注左对齐；为文字“若有事”加着重号；绘制自由表格，格式详见样文；加设电话符号。

【样文】

会议通知

__________系__________老师：

为庆祝教师节，定于九月十日下午一时在大学生活动中心召开师生座谈会，请您准时参加会议。

校工会

学生会

2011 年 9 月 5 日

附：若有事，请来电或回执：

姓名	性别	职称	部门	校工会
				3152052

2．建立 Word 文档，按照下列要求操作，采用邮件合并的方法制作成绩通知单，将操作结果以 w8.doc 为文件名存入可移动磁盘中。

（1）建立主文档。标题设置为粗体、三号字，字符间距为加宽 2 磅；正文中的课程名称设置为粗体；“北京大学计算机系”与其下的日期设置为隶书、五号字；在标题的前面插入图片 BD18216_.wmf，其高度、宽度均缩至 40%。然后，将该文档以 w8-1.doc 为文件名（保存类型为“Word 文档”）保存在当前文件夹中。

（2）建立数据源，并以 w8-2.doc 为文件名（保存类型为“Word 文档”）保存在当前文件夹中。

（3）在主文档中插入合并域，然后将数据与主文档合并到一个文档中，并将该文档以 w8-3.doc 为文件名（保存类型为“Word 文档”）保存在当前文件夹中。

（4）所建立的 3 个文档分别以同名文件形式另存到可移动磁盘中。

【样文 1】

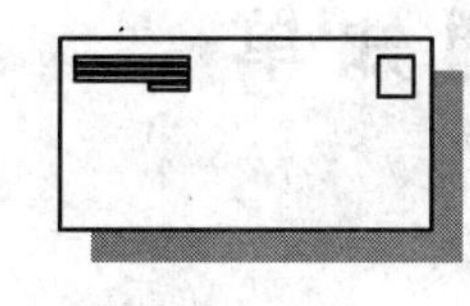

成 绩 通 知 单

_____同学：

你本学期期末考试的成绩如下：

高等数学：

大学英语：

计算机基础：

学校于 3 月 1 日开学，请按时到校。

北京大学计算机系

2011 年 1 月 10 日

【样文2】

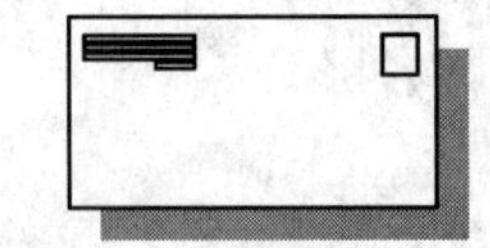

成绩通知单

李晓平同学：

你本学期期末考试的成绩如下：

高等数学： 89

大学英语： 88

计算机基础： 92

学校于3月1日开学，请按时到校。

北京大学计算机系

2011年1月10日

【样文3】

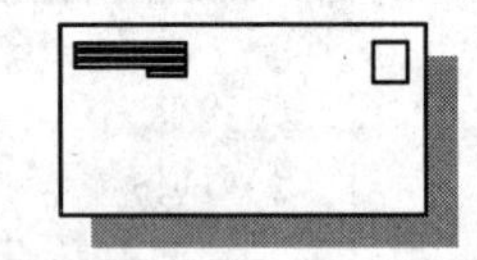

成绩通知单

曾天同学：

你本学期期末考试的成绩如下：

高等数学： 85

大学英语： 76

计算机基础： 93

学校于3月1日开学，请按时到校。

北京大学计算机系

2011年1月10日

【样文4】

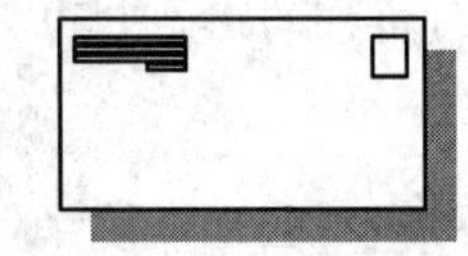

成绩通知单

张蕾蕾同学：

你本学期期末考试的成绩如下：

高等数学： 76

大学英语： 83

计算机基础： 87

学校于3月1日开学，请按时到校。

北京大学计算机系

2011年1月10日

计算机故事

计算机速度大比拼

计算机的雏形在360余年前已经面世：1642年，法国数学家帕斯卡研制出世界上第一台能够进行加减乘除运算的机械计算机。然而，直到1944年美国哈佛大学艾肯博士发明最后一台电磁式计算机Mark I为止，300余年间，计算机的运算速度仅达到每秒200次而已。

1946年，第一台电子计算机ENIAC诞生，顿时把运算速度提高到每秒5 000次。据说，ENIAC两小时所作的计算，一个物理学家需要100年才能完成。

1969年，美国阿波罗载人飞船首次登上月球，指令舱中的计算机仅有36 KB存储器，现今任何一台手持式游戏机都令它自愧弗如。

1996年12月，英特尔公司发布了它特地为美国能源部研制的超级计算机，采用9 624个高能奔腾芯片，以大规模并行方式处理数据，号称当时世界上速度最快的计算机，运算速度高达每秒1万亿次。同年12月，以研制巨型计算机著称的Cray公司与图形计算机巨头SGI公司合并，汇集两家公司的技术实力，研制出具有256个高性能处理器的超级计算机。1999年，这个系统的处理器数目被提高到4 096个，运算速度达到每秒3万亿次。

2000年8月15日，华裔科学家艾萨克·张向各国专家展示了迄今为止最尖端的“5比特量子计算机”，并初步验证了量子计算机技术的超凡魔力。量子计算机是利用原子所具有的量子特征进行信息处理的一种概念全新的计算机，它以处于量子状态的原子作为中央处理器和内存，其运算能力比传统计算机要快几亿倍！

第 4 部分
电子表格软件操作实验

实验 14　学籍管理——工作表的建立、编辑与格式化

实验目的

1．掌握 Excel 工作簿的建立、保存和打开方法。
2．掌握在工作表中输入数据的方法。
3．掌握公式和函数的使用方法。
4．掌握数据的编辑和修改方法。
5．掌握工作表的插入、复制、移动、删除和重命名。
6．掌握工作表数据的自定义格式化和自动格式化。

实验内容

1．建立 Excel 文档，按照下列要求操作，将操作结果以 e1.xls 为文件名存入可移动磁盘中。

（1）计算表格中三月份产量相对于一月份产量的增长率，精确到小数点后两位，负增长率以红色显示；计算月度平均产量和全厂一季度产量合计，并按照样文制作表格。

（2）将表格标题分成 2 行，位置居中，首行粗斜体、20 磅，第二行粗体、16 磅并加设下划线。

（3）打印文档时，要求水平居中，取消页眉、页脚和网格线。

华山钢厂

产量汇总统计表

月份 部门	一月份	二月份	三月份	增长率
一分厂	3 590	3 810	3 200	89.14%
二分厂	4 420	4 550	4 640	104.98%
三分厂	2 240	1 500	2 180	97.32%
四分厂	3 500	3 250	4 120	117.71%
五分厂	7 330	7 430	8 320	113.51%
六分厂	5 560	5 670	6 410	115.29%
月度平均产量	4 440	4 368	4 812	
全厂一季度产量合计				81720

2．建立 Excel 文档，在空白工作表中输入以下数据，并按照下列要求操作，将操作结果以 e2.xls 为文件名存入可移动磁盘中。

【样文】

电气自动化0801班学籍表								
学生情况			学生成绩					
学号	姓名	性别	英语	语文	数学	总分	平均分	总评
06010201	李平	男	78	87	78	243	81.0	
06010202	张华	男	80	87	90	257	85.7	
06010203	刘力	男	90	90	97	277	92.3	
06010204	吴一花	女	56	72	47	175	58.3	
06010205	王大伟	男	88	91	81	260	86.7	
06010206	程小博	男	73	45	99	217	72.3	
06010207	丁一平	女	45	78	56	179	59.7	
06010208	马红军	男	41	46	61	148	49.3	
06010209	李博	女	68	77	78	223	74.3	
06010210	张珊珊	男	90	92	95	277	92.3	
06010211	柳亚平	女	70	82	93	245	81.7	
06010212	李玫	男	49	79	66	194	64.7	
06010213	张强劲	男	89	67	66	222	74.0	
各科最高分							优秀率	
各科平均分								

（1）按照样文，先计算每个学生的总分和平均分，并求出各科最高分和平均分。

（2）利用 IF 函数按照平均分评出优秀（平均分≥90）、良好（80≤平均分＜90）、中等（70≤平均分＜80）、……，最后求出优秀率（优秀率=优秀人数/总人数）。

（3）在已经评定的学籍表中选择总评为“优秀”的学生的姓名、各科成绩及总分，转置复制到 A20 起始的区域中，形成第二个表格，并设置自动套用格式为“古典 2”，如本实验最后的样文所示。

（4）将工作表 Sheetl 改名为“成绩表”，将其复制到工作表 Sheet2 前面，然后将所复制的成绩表 2 移动到最后一张工作表的后面。

（5）将“成绩表”工作表中的第 2 个表格移动到工作表 Sheet2 中，然后按照样文对“成绩表”工作表中的表格进行如下设置。

① 使表格标题与表格之间空一行，去掉标题栏边框，然后将表格标题设置成蓝色、粗楷体、16 磅并加设双下划线，采用合并及垂直居中对齐方式，将表头的行高设置为 25 磅。

② 在表格标题与表格之间的空白行中输入“制表日期:2008 年 9 月 1 日”字样，右对齐，并设置成隶书、斜体、12 磅。

③ 将表头各列标题设置成粗体，位置居中，再将表格中的其他内容设置为居中，平均分保留 1 位小数。

④ 将文字“优秀率”设置为 45° 倾斜，其值用百分比样式表示，对齐方式设置为水平居中和垂直居中。

⑤ 设置表格边框线，内框选择最细的单线，外框选择最粗的单线，学号字段值行的上框线与“学号”行的下框线设置为双线。

⑥ 设置单元格填充色，对前、后 2 行（表头、各科最高分、各科平均分及优秀率）设置 25%的灰色。

⑦ 利用条件格式将表格中的优秀和 90 分成绩用蓝色、加粗、斜体显示，不及格和 60 分以下的成绩用红色、加粗、斜体显示。

⑧ 将英语、语文和数学各列宽度设置为“最适合的列宽”。

（6）将文件存盘并退出 Excel，将 e2.xls 文档以同名方式存入可移动磁盘中。

【样文】

姓名	刘力	张珊珊
英语	90	90
语文	90	92
数学	97	95
总分	277	277
总评	优秀	优秀

【样文】

电气自动化 0801 班学籍表

制表日期：2008年9月1日

学生情况			学生成绩					
学号	姓名	性别	英语	语文	数学	总分	平均分	总评
06010201	李平	男	78	87	78	243	81.0	良好
06010202	张华	男	80	87	90	257	85.7	良好
06010203	刘力	男	90	90	97	277	92.3	优秀
06010204	吴一花	女	56	72	47	175	58.3	不及格
06010205	王大伟	男	88	91	81	260	86.7	良好
06010206	程小博	男	73	45	99	217	72.3	中等
06010207	丁一平	女	45	78	56	179	59.7	不及格
06010208	马红军	男	41	46	61	148	49.3	不及格
06010209	李博	女	68	77	78	223	74.3	中等
06010210	张珊珊	男	90	92	95	277	92.3	优秀
06010211	柳亚平	女	70	82	93	245	81.7	良好
06010212	李玫	男	49	79	66	194	64.7	及格
06010213	张强劲	男	89	67	66	222	74.0	中等
各科最高分			90	92	99		优秀率	15%
各科平均分			70.54	76.38	77.46			

实验 15　数据图表化

实验目的

1. 掌握嵌入图表和创建独立图表的方法。
2. 掌握图表的整体编辑和对图表中各对象进行编辑的方法。
3. 掌握图表的格式化方法。

实验内容

建立 Excel 文档，在空白工作表中输入以下数据，并按照下列要求操作，将操作结果以 e3.xls 为文件名存入可移动磁盘中。

【样文】

姓名	高等数学	大学英语	计算机基础
王大伟	78	80	90
李博	89	86	80
程小霞	79	75	86
马宏军	90	92	88
李枚	96	95	97

1. 对于表格中所有学生的数据，在当前工作表中创建嵌入的三维簇状柱形图表，图表标题设置为“学生成绩表”。

2. 取王大伟、李博的高等数学和大学英语的数据，创建独立的三维簇状柱形图表，如【样文 1】所示。

3．对工作表 Sheetl 中创建的嵌入图表进行如下编辑操作。

(1) 将该图表移动、放大到 A9：G23 区域，并将图表类型改为簇状柱形图。

(2) 删除图表中高等数学和计算机基础的数据，然后将计算机基础的数据添加到图表中，并将计算机基础数据置于大学英语数据的前面。

(3) 为图表中计算机基础数据增加显式数据标记。

(4) 为图表添加分类轴标题“姓名”及数值轴标题“分数”。

4．对工作表 Sheetl 中创建的嵌入图表进行如下编辑操作。

(1) 将图表区文字的字号设置为 11 号，并选用最粗的圆角边框。

(2) 将图表标题“学生成绩表”设置为粗体、14 号并加设单下划线；将分类轴标题“姓名”设置为粗体、11 号；将数值轴标题“分数”设置为粗体、11 号、45° 倾角。

(3) 将图例中文字的字号改为 9 号，边框改为带阴影边框，并将图例移到图表区的右下角。

(4) 将数值轴的刻度间距改为 10，文字字号设置为 8 号；将分类轴的文字字号设置为 8 号，去除背景区域的图案。

(5) 将计算机基础数据的字号设置为 16 号，呈上标效果。

(6) 按照样文在图表中加上指向最高分的箭头和文本框。文本框中文字的字号设置为 10 号，并添加 25%的灰色图案。

(7) 按照样文 2 调整绘图区的大小。

5．对于【样文 1】中的独立图表，先将其更改为自定义类型“黑白柱形图”，然后按照样文调整图形的大小并进行必要的编辑和格式化，如【样文 3】所示。

6．文件存盘并退出 Excel，将 e3.xls 文档以同名形式存入可移动磁盘中。

【样文 1】

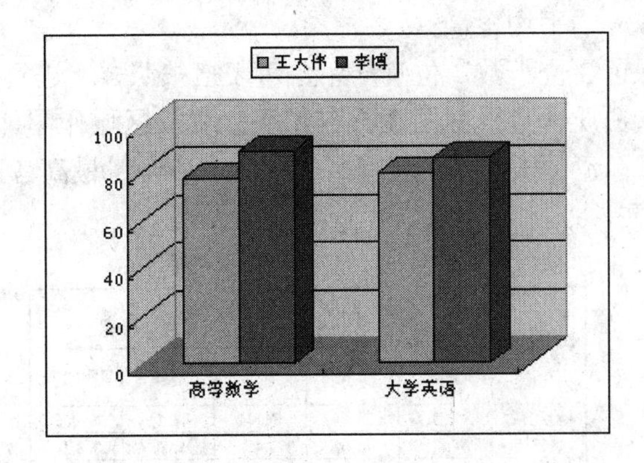

【样文 2】

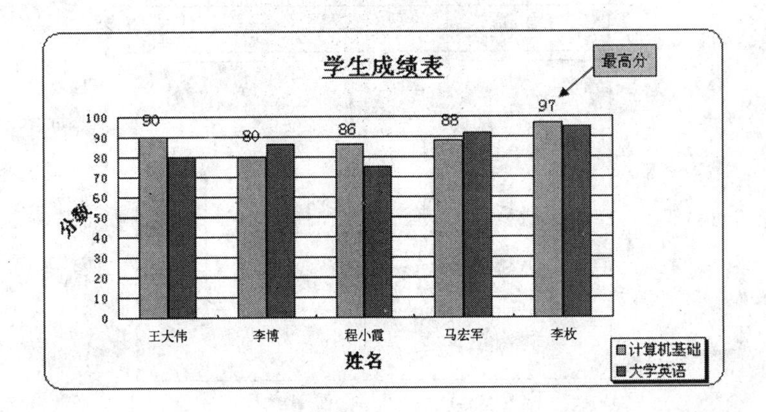

【样文 3】

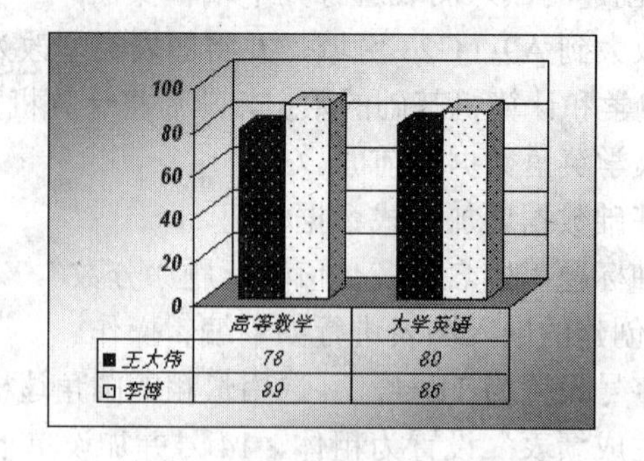

实验 16　水果营养成分——饼图的应用

实验目的

1. 掌握创建饼图的方法。
2. 掌握图表的整体编辑和对图表中各对象的编辑方法。

实验内容

建立 Excel 文档，按照下列要求操作，将操作结果以 e4.xls 为文件名存入可移动磁盘中。

1. 标题“常食水果营养成分表”字体采用楷体，18 磅字，利用“格式”工具栏上的“合并及居中”图标按钮将一个单元格的内容扩展到多个单元格中。

2. 计算水果中各成分的平均含量。

3. 计算所得数据保留 3 位小数，位置居中；对表格按照样文进行操作。

4. 对各种水果的蛋白质含量根据图表内容在 A15:G30 区域作图。

5. 添加百分号数据标记；按样文进行格式化：蛋白质含量最高者以重点数据突出；图表标题加设阴影，详见样文。

【样文】

常食水果营养成分表

水果 成分	番茄	蜜橘	苹果	香蕉	平均含量
水份	95.91	88.36	84.64	87.11	89.005
蛋白质	0.8	0.74	0.49	1.25	0.820
脂肪	0.31	0.13	0.57	0.64	0.413
碳水化合物	2.25	10.01	13.08	19.55	11.223
热量	15	44	58	88	51.250

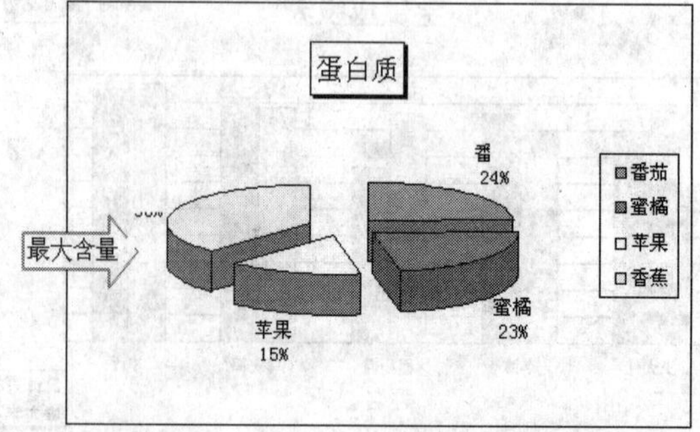

实验 17 Excel 分类汇总与数据透视表

实验目的

1. 掌握数据列表的排序和筛选方法。
2. 掌握数据的分类汇总方法。
3. 掌握数据透视表的操作。
4. 掌握页面设置方法。

实验内容

1. 建立 Excel 文档，按照下列要求操作，将操作结果以 e5.xls 为文件名存入可移动磁盘中。

（1）按照【样文 1】制作表格，将标题设置成宋体、18 磅字，利用“格式”工具栏上的“合并及居中”图标按钮将一个单元格的内容扩展到多个单元格中。

（2）计算今年人均产量，保留两位小数。

（3）从 A15 单元格开始复制全部数据，按照样文进行分类汇总，求今年人均产量的平均值及人数之和，不显示明细数据，并对汇总表按照【样文 2】进行设置。

（4）按照【样文 1】在 A35 单元格建立透视表并进行格式化。

【样文 1】

吉祥村粮食产量情况表					
队别	组	人数	去年产量	今年产量	今年人均产量
第一小队	A	34	123 467.56	134 234.41	3 948.07
第一小队	B	45	234 122.78	254 321.77	5 651.59
第二小队	A	38	190 567.56	203 456.78	5 354.13
第二小队	B	40	234 234.77	267 890.71	6 697.27
第二小队	C	37	214 567.89	256 345.77	6 928.26

【样文 2】

队别	组	人数	去年产量	今年产量	今年人均产量
第一小队 汇总		79			
第一小队 平均值					4 799.83
第二小队 汇总		115			
第二小队 平均值					6 326.55
总计		194			
总计平均值					5 715.86

【样文 3】

队别	数据	汇总
第一小队	最大值项:去年产量	234 122.78
	最大值项:今年产量	254 321.77
第二小队	最大值项:去年产量	234 234.77
	最大值项:今年产量	267 890.71
最大值项:去年产量汇总		234 234.77
最大值项:今年产量汇总		267 890.71

2. 建立 Excel 文档，在空白工作表中输入以下数据，并按照下列要求操作，将操作结果以 e6.xls 为文件名存入可移动磁盘中。

【样文 4】

姓名	性别	高等数学	大学英语	计算机基础	总分
王大伟	男	78	80	90	248
李博	男	89	86	80	255
程小霞	女	79	75	86	240
马宏军	男	90	92	88	270
李枚	女	96	95	97	288
丁一平	男	69	74	79	222
张珊珊	女	60	68	75	203
柳亚萍	女	72	79	80	231

（1）将数据表复制到工作表 Sheet2 中，然后进行下列操作：

① 对工作表 Sheetl 中的数据按性别进行排列。

② 对工作表 Sheet2 中的数据按性别进行排列，性别相同的则按总分降序排列。

③ 在工作表 Sheet2 中筛选出性别为女且总分大于 240、小于 270 的记录。

（2）将工作表 Sheetl 中的数据复制到工作表 Sheet3 中，然后对 Sheet3 中的数据进行下列分类汇总操作：

① 分别求出男生和女生的各科平均成绩（不包括总分，以平均值表示），平均成绩保留 1 位小数。

② 在原有分类汇总的基础上，再汇总出男生和女生的人数（汇总结果放在性别数据下面），如【样文 5】所示。

【样文 5】

姓名	性别	高等数学	大学英语	计算机基础	总分
王大伟	男	78	80	90	248
李博	男	89	86	80	255
马宏军	男	90	92	88	270
丁一平	男	69	74	79	222
	男 平均值	81.5	83.0	84.3	
男 计数	**4**				
程小霞	女	79	75	86	240
李枚	女	96	95	97	288
张珊珊	女	60	68	75	203
柳亚萍	女	72	79	80	231
	女 平均值	76.8	79.3	84.5	
女 计数	**4**				
	总计平均值	79.1	81.1	84.4	

（3）以工作表 Sheetl 中的数据为基础，在工作表 Sheet4 中建立如【样文 6】所示的数据透视表。

【样文 6】

性别	数据	汇总
男	平均值项:高等数学	81.5
	平均值项:大学英语	83.0
女	平均值项:高等数学	76.75
	平均值项:大学英语	79.25
平均值项:高等数学汇总		79.125
平均值项:大学英语汇总		81.125

（4）对工作表 Sheet3 进行如下页面设置，并打印预览。

① 纸张大小设置为 A4，文档打印时水平居中，上、下页边距均为 3 厘米。

② 设置页眉“分类汇总表”，位置居中，粗斜体；将页脚设置为当前日期，右对齐放置。

（5）将文件存盘并退出 Excel，将 e6.xls 文档以同名方式存入可移动磁盘中。

计算机故事

种出“金苹果”的乔布斯

史蒂夫·乔布斯（Steve Jobs）生于 1955 年，1972 年高中毕业后，在波兰的一所大学中只念了一学期的功课。1974 年，乔布斯在一家公司谋到设计计算机游戏的一份工作。两年后，时年 21 岁的乔布斯和 26 岁的沃兹尼艾克（Wozniak）在乔布斯家的车库里成立了苹果公司。

他们开发的 Apple II 型计算机具有 4 KB 内存，用户使用家庭中的电视机作为显示器，这就是苹果公司在市场上销售的第一台个人计算机。

1980 年 11 月，苹果公司股票上升至每股 22 美圆，乔布斯和沃兹尼艾克一夜之间变为账面上的百万富翁。

1986 年，乔布斯收购了数字动画公司 Pixar，这家公司目前已是畅销动画电影“玩具总动员”和“虫虫危机”的制作厂商，这也可以说是乔布斯事业生涯中的第二个高峰。

1996 年，乔布斯在苹果公司作为兼职顾问任职。此时苹果公司已经历了高层领导的不断更迭和经营不善的窘境，其运营情况每况愈下，财务收入逐渐萎缩。1997 年 9 月，乔布斯重任苹果公司首席执行官，他对奄奄一息的苹果公司进行大刀阔斧的改组并实施一连串新产品降价促销措施，终于在 1998 年第 4 个财政季度创造了 1 亿 900 万美元的利润，让“苹果”重新“红”了起来。

接下来隆重推向市场的 Apple iMac，机身湛蓝、透明，成为计算机用户推崇的新时尚。

始终倾听消费者的需求、以极大的热忱贯彻“在普通人与高深的计算机之间搭建桥梁”的初衷，正是乔布斯最厉害的秘密武器。无论是在苹果公司以艺术创造科技，还是在 Pixar 公司以科技创造艺术，乔布斯都孜孜不倦地想方设法使他的梦想变为现实：以计算机作为工具，协助跨越科技与艺术之间的鸿沟。

第 5 部分
演示文稿软件操作实验

实验 18　演示文稿的建立

实验目的

1．掌握 PowerPoint 的启动方法。

2．掌握建立演示文稿的基本过程。

3．掌握演示文稿的格式化和美化方法。

实验内容

1．利用“空演示文稿”建立演示文稿

（1）建立含有 4 张幻灯片的自我介绍演示文稿，将操作结果以 p1.ppt 为文件名保存在可移动磁盘中。

（2）第 1 张幻灯片采用“标题和文本”版式，在标题处输入文字“简历”，在文本处请填写你从就读于小学开始的简历。

（3）通过菜单“插入”→“新幻灯片”命令建立第 2 张幻灯片，该幻灯片采用“标题和表格”版式，在标题处输入所在省市和高考时的中学学校名；表格由 2 行 5 列组成，其内容为你参加高考的 4 门课程名称、总分及各门课程的分数。

（4）第 3 张幻灯片采用“标题，文本与剪贴画”版式，在标题处输入“个人爱好和特长”，在文本处以言简意赅的方式填入你的个人爱好和特长，剪贴画可以选择你所喜欢的图片或个人照片。

（5）第 4 张幻灯片采用“标题和图示或组织结构图”版式，在标题处输入你就读高中所在地在我国所处地理位置的示意图。

2．利用“设计模板”建立演示文稿

（1）采用 Proposal.pot 模板，建立含有 4 张幻灯片的专业介绍演示文稿，其中 1 张作为封面，将操作结果以 p2.ppt 为文件名保存在可移动磁盘中。

（2）第 1 张幻灯片是封面，其标题为你目前就读学校的名称，并插入你所就读学校的图标；副标题为所学专业名称。

（3）在第 2 张幻灯片中输入所学专业的特点和基本情况。

（4）在第 3 张幻灯片中输入本学期学习的课程名称、学分等信息。

（5）第 4 张幻灯片利用组织结构图显示所学专业、所属系和学院的组织结构。

3．对演示文稿 p1.ppt 进行编辑

按照下述要求设置外观。

（1）在演示文稿中加入日期、页脚和幻灯片序号

使演示文稿所显示的日期和时间会随着计算机内时钟的变化而改变；幻灯片从 100 开始编号，文字字号设置为 24 磅，并将其放在幻灯片右下方；在“页脚”处输入作者名字，作为每页的注释。

提示：① 幻灯片序号的设置首先选择菜单“视图”→“页眉和页脚”命令，在“页眉和页脚”对话框中将“幻灯片编号”复选项选中，表示需要显示幻灯片编号；然后选择菜单“文件”→“页面设置”命令，在“页面设置”对话框中设置幻灯片编号起始值。

② 要设置日期、页脚和幻灯片编号等的字体，必须选择菜单“视图”→“母版”→“幻灯片母版”命令。在不同区域选中相应的域进行字体设置，还可以将域移动到幻灯片的任意位置。

（2）利用母版统一设置幻灯片的格式

标题设置为方正舒体、54 磅、粗体。在右上方插入你所就读学校的校徽图片。

提示：利用菜单“视图”→“母版”→“幻灯片母版”命令，对标题样式按需求设置；插入所需要的图片。这时，所有幻灯片的标题都具有相同的字体，每张幻灯片都有相同的图片。

（3）逐一设置格式

将第 1 张幻灯片中的文字设置为楷体、粗体、32 磅，利用菜单“格式”→“行距”命令将行距设置为段前 0.5。第 2 张幻灯片的表格外框为 4.5 磅框线，内框为 1.5 磅框线，表格内容水平、垂直方向均居中。

（4）设置背景

利用菜单“格式”→“背景”命令，打开“背景”对话框，在“背景填充”区域的下拉列表中选择“填充效果”项，弹出“填充效果”对话框，在其中选择“纹理”选项卡的“画布”预设背景效果。

（5）插入对象

① 在第 2 张幻灯片中插入图表，其内容为表格中的各项数据。

提示：插入图表操作不能像 Excel 中那样先选中表格数据再插入图表。在 PowerPoint 中，选中的数据在插入后不起作用，必须先插入图表，系统显示默认图表数据，然后双击数据表进入编辑状态，再选中表格数据以覆盖系统的默认数据。

② 对于第 3 张幻灯片，将标题文字“个人爱好和特长”改为“艺术字库”中第 1 行第 4 列的样式，加设阴影效果。

4．对于演示文稿 p1.ppt 加以美化

根据你的审美观和个人爱好，尽可能地加以美化。

实验 19　幻灯片的动画与超链接

实验目的

1．掌握幻灯片的动画技术。

2．掌握幻灯片的超链接技术。

3．掌握放映演示文稿的方法。

实验内容

1．幻灯片的动画技术

（1）利用“自定义动画”命令设置幻灯片动画

① 对 p1.ppt 内第 1 张幻灯片的标题添加“飞入”动画效果，单击鼠标触发动画效果；文本内容即为个人简历，采用“棋盘”进入的动画效果，按项一条一条地显示，在前一事件 2 秒后发生。

提示：动画的设置选择菜单“幻灯片放映”→“自定义动画”命令。先选择要设置动画的对象，然后进行所需要的设置，多个对象依次类推。

② 对 p1.ppt 的第 3 张幻灯片的“艺术字”对象设置“螺旋飞入”效果。对 4 张幻灯片逐一设置“进入”效果，对文本设置“擦除”效果。动画出现的顺序首先是图片对象，随后是文本，最后是艺术字。

（2）利用“幻灯片切换”命令设置幻灯片间动画

使演示文稿 p1.ppt 内各幻灯片的切换效果分别采用“水平百叶窗”、“溶解”、“盒状展开”、“随机”等方式。设置幻灯片切换速度为“快速”，换片方式可以通过单击鼠标实现或设置每隔若干秒自动实现。

（3）对演示文稿 p2.ppt 按照你所喜欢的方式进行设置，包括片内动画和片间动画。

2．演示文稿中的超链接

（1）创建超链接

在 p1.ppt 的第 1 张幻灯片前面插入一张新幻灯片作为首页。在幻灯片内制作 4 个按钮，依次命名为：简历、高考情况、个人爱好、生源所在地。利用超链接分别指向其后的 4 张幻灯片。

提示：要在第 1 张幻灯片前面插入一张幻灯片，当前定位在第 1 张幻灯片处，通过菜单“插入”→“新幻灯片”命令，将新幻灯片插在第 2 张幻灯片处，然后通过幻灯片浏览视图或普通视图将第 2 张幻灯片移至最前。动画的设置选择“幻灯片放映”→“自定义动画”命令，先选择要设置动画的对象，然后进行所需要的设置，多个对象依次类推。

（2）设置动作按钮

要使每张幻灯片都有一个指向第 1 张幻灯片的动作按钮，可在“幻灯片母版”中加入一个矩形动作按钮◀超链接到幻灯片首页。在演示文稿 p2.ppt 的每张幻灯片下方设置动作按钮◀，可分别跳转到上一张幻灯片，再在第 1 张幻灯片下方放置另一个动作按钮，可跳转到演示文稿 p1.ppt。

3．插入多媒体对象

从菜单“插入”→“影片和声音”命令中选择对应的子命令。

在 p1.ppt 中第 1 张幻灯片的“自我介绍”处插入一声音文件，插入成功则显示“喇叭”图标。当需要播放音乐时即可单击此处，播放一段美妙的音乐。

在 p1.ppt 的第 3 张幻灯片处插入一影片或剪贴画。

4．放映演示文稿

（1）排练计时

利用“排练计时”功能，对演示文稿 p1.ppt 设定播放所需要的时间。

提示：对已经设置过排练计时的，在幻灯片浏览时其左下方以秒为单位显示放映时间。

（2）设置不同的放映方式

将 p1.ppt 和 p2.ppt 的放映方式分别设置为“演讲者放映”、“观众自行浏览”、“在展台浏览”或“循环放映”，并且和排练计时相结合，在放映时观察实际效果。

计算机故事

C 语言和里奇

提到里奇（Dennis M.Ritchie）就不得不提汤姆逊（Kenneth L.Thompson），就像提到 C 语言就一定要提 UNIX 系统一样。C 语言和 UNIX 系统是由里奇和汤姆逊共同开发、设计的。里奇较之汤姆逊年长 2 岁，1941 年生于美国纽约。1963 年在美国哈佛大学获得学士学位。其后在应用数学系攻读博士学位，研究一个有关递归函数论方面的课题，并写出了论文，但不知何故未举行答辩，没有获得博士学位就离开了哈佛大学，于 1967 年进入贝尔实验室。

UNIX 系统的开发是以汤姆逊为主的，那么里奇在开发过程中有哪些功劳呢？

UNIX 系统成功的一个重要因素是它具有可移植性。正是里奇竭尽全力开发了 C 语言，并把 UNIX 系统用 C 语言重写了一遍，这才使它具有这一特性。汤姆逊是用汇编语言开发 UNIX 系统的，这种语言高度依赖于硬件条件，由它开发的软件只能在相同的硬件平台上运行。里奇在由英国剑桥大学理查德（M.Richards）于 1969 年开发的 BCPL（Basic Combined Programming Language）语言的基础上，巧妙地进行改进，形成了既具有机器语言能直接操作二进制位和字符的能力，又具有高级语言许多复杂处理功能如循环、分支等的一种简单、易学且灵活、高效的高级程序设计语言。他们把这种语言命名为“C”，一方面指明继承关系（因为 BCPL 的首字母是“B”。有些资料述及汤姆逊先根据 BCPL 开发了一种称为“B”的语言，再由里奇根据 B 开发了 C），另一方面也反映了他们追求软件简洁明了的一贯风格。C 语言开发成功后，里奇用 C 语言把 UNIX 系统重写了一遍。研制 C 语言的初衷是为了用它编写 UNIX 系统，这种语言结合了汇编语言和高级程序设计语言的优点，大受程序设计师的青睐。

里奇发明的 C 语言以及后来由贝尔实验室 B.Stroustrup 所扩展的 C++成为备受软件工程师宠爱的语言。

第 6 部分

Internet 操作实验

实验 20　Internet 基本应用

实验目的

1．掌握浏览器的使用方法以及网页的下载和保存。

2．掌握电子邮件软件的使用方法。

实验内容

1．要求通过 www.bta.net.cn 进入“北京宽带网”主页，将“宽带自服务”目录清单下载至文件 C:\chmlqd.txt，然后转向“教育资讯”页面，将“教育资讯”题头图片下载到文件 C:\cedu.htm。

2．第 29 届奥林匹克运动会的官方网址是 http://www.beijing2008.cn，请从“第 29 届奥林匹克运动会”主页开始，按照链接轨迹：“新闻”、“竞赛与场馆”、“观众服务”、“媒体运行”等浏览网页信息。

3．指定域名 www.shareware.com 显示主页，通过 Search 文本框查询搜索 Internet Explorer 最新版本的软件，并将其下载到本地硬盘。

4．下载网址为 www.163.com 的网站主页到 C:\cw.html 文件。

5．访问美国哈佛大学站点 www.harvard.edu，并将哈佛大学主页图片作为电子邮件的附件发送到“发件箱”中，对方的电子邮件地址是 luwm@tongji.edu。

6．根据读者可用的 E-mail 地址，以文本文件格式发送一封电子邮件，主题为“上海图书馆机构”，邮件内容为：“老王：寄上上海图书馆网站地图，见附件。”附件取自上海图书馆网站上的地图，网址为 www.library.sh.cn。进入上海图书馆网站地图的链接轨迹为“上图图书馆”→“网站地图”。

注意：上网浏览网页和发送电子邮件可根据上机环境适当改变域名和 E-mail 地址。

计算机故事

WWW 的缔造者

有人说工业革命及计算机普及化之后最大的革命来自 Internet，而其中最重要的技术就是 WWW（world wide web，万维网）。这里要介绍的就是 WWW 的缔造者蒂姆·伯纳斯-李（Tim

Berners-Lee）。

1955 年 6 月 8 日蒂姆出生于英国伦敦，1976 年毕业于牛津大学女王学院。最初在一家电信设备制造企业 Plessey 电讯公司工作，从事分布式处理系统、信息中转和条形码技术的研究与开发。两年后，他离开 Plessey 公司，进入 D. G. Nash 公司，开始为智能打印机以及多任务处理系统编制软件。

其间在瑞士日内瓦的欧洲粒子物理研究所（CERN）工作时，实验室计算机上的庞大数据库中存放着大量研究数据，在经过计算机网络进行连接和共享时，传统方式固有的缺陷很多，数据处理效率低下，数据访问与共享都十分不便。为此，蒂姆大胆地设想了一种全新的信息存储与访问系统实现方案，并提出采用包括随机连接方法和超文本链接在内的手段来圆满解决问题的思想。他将这个方案命名为“询问”（Enquire，意即 inquire）。虽然这个方案并未公开发表，但却为他后来在 World Wide Web 理论上的突破性研究奠定了良好的理论基础。

1981 年，蒂姆来到约翰·普尔创办的图像计算机系统公司从事研究工作。在工作之余，他总牵挂着“询问”计划。1984 年，他回到了令人神往的 CERN，把全部心血投入对“询问”方案的继续研究与探索之中。

1989 年，他提出了一整套完善的、实现全世界超文本链接的宏伟方案，这就是举世闻名的具有划时代意义的 World Wide Web 计划。该计划以他早期构思的“询问”方案为理论依据，通过超文本的形式，把世界各地人们掌握的知识通过计算机都连接到一个网络上，达到使人们共享知识、乃至共同工作的目的。1990 年，第一个万维网服务器软件 httpd 和第一个万维网客户端软件 World Wide Web 从他的手中呱呱坠地，其中，后者是一个运行于 Next Step 系统环境下、集超文本浏览器和编辑器于一体、“所见即所得”的软件。他从 1990 年 10 月开始动手编写这两个软件，同年 12 月，第一个 World Wide Web 客户端软件的副本开始在 CERN 的计算机上运行。到了 1991 年夏天，这个软件就开始通过 Internet 走向全世界。

超文本的思想并不是新兴事物，它最早由万尼瓦尔·布什在 1945 年提出，最初的超文本软件主要用于链接计算机上的不同文件。蒂姆的伟大贡献在于将超文本的思想进行极大的发挥，使其从孤立、封闭的单个计算机中走出来，进入由无数计算机汇接而成的网络海洋中。

随着网络技术的不断进步，他最初的有关 URLS、HTTP、HTML 的规范也不断得到新的补充和完善。

1994 年，蒂姆创建非营利性的环球国际集团 W3C（World Wide Web Consortium），并成为第一任主席。Microsoft、Netscape、Sun、Apple、IBM 等百余家公司相继成为其会员，专门负责互联网软件开发与标准制定等的协调工作。W3C 总部坐落在美国麻省理工学院（MIT）。

1999 年，《时代》杂志将蒂姆评为 20 世纪最有才华的 100 位名人之一。人们亲切地称蒂姆为“Web 之父”。

实 训 篇

第 1 部分
操作系统实训项目

实训项目 1　定制个性化 Windows

实训说明

崇尚个性化的时代，要求凡事皆与众不同，Windows 操作系统的设置也不例外。

本实训介绍如何定制个性化 Windows，如将“开始”菜单、桌面背景、声音的启动等个性化，隐藏桌面上的所有图标，等等。

实训步骤

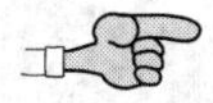

个性化 Windows“开始”菜单

在任务栏上单击鼠标右键，在弹出的快捷菜单中选择“属性”项，出现“任务栏和「开始」菜单属性”对话框，选择其中的“「开始」菜单”选项卡，选中“「开始」菜单”单选项，单击“自定义”按钮，出现“自定义「开始」菜单”对话框，在“高级”选项卡下面的“「开始」菜单项目”列表框中有许多关于开始菜单的选项（见实训项目图 1.1），选中“控制面板”和“我的电脑”中的“显示为菜单”单选项（见实训项目图 1.2、实训项目图 1.3）。

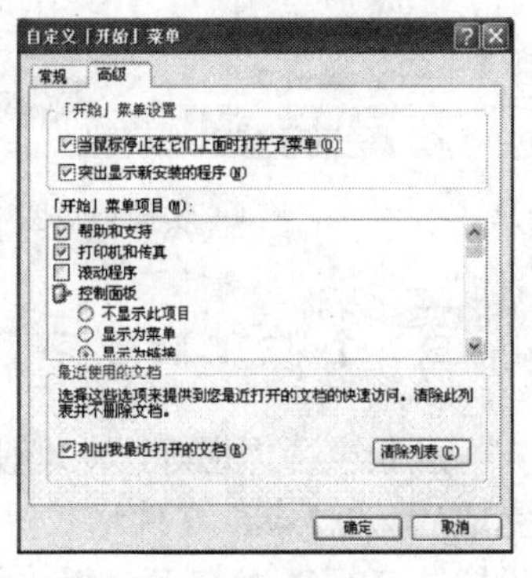

实训项目图 1.1

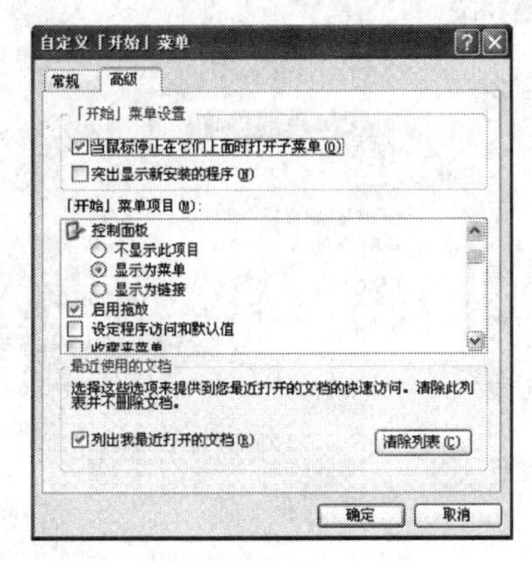

实训项目图 1.2

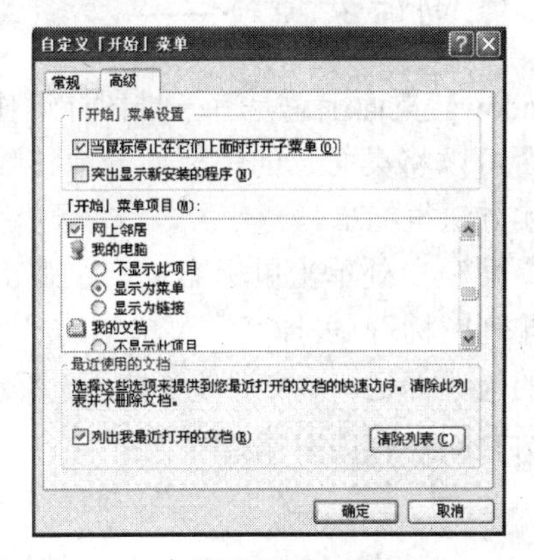

实训项目图 1.3

单击“确定”按钮，然后打开“开始”菜单，把鼠标移到“我的电脑”或“控制面板”选项上，此时“我的电脑”或“控制面板”中的各项以菜单形式显示出来（见实训项目图 1.4）。

个性化桌面背景

制作一张图画，或扫描自己的一张照片（如果有条件的话）或美丽的风景画，将其设置为桌面背景：只需将该图片放入 Documents and Settings 目录下，再在“显示 属性”对话框的“桌面”选项卡中将背景设置成所需要的文件即可，如实训项目图 1.5 所示。

实训项目图 1.4

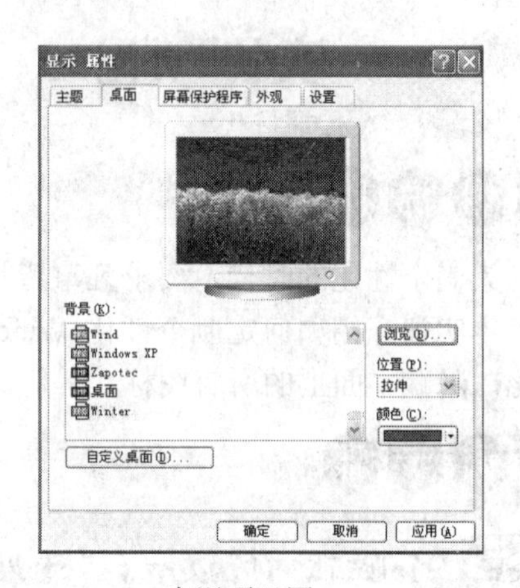

实训项目图 1.5

个性化启动声音

录制声音“您好，欢迎使用计算机！”并将其设置为在 Windows 启动时播放：声音录制完成后，以*.wav 文件形式保存在 Windows 目录下，通过“控制面板”→“声音和音频设备”设置成 Windows 启动时播放的声音。

录音功能位于“开始”→“所有程序”→“附件”→“娱乐”→“录音机”下。

露出你的笑脸——隐藏桌面上的图标

Windows 桌面上总是有一堆图标遮住漂亮的背景图案，是否可以将桌面上的图标部分地移除掉呢？当然可以！其实方法很简单。

在桌面空白处单击鼠标右键，在弹出的快捷菜单中选择“排列图标”，去掉其子菜单中的“显示桌面图标”复选项的勾选标记，如实训项目图 1.6 所示，稍等片刻桌面上的所有图标就都隐藏起来了。

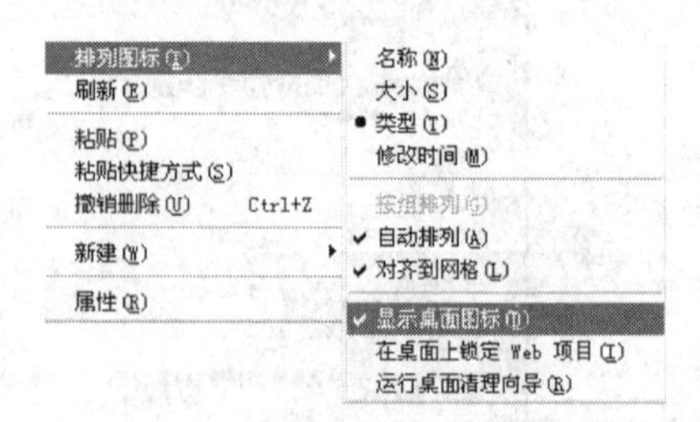

实训项目图 1.6

提示：若想只隐藏“我的文档”和“我的电脑”等图标，选择桌面快捷菜单中的“属性”项，进入“显示 属性”对话框，选择“桌面”选项卡，单击其中的“自定义桌面”按钮，出现“桌面项目”对话框，清空“桌面图标”选项区域中的“我的文档”和“我的电脑”复选项，单击“确定”按钮。这时桌面上的“我的文档”和“我的电脑”图标隐藏。若想恢复原状，在“桌面图标”选项区域中，选定“我的文档”和“我的电脑”复选项，这时桌面上的“我的文档”和“我的电脑”图标又出现了。

经验技巧

Windows XP 的 10 项特殊技巧

1．在记事本中自动记录文件的打开时间

在记事本中可以记录每次打开某个文本文件的时间，具体方法是：在该文件的第一行中输入“.LOG”（注意：字母必须大写！），然后换行开始正文内容。这样在每次打开该文件之后，在关闭文件时会自动在文件后面添加系统当前时间。

2．将所喜爱的程序置于“开始”菜单顶部附近

你是否对某个程序非常喜爱且经常使用它呢？那么，可以通过将其放置在列表顶部的方式提高它在“开始”菜单中的优先级。这种方式能够确保该程序保持在“开始”菜单中，且不受其他程序的干扰，即便其他程序具有更高的使用频率时也是如此。在“开始”菜单中右键单击你所喜爱程序的名称，并在随后出现的快捷菜单中选择“附到‘开始’菜单”项。你喜爱的程序将被永久移至列表顶部，仅位于IE浏览器和“电子邮件”程序下方。

3．为 Caps Lock 增加响铃

如果在输入中文时不慎按动 Caps Lock 键，会进入大写英文状态，而给此键加个“响铃”就放心多了。具体方法是：打开“控制面板”的“辅助功能选项”，在“键盘”选项卡中选择“使用切换键”复选项。

4．利用回收站给文件夹加密

（1）首先，单击“我的电脑”窗口中的菜单“工具”→“文件夹选项”，在出现的“文件夹选项”对话框中选中“查看”选项卡“高级设置”列表框内的“显示所有文件和文件夹”单选项，单击“确定”按钮。

（2）进入系统根目录，右击“回收站”（即名为“Recycled”的文件夹），在弹出的快捷菜单中选中“属性”项，出现“回收站 属性”对话框，在其中选择“启用缩略图查看方式”，然后单击“应用”按钮，可以发现系统自动将“只读”属性选中了，需要手动去除“只读”属性，然后单击“确定”按钮。这时图标变成普通文件夹的形态，双击 Recycled 文件夹，找到一个名为“desktop.ini”的初始化文件，将其激活，复制到需要加密的文件夹下，如 D:\MyFiles 文件夹下面。

（3）然后右击 d:\MyFiles 文件夹，在快捷菜单中选择“属性”项，在弹出的相应属性对话框中确保“只读”属性被选中，然后在“启用缩略图查看方式”复选框前勾选，单击“确定”按钮。

5．拒绝分组相似任务栏

虽然 Windows XP“分组相似任务栏按钮”的设置可以让任务栏少开窗口，保持视觉清爽，但对于一些需要打开同类多窗口的工作非常不便。例如，你经常使用 QQ 这样的通信软件在线聊天，如果有两个以上的好友同时和你交谈，你马上会感到 Windows XP 这种默认设置造成的不便——每次想切换交谈对象时，要先选择组，然后再选择要交谈的好友，而且每个好友在组内显示的都是相同的图标，谈话对象很多时，可能要逐一查看到底是谁刚才回复了，在等着你做出反应，而且如果选错了一个，又要从组这一层级开始选，很麻烦。显然这样不如原来的列出多个窗口，在任务栏里的各个小窗口单击一次就可以开始聊天。更改方法是：单击“开始”→“控制面板”→“外观和主题”→“任务栏和「开始」菜单”，在弹出的“任务栏和「开始」菜单属性”对话框内，将“分组相似任务栏按钮”选项前面的对钩去掉。

6. 更改文件日期

要修改任意.exe 文件的日期，可以在 MS-DOS 方式下输入“copy XXX.exe+,,”（注：加号后面紧跟 2 个逗号），系统询问时输入“Y”即可将文件日期更改为当前日期。

7. 清除预读文件

当 Windows XP 使用一段时间后，预读文件夹（C:\Windows\prefetch）内的文件会变得很大，里面会有死链文件，这将减慢系统运行速度。建议定期删除这些文件。

8. 快速关闭一系列窗口

用户通过“我的电脑”打开一个深层文件夹时，将会依次打开很多窗口，逐一关闭它们颇为麻烦。若用户在关闭最下一层窗口时按住 Shift 键，则所有的窗口将同时被关闭。若关闭中间某一层窗口时按住 Shift 键，则其上各层窗口都会被关闭，而其下各层窗口将保持不变。

9. 快速重启动

每次重新启动计算机时，都要自动检测系统和硬件，这需要花费一定的时间。为了能够快速重启动，可以按照以下步骤进行操作：单击“开始”菜单按钮，选择“关闭计算机”项，在弹出的“关闭计算机”对话框中，选择“重新启动”项的同时按住 Shift 键，这样就能跳过对系统和硬件的自动检测，从而达到快速重新启动计算机的目的。

10. 快速清空回收站

有时候，回收站内的文件太多或者是处于不同的地方，此时使用“清空回收站”命令就会很慢，可以先选取全部文件，然后删除它们，这样会快得多。

实训项目 2　输入法的安装与使用技巧

实训说明

人们在计算机上进行得最多的工作就是文字处理，通常都会选用某一种中文输入法，但往往对中文输入法功能的设置、热键的设置、人工造词的方法、自定义词语的维护以及安装/删除中文输入法等比较生疏。本实训介绍中文输入法的设置和使用方法，如智能 ABC 输入法的安装，将“中国高教”、“高等教育出版社”等作为常用词汇来输入，等等。

实训步骤

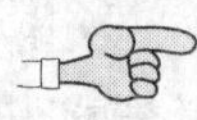

安装/删除智能 ABC 输入法

（1）鼠标右键单击任务栏的“输入法指示器”按钮，选中“设置”项，打开“文字服务和输入语言”对话框，如实训项目图 2.1 所示。

（2）然后单击“添加”按钮，出现如实训项目图 2.2 所示的“添加输入语言”对话框。

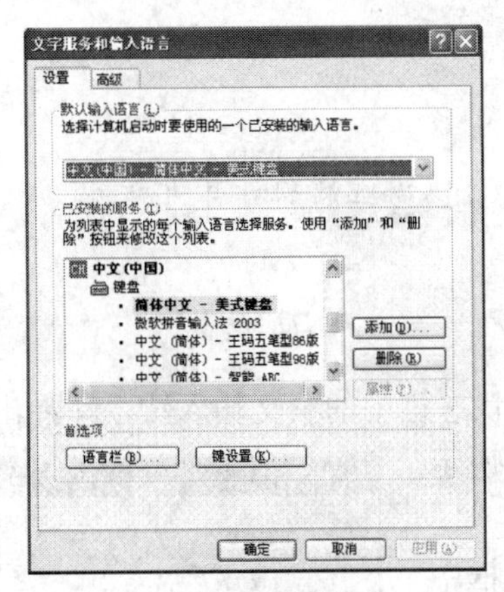

实训项目图 2.1

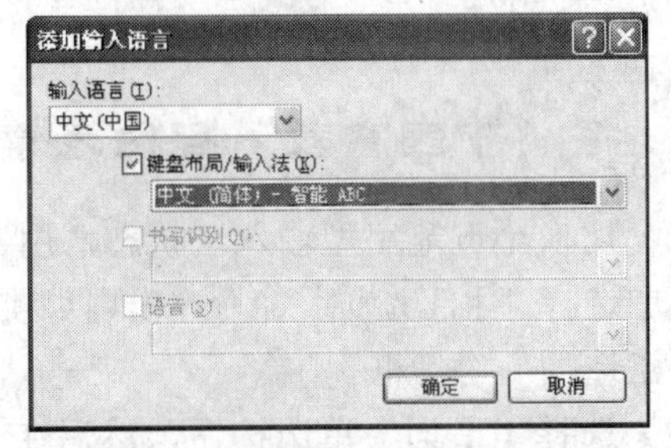

实训项目图 2.2

（3）在“键盘布局/输入法”中选择“中文（简体）智能 ABC”，然后单击“确定”按钮。

反之，如果要删除某种输入法，只要在实训项目图 2.1 所示的“文字服务和输入语言”对话框“已安装的服务”列表框中选中该输入法，然后单击“删除”按钮，再单击“确定”按钮即可。

设置输入法的功能

（1）选择某一种输入法（如五笔字型输入法）。

（2）右键单击状态栏中的输入法，弹出如实训项目图 2.3 所示的快捷菜单。

（3）在快捷菜单中选择“设置”命令，出现如实训项目图 2.4 所示的“输入法设置”对话框。

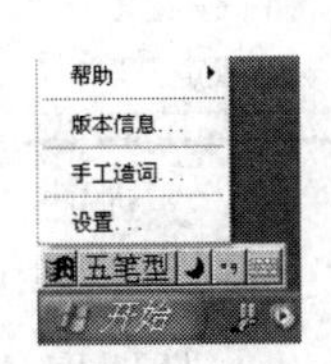

实训项目图 2.3

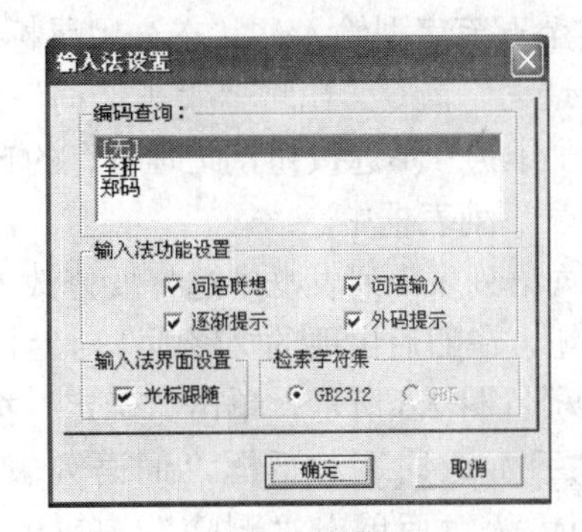

实训项目图 2.4

（4）在“输入法功能设置”选项区域中有 4 个选项：

① 选中“词语联想”复选框，可在词语候选框中显示与当前输入汉字相匹配的词语。

② 选中“词语输入”复选框，可在外码框中输入词语关联的各个汉字的外码，能够一次涵盖一个词语，大大提高输入速度。

③ 选中“逐渐提示”复选框，可在词语候选框中显示所有以已输入码元开始的字和词，方便用户选择。

④ 选择“外码提示”复选框，可在词语候选框中显示所有以已输入码元开始的字词的其余外码。“外码提示”只在“逐渐提示”有效时才会起作用。

(5) 在“输入法界面设置”区域中，如果选中“光标跟随”复选框，则词语候选框会随着插入点的移动而移动。

(6) 单击“确定”按钮，所做各项设置生效。

注意：对于不同的输入法，可供选择的选项和可以设置的项目有所不同。

将“中国高教”等作为常用词汇输入——人工造词

(1) 切换至五笔字型输入法状态，用鼠标右键单击状态栏中的中文输入法，在弹出的快捷菜单中选择“手工造词”命令，出现如实训项目图 2.5 所示的“手工造词”对话框。

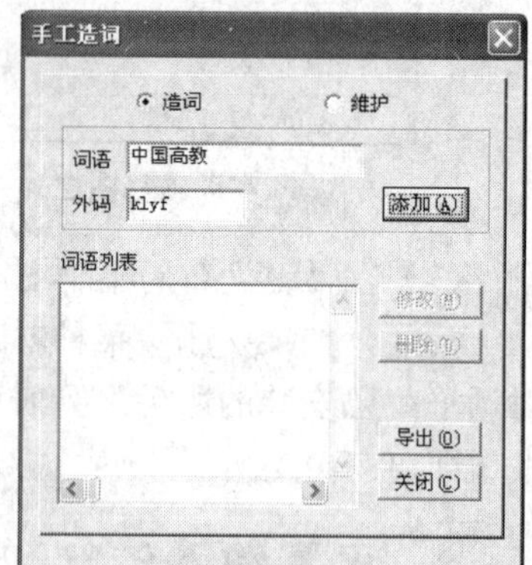

实训项目图 2.5

(2) 选择“造词”单选按钮，然后在“词语”文本框中输入自定义词组（例如，输入“中国高教”），按回车键，将插入点移至“外码”文本框中。

(3) 在“外码”文本框中会相应地生成自定义词语的外码（如“klyf”）。如果对此感到不满意，也可以按照个人习惯输入相应的外码。

(4) 单击“添加”按钮，将新定义的词组添加到“词语列表”列表框中。

(5) 单击“关闭”按钮，刚才添加的词语就可以按照所设置的输入码输入。

维护自定义词语

(1) 切换至五笔字型输入法状态，用鼠标右键单击状态栏中的中文输入法，在快捷菜单中选择“手工造词”命令，出现“手工造词”对话框，如实训项目图 2.5 所示。

(2) 选择“维护”单选按钮，此时所有的自定义词语将出现在“词语列表”列表框中。

(3) 从“词语列表”列表框中选择要修改的词语，然后单击“修改”按钮，在随后出现的“修改”对话框中修改词语或外码，如实训项目图 2.6 所示，单击“确定”按钮。

实训项目图 2.6

(4) 从“手工造词”对话框“词语列表”列表框中选择要修改的词语，然后单击“删除”按钮，系统自动出现“警告”对话框询问是否删除该词语，单击“是”按钮确定删除操作。

(5) 单击“关闭”按钮，关闭“手工造词”对话框。

实训项目 3　生僻字、偏旁、10 以上圈码的输入

实训说明

教师在录入学生信息时，经常发现很多学生的姓名采用普通的输入法无法录入，与此

同时，语文老师在日常办公过程中难免要录入偏旁部首等。本实训介绍输入姓名中的生僻字、偏旁部首的方法，输入10以上圈码以及快速录入加减乘除的方法等，希望能够对读者有所帮助。

本实训知识点涉及输入法、自动更正、软键盘的使用。

实训步骤

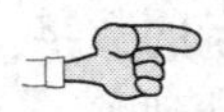

巧用Word录入生僻字

Word中的“插入”→“符号”内有许多生僻字，便于用户录入一些生僻字。

例如，要录入“赟”字，其部首应该是“贝”，先录入一个“贝”字底的字，如“赛”，选中“赛”字，单击菜单“插入”→“符号”命令，此时出现“符号”对话框，并且自动定位在“赛”字上。“赟”字除去部首的笔画要比“赛”字多，所以向后找，很快就可以找到它了，单击“赟”字（如实训项目图3.1所示），再单击“插入”按钮即可。

经仔细研究可以发现：这些字是按照部首依次排列的，所以在录入生僻字之前可以先找一个部首相同的字，再采用上面的方法就很容易了。

偏旁部首巧输入

1．全拼输入法

将输入法切换至“全拼输入法”，然后输入“偏旁”二字的汉语拼音“pianpang”，此时词语候选框内出现的并非“偏旁”二字，而是汉字的所有41个偏旁部首（见实训项目图3.2）。如果未能找到所需要的偏旁部首，可以按“+”键向后翻页，反之按“-”键向前翻页。找到所需要的偏旁部首之后，直接输入对应的数字即可。这样就可以很轻松地输入汉字的偏旁部首了。

2．利用Word自带符号

在Word 2003中单击菜单“插入”→“符号”命令，然后在出现的“符号”对话框中选择“(普通文本)”字体，子集选择“CJK统一汉字”/“CJK兼容字符”，从中找到需要输入的偏旁部首并插入即可。

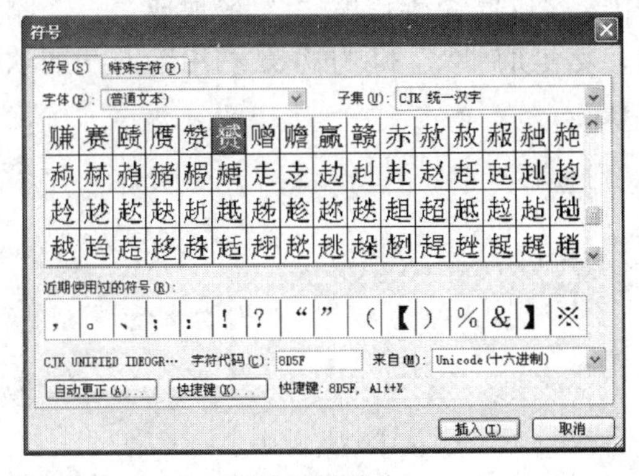

实训项目图3.1

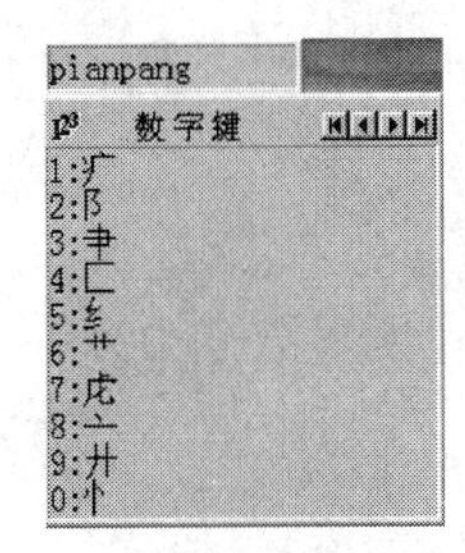

实训项目图3.2

3．利用“字典查询”功能

微软拼音输入法3.0的“字典查询”功能十分强大，单击输入法的“选项”按钮，并在打开的菜单中勾选“输入板”，然后单击“打开/关闭输入板”按钮打开“输入板-字典查询”对话框，在GBK、GB2312选项卡中找到所需要的偏旁部首后即可将其插入。

输入10以上圈码

在Word中输入①②③之类的序号并非难事，可以通过插入符号的方法或通过数字序号软键盘来输入。具体方法是：在状态栏中的中文输入法软键盘开关按钮处单击鼠标右键，打开如实训项目图3.3所示的快捷菜单，选择“数字序号”项，打开如实训项目图3.4所示的数字序号键盘，即可快速输入所需要的符号。注意观察，可以发现插入符号中的圈码只排到⑩，如果想输入⑩以上的圈码就不能使用这种方法了。其实对于⑩以上的圈码可以利用Word中的“中文版式”来实现。

实训项目图3.3

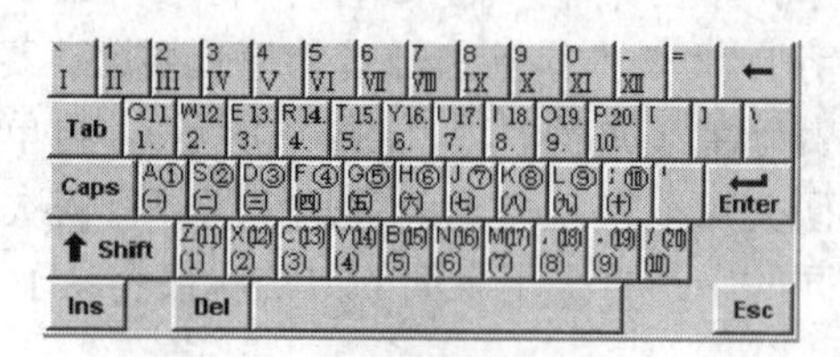

实训项目图3.4

先输入数字（如12），接着选中这两个字符，然后选择菜单“格式”→“中文版式”→“带圈字符”即可。

需要注意的是，在设置完成后，最好不要改变其字体，否则效果会大打折扣。

快速录入加减乘除

在Word中编制数学试卷，难免需要输入“+”、“-”、“×”、“÷”符号，符号“+”和“-”还好，可以直接由键盘输入，但符号“×”、“÷”就只能使用输入法中的软键盘了。如果总是这样在键盘和软键盘之间进行切换，是很麻烦的，还是尽快想点办法吧！

单击菜单“工具”→“自动更正选项”，在出现的“自动更正”对话框中选择“自动更正”选项卡，在“替换”文本框中输入“*”，然后在“替换为”文本框中输入“×”，单击“添加”按钮，将其添加到下方的列表框中去。以此类推，将“/”替换成“÷”。添加完毕后，按“确定”按钮返回编辑状态（注意：这里的“×”和“÷”是利用输入法的软键盘来输入的）。

第2部分
字处理软件实训项目

实训项目4　欢迎新同学——Word的基本操作

实训说明

本实训是制作一份“发言稿”，最终效果呈现在后面的实训项目图4.9中。

要求通过本实训掌握最基本的输入法和技巧以及对字体的设置。这里用到的都是Word的一些基本功能，读者可能会觉得这篇“发言稿”用一些较简单的软件也可以完成，比如写字板，不过Word的基本功能毕竟今后会经常用到，所以熟练地加以掌握还是很有必要的。

本实训知识点涉及连字符变为长画线，为文字设置上、下标，字体的设置，插入日期和时间，字数统计工具栏。

实训步骤

1．新建Word文档

首先启动Word，单击菜单“文件”→“新建”命令，在窗口右侧的“新建文档”子窗格中选择“新建”区域内的“空白文档”链接项，就可以新建一个空白文档。

2．输入标题

在光标位置输入文字“致大学新同学的欢迎词”。

3．设置标题格式

当前文字是按照默认的格式显示出来的。下面将其字体设置为本实训项目效果图中呈现的那样，也就是宋体、28号字、居中对齐。

选中标题文字，在“格式”工具栏的“字体”下拉列表框中选择“宋体”，在“字号”下拉列表框中设置字号为28号，然后单击“居中”按钮，使标题位置居中，如实训项目图4.1所示。

4．输入“HOT”

读者可能注意到了，标题的右上方还有一个红色的“HOT”，它是怎样跑到标题右上方的呢？要知道，这并不是通过改变字号就可以实现的。在标题的末尾单击空格键，然后输入“HOT”并选中它，将其字体设置为“Verdana”，字号设置为“小四”号，单击“加粗”图标按钮，使文字加粗显示，并将字体颜色设置成红色。

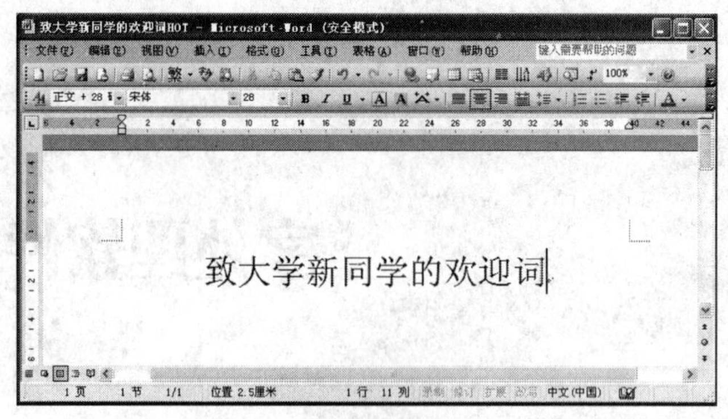

实训项目图 4.1

5．设置字体

（1）单击菜单“格式”→“字体”项，弹出“字体”对话框，如实训项目图 4.2 所示。

（2）选中“字体”选项卡“效果”选项区域中的“上标”复选项，再选择“字符间距”选项卡，打开“位置”下拉列表框，选择“提升”项，将“磅值”设置为 14 磅。在“字体”对话框下面的“预览”栏中可以看到演示效果，如实训项目图 4.3 所示。

实训项目图 4.2

实训项目图 4.3

（3）单击“确定”按钮，返回 Word 文档。文档的当前效果如实训项目图 4.4 所示。

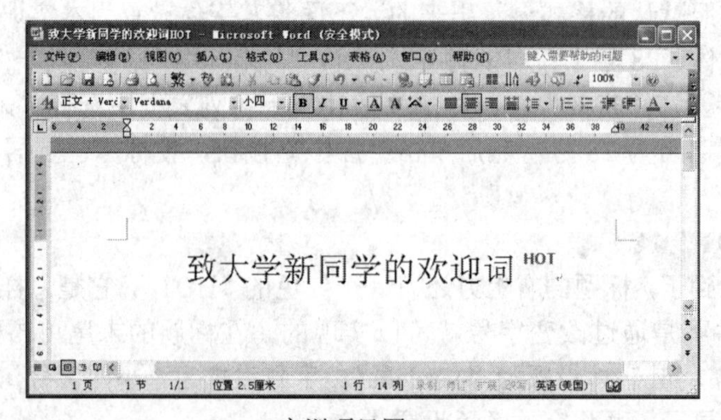

实训项目图 4.4

6．设置段落

（1）按回车键之后，设置“左对齐”方式，字体选择“宋体”，字号选择“三号”。

（2）单击菜单“格式”→“段落”项，打开“段落”对话框，如实训项目图 4.5 所示，打开“缩进”选项区域中的“特殊格式”下拉列表框，选择“首行缩进”项，返回编辑状态。

7．使用“自动更正”选项

开始输入发言稿的具体内容。需要注意的是，在输入“九月—— 一个伟大”的时候，可以发现输入两条短横线后，它们自动变成一条长横线，这是利用了 Word 的自动更正功能。

选择菜单“工具”→“自动更正选项”，弹出“自动更正”对话框，如实训项目图 4.6 所示。

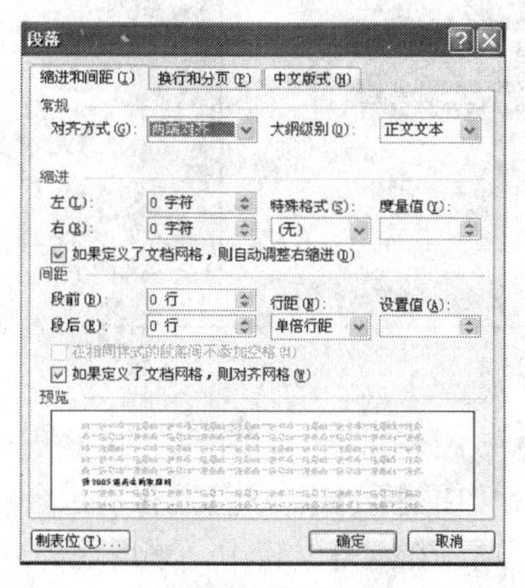

实训项目图 4.5

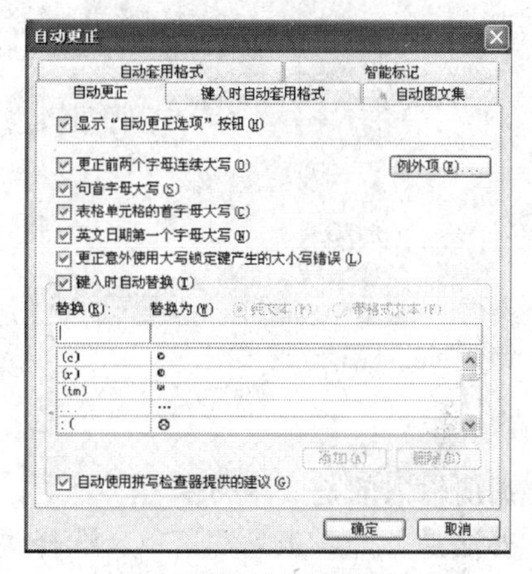

实训项目图 4.6

选择“键入时自动套用格式”选项卡，可以看到有一个“连字符（--）替换为长画线（—）”选项，如实训项目图 4.7 所示。

就是在这一项保持选中状态的情况下，才会出现前面所说的自动完成情况。这里还有很多项设置，读者可以按照自己的习惯进行设置。

8．插入日期和时间

文章内容输入完成后，另起一行，设置成“右对齐”方式，选择菜单“插入”→“日期和时间”项，在随后出现的“日期和时间”对话框中选择一种可用格式，如实训项目图 4.8 所示。

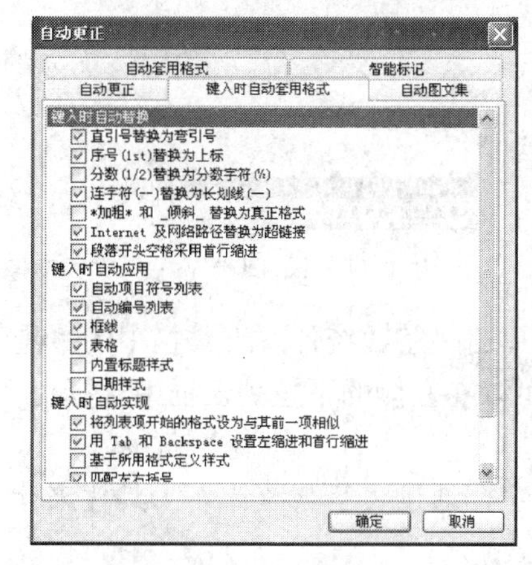

实训项目图 4.7

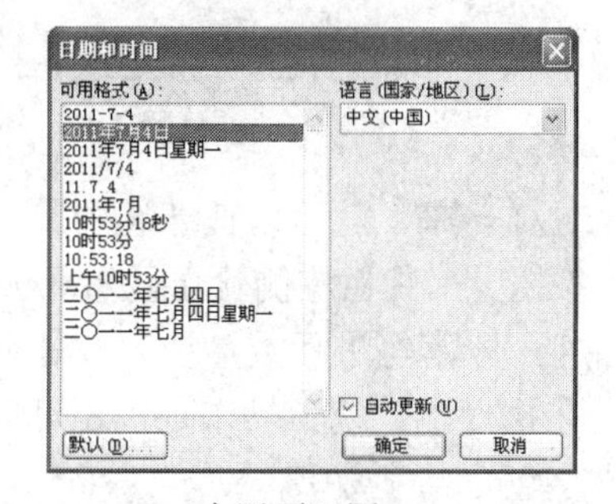

实训项目图 4.8

单击“确定”按钮，文档的显示效果如实训项目图 4.9 所示。

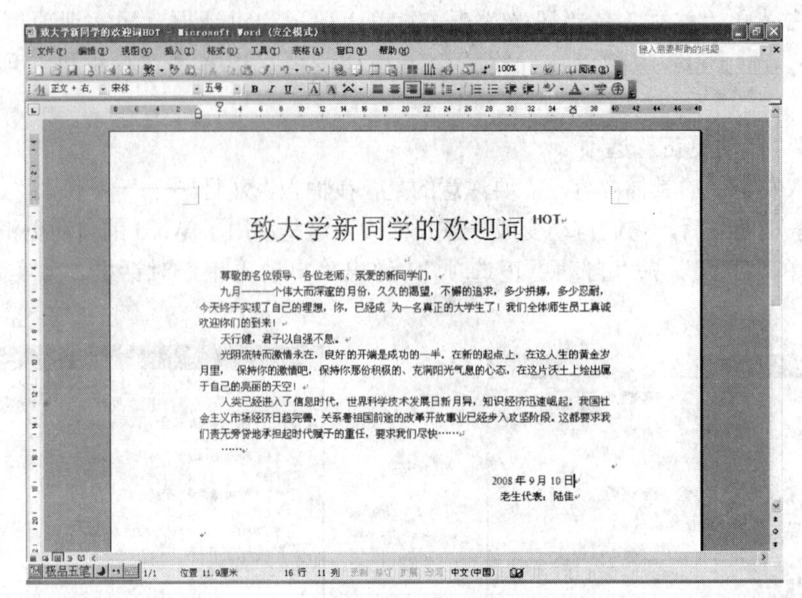

实训项目图 4.9

9．字数统计

最后所输入的是文章的作者“老生代表：陆佳”。如果想要统计这篇发言稿包含的字数，原来的办法是打开“工具”菜单，选择“字数统计”项。在这篇文章中，采用这种方法无关大局，但是如果是在编辑很长的文档，频繁地打开“字数统计”对话框就不大妥当了。

提示： Word 2003 新增了一项功能，同样可以打开“字数统计”对话框，如实训项目图 4.10 所示。

可以发现对话框下面多了一个“显示工具栏”按钮，单击这个按钮，出现“字数统计”浮动工具栏，如实训项目图 4.11 所示，可以将其拖放到窗口的工具栏中。

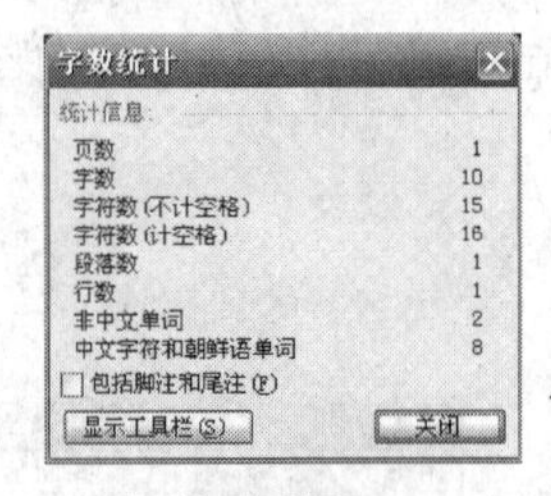

实训项目图 4.10

实训项目图 4.11

这样一来，就可以任意选中其一部分文字，然后单击“字数统计”工具栏中的“重新计数”按钮，工具栏左侧就会显示所选文字的数量，还可以在左侧的下拉列表框中选择对字符、非字符、段落等进行数量统计，是不是显得很方便？

在执行字数统计操作时，还可以随时选中一段文字，通过“字数统计”工具栏来计算该段文字包含的字数。

至此，这个实例就讲解完了，读者是否从中学到了很多东西呢？

实训项目 5　中英文混排——Word 的基本操作

实训说明

本实训制作一份“汉英对照文本”，最终效果如后面的样文所示。

Word 是一个易学、易用的，集文字录入、编辑、排版为一体的小型桌面排版系统。本实训通过对含有英文的文档进行编辑和排版，帮助读者进一步掌握 Word 的基本操作。

本实训知识点涉及字符和段落的格式化方法、缩进方式的用法、项目符号与编号的用法、文档的分栏及剪贴画的插入。

实训步骤

（1）打开名为“英语翻译文章.doc”的文件或按照样文输入文本。

（2）利用工具栏或“格式”→“字体”菜单项，对文档字体设置如下：

① 添加中文标题“欢迎外国代表团来访”，并设置为宋体、四号字，加设底纹，字符颜色为粉红色。

② 添加英文标题“WELCOMING A FOREIGN DELEGATION”，并设置为 Felix Titling 字体、四号字，加设字符边框，字符颜色为粉红色。

③ 中文内容设置为宋体、小五号字；英文内容设置为 Times New Roman 字体、小五号字。

④ 中文部分和英语部分每句话前面的对话人名简称设置为加粗、倾斜，字符颜色为蓝色。

说明：在设置文字效果之前，必须先选定文字；字符间距的设置在“字体”对话框的“字符间距”选项卡下；在“文字效果”选项卡中，可以对文字的动态效果进行设置（注意：动态效果仅用于屏幕显示，无法在打印样张上表现出来）。

（3）对文档进行项目符号与编号的设置。

① 分别为中文和英文对话进行编号，编号格式为“1.”。

② 项目符号与编号的操作命令位于“格式”菜单下，单击菜单“格式”→“项目符号和编号”项可将其激活。

思考：项目符号与编号的设置可以利用“格式”菜单进行，也可以用工具栏中的“项目符号”和“编号”按钮进行相应的设置。请比较两者之间的区别。

（4）对文档进行段落设置。

① 整个文档的行距设置为“单倍行距”，悬挂缩进 1.98 个字符。

② 中文和英文标题均设为居中对齐。

③ 将对话文字分两栏排版，使中文居前，英文居后。

说明：“悬挂缩进”位于“段落”对话框的“特殊格式”下拉列表框中，也可以利用 Word 编辑窗口中的标尺进行段落缩进的设置。

思考：如果文本的篇幅较短，在对其进行分栏操作时，将会出现各栏高度不一致的现象，该如何解决这个问题？

（5）对文档进行页面设置。

① 上、下页边距分别设置为2.5厘米、2厘米。

② 纸型设置为16开纸张。

③ 纸张方向设置为纵向。

（6）对英文部分进行“拼写和语法”检查，并对存在错误的地方进行改正。

（7）统计文档字数。文档字数的统计命令位于“文件”菜单的“属性”项下，在相应文档的属性对话框中，可以查看文档的类型、位置、大小、文件所含字数、字符数等。

（8）参照样文插入两幅合适的剪贴画，并调整好其大小，设置图片格式为“嵌入型”或“浮于文字上方”。

【样文】

欢迎外国代表团来访

1. *王:* 李先生早，希望您的旅行到目前为止都很愉快。
2. *李:* 谢谢，我度过了一段美好的时光。
3. *王:* 这是您第一次到中国来吗？
4. *李:* 是的，这是我第一次到中国旅行，我过得很愉快。
5. *王:* 我很高兴听您这么说。琼斯先生正期待着你们的光临，能否请您及您的同伴从这边走，我带你们到董事长办公室。他正在那里，准备迎接你们。让我把您介绍给琼斯先生。

WELCOMING A FOREIGN DELEGATION

6. *李:* 好极了，我很想认识他。
7. *王:* 这位是ABC公司的总裁琼斯先生，这是达德商贸公司的李先生。
8. *琼斯:* 我很高兴认识您。
9. *李:* 我也很高兴认识您。
10. *琼斯:* 李先生，您能到ABC公司访问，我们深感荣幸。
11. *李:* 谢谢，我们也感到很荣幸。
12. *王:* 请坐，不要客气。杨先生五分钟内到。他将带你们到研究中心参观。在此期间，我想向每位客人赠送一份有关我公司经营情况的资料。如果您有何问题，请不要客气，尽管发问。

1. ***Wang:***Good morning,Mr Li. I hope your trip has been a pleasant one so far.
2. ***Li:***Thank you. I have been having a wonderful time.
3. ***Wang:***Is this your first visit to China?
4. ***Li:***Yes. This is my first trip , and I have enjoyed myself a great deal.
5. ***Wang:***I am glad to hear that. Mr Jones has been looking forward to your arrival. If you and your party would come this way, I'll take you to the President's office. Mr Jones is waiting to receive you there. I will introduce you to Mr Jones.
6. ***Li:***Good. I'd like to meet with him.

7. ***Wang:***This is Mr Jones, chairman of the board of ABC Company, and this is Mr Li of Dodd Trading Company.
8. ***Jones:***I'm pleased to meet you.
9. ***Li:***I'm pleased to meet you,too.
10. ***Jones:***We are all honoured that you could visit ABC Company, Mr Li.
11. ***Li:***Thank you,the pleasure is ours.
12. ***Wang***: Please have a seat and make yourself comfortable. Mr Yang will be here in five minutes and he will take you a tour to the research center. In the meantime, I'd like to present each of you one of these packages containing information on our operations. If you have any questions, please don't hesitate to ask.

经验技巧

Word 基本编辑技巧

1. 用 Tab 键设置缩进格式

具体方法如下:

(1) 单击菜单“工具”→“自动更正选项”，选择“自动更正”对话框中的“键入时自动套用格式”选项卡。

(2) 选取“键入时自动实现”下的“用 Tab 和 Backspace 设置左缩进和首行缩进”复选框。

(3) 要使段落首行缩进，可以在首行前面单击，再按 Tab 键。

(4) 要使整个段落缩进，可以在除首行之外的任一行前面单击，再按 Tab 键。

2. 趣味自动更正

“自动更正”中的一些功能很有趣，如果经常需要用到，最好记住它们。比如:

(1) 两个等号加一个小于号，成了粗箭头。

(2) 两个连字符加一个小于号，成了细箭头。

(3) 输入冒号和右圆括号就成了一张或生气或高兴的笑脸。

(4) 可以自行添加更正项目，比如输入“* +”就自动替换为“×”，这就极大地方便了输入。

3. 自动插入当前日期

输入当前日期的前 4 个字符，比如“2005”。

Word 会提示按 Enter 键插入当前日期的完整形式。此时按下 Enter 键，Word 将显示系统当前日期。

4. 字号最大值

Word 的最大字号是 1 638 磅，即 57.78 厘米。

5. 自动编号

当使用菜单“格式”→“项目符号和编号”项中的数字编号时，可以发现在整篇文章中使用了该格式的段落，编号都从 1 开始递增。如果想让中间某处从 1 开始编号，怎么办呢？首先把光标移至该段落，然后打开“项目符号和编号”对话框，选择“重新开始编号”单选按钮，再单击“确定”按钮即可（如果没有发生变化，按 Ctrl+Z 组合键）。

6. 部分分栏

如果只想对文档中的某一部分分栏，可以在这部分的开始和结束位置分别插入一个分节符：选择“插入”→“分隔符”→“连续”分节符类型，然后将光标移到这段文字中，再选择菜单“格式”→“分栏”命令，设置“应用于”列表项为“本节”，然后继续。

7．部分竖排

如果只想让一段文字竖排，可以将这段文字放入文本框中，然后选中文本框，单击“竖排”按钮。另外一种简单的方法是：打开“绘图”工具栏，选中要竖排的文字，再单击“竖排文本框”图标按钮。

8．创建折页的小册子

创建从右向左折页的小册子的方法是：新建一个空白文档，打开“页面设置”对话框，选择“页边距”选项卡。

在“页码范围”的“多页”列表框中，选择“反向书籍折页”项；在“页边距”选项区域的“内侧”和“外侧”数值框中，输入或选择页边距内侧和外侧的间距。为了满足装订的要求，如果折页需要更大的间距，在“装订线”数值框中输入或选择所需间距。

在“每册中页数”列表框中，选择单个小册子所希望包含的页数。

9．自定义信封A

不使用模板，自己制作一个信封的方法是：选择菜单“工具”→“信函与邮件”→“信封和标签”项，打开“信封和标签”对话框，在其中选择“信封”选项卡，输入收信人和寄信人地址。单击“选项”按钮，出现“信封选项”对话框，选择“信封选项”选项卡。在需要调整的选项区域中，单击“字体”按钮，出现相应的地址对话框，在“字体”选项卡中，选择所需选项。若要将寄信的地址格式应用于基于当前模板所创建的所有信封，单击“默认”按钮，然后单击提示框中的“是”按钮。

10．自定义信封B

如前所述，打开“信封和标签”对话框，选择“信封”选项卡，单击“选项”按钮，出现“信封选项”对话框，再单击“信封选项”选项卡，在其中调整所需要的尺寸。

11．共享自动图文集

可以与他人共享自动图文集词条：首先，将自动图文集词条保存在模板中，并向工作组成员分发该模板；然后，他人可以基于该模板创建文档。也可以使用“管理器”将自动图文集词条复制到Normal模板中：单击菜单“工具”→“模板和加载项”，出现“模板和加载项”对话框，单击“管理器”按钮，出现“管理器”对话框，然后选择“自动图文集”选项卡。

12．大纲级别和目录

在设计标题段落的样式时，应用大纲级别，既可以方便查看文档的结构，也便于制作文档的目录。

13．大纲级别

大纲级别就像给标题设定等级一样，最高等级是1级。要为某个段落设置大纲等级，只需选择“格式”菜单中的“段落”命令，在“段落”对话框中设定大纲级别即可。

14．重复动作

在Word中有一个很少使用的快捷键Ctrl+Y，意为重复上一次操作。比如要在文档中插入多个矩形框，可能会先插入一个，然后复制；但是如果插入一个矩形框之后，再按Ctrl+Y组合键，就显得方便多了。

15．更改默认存盘格式

选择菜单“工具”→“选项”，打开“选项”对话框，单击“保存”选项卡，在“默认格式”选项区域中的“将 Word 文件保存为”下拉列表框中选择自己想要的格式，以后每次存盘时，Word 就会自动将文件保存为预先设定的格式了。

16．移动任意区域文本

在要移动文本的起始处单击鼠标左键，按住 Shift+Alt 组合键，在文本的末尾处单击，就可以选中文本了，用鼠标可以拖动所选任意区域文本。

17．微移技巧

（1）准确移动文本

使用鼠标拖曳方式移动文本时，由于文档篇幅过长，移动距离较远，经常会移错位置。可以采取如下方法：选中要移动的文本，按 F2 键，此时状态栏显示“移至何处？”，把光标移到目的地，按回车键便可实现准确移入。

（2）移动图形

在用鼠标移动 Word 文档中的图片、自选图形或艺术字时，经常会为不能精确放置图形、无法实现精确排版而苦恼，其实可以采用这种方法：选中要移动的图形，用 Ctrl 键配合“→”、“←”、“↑”、“↓”方向键来定位，或者用 Alt 键配合鼠标拖曳来完成，效果尚可。

（3）移动多个对象

Word 文档中有时会存在多个图片、自选图形、艺术字，若想让它们按照已有间距整版移动，可以先按住 Shift 键，再用鼠标左键选定它们，然后用鼠标拖动或 Ctrl + 光标键移动的方式即可。

（4）微调表格线

在按住 Alt 键的同时用鼠标调整表格线，就能够微调表格线的位置。

（5）数值化调整

如果要十分准确地调整图片对象的位置，可以在“设置图片格式”对话框中进行数值化设置。对于表格线的位置即单元格的大小，也可以在“表格属性”对话框中进行数值化设置。

18．禁用“自动播放”功能

当计算机内的某个播放软件被设置为“自动播放”时，如果将光盘放入光盘驱动器后，计算机会自动读盘并播放光盘中的内容。如果临时不想使用这项功能，在插入盘片的同时按住 Shift 键就可以临时禁用“自动播放”功能。

19．Ctrl+Z 的妙用

当系统进行自动更正时，比如输入“1.主要内容”之后，按回车键，Word 会自动生成一个“2.”，此时的标题序号自动变成项目编号。可是如果在按回车键之后，按 Ctrl + Z 组合键，就会取消 Word 的自动更正，从而使标题序号成为可编辑项。

20．审阅功能

通过修订和批注所用的颜色可以判别审阅者。单击“审阅”工具栏中的“显示”下拉菜单，再单击“审阅者”。每个复选框表示分配给特定审阅者的颜色。

如果要恢复默认颜色配置方案，单击“审阅”工具栏中的“显示”下拉菜单，选择“选项”，出现“修订”对话框，在“颜色”下拉列表框中选择“按作者”项。

实训项目 6 “读者评书表”——特殊符号的快速输入

实训说明

本实训将制作一份“读者评书表”，最终效果详见后面的样文。

在报纸、杂志、书籍、产品广告中经常需要通过“读者调查表”、“用户意见表”等方式征求意见和建议，为了能够有效地回收信息，这类调查表必须内容精练，版面新颖，填写方便。因此在制作这类调查表时，结合具体内容插入一些特殊的符号，就能起到活跃版面、画龙点睛的作用。

本实训知识点涉及特殊符号的输入，文字位置的提升和降低，软键盘的使用。

实训步骤

（1）参照样文输入文稿，标题采用华文彩云字体、二号字，字符缩放 90%，加设加粗下画线；正文为宋体、五号字；文稿中“您的建议将有可能获得‘最佳建议奖’”为楷体、五号字；“书籍项目”等标题为华文行楷、小四号字。

（2）结合本实训内容，在不同的位置依次插入✍、☑、☒、★、✂、📝、☞、□、✉、☎、🖶等特殊符号。具体步骤：选择菜单“插入”→“符号”项，出现“符号”对话框，选择“符号”选项卡，在“字体”下拉列表框中选择 Webdings 字体，插入✍、★、✂、☞、☎、🖶、📝、✉等特殊符号；选择 Wingdings 2 字体，插入☑、☒、□等特殊符号。

（3）为了使文字与特殊符号相协调且保持平行，可通过设置特殊符号的字号、文字和特殊符号的提升、降低等进行适当的调整。

✍：初号，降低 10 磅；

☑、☒、★：小四号；

📝：三号，后面文字提升 4 磅；

✂、☞、✉、☎：二号，后面文字提升 3 磅；

🖶：小二号，后面文字提升 3 磅。

（4）用绘图工具绘制一条虚线作为裁剪线，在裁剪线上制作一个文本框，其中插入特殊符号“∀”，设置文本框线条颜色为无色，再将裁剪线与文本框进行组合。

（5）数字序号的输入：鼠标指针指向状态栏中的中文输入法软键盘开关按钮并右击，打开如实训项目图 6.1 所示的快捷菜单，选择“数字序号”项，打开如实训项目图 6.2 所示的数字序号软键盘，即可快速输入所需要的符号。用鼠标单击状态栏中的输入法软键盘开关按钮，便可打开或关闭软键盘。系统默认的软键盘是标准 PC 键盘（Windows 内置的中文输入法共提供了 13 种软键盘：PC 键盘、希腊字母键盘、俄文字母键盘、注音符号键盘、拼音键盘、日文平假名键盘、日文片假名键盘、标点符号键盘、数字序号键盘、数学符号键盘、单位符号键盘、制表符键盘和特殊符号键盘）。

✓PC键盘　标点符号
希腊字母　数字序号
俄文字母　数学符号
注音符号　单位符号
拼　音　制表符
日文平假名　特殊符号
日文片假名
全拼

实训项目图 6.1

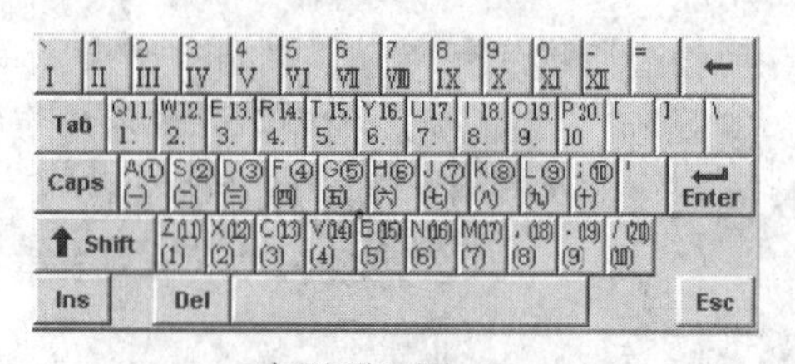

实训项目图 6.2

【样文】

读者评书表

尊敬的读者:

您好！我们真诚地希望继续得到您的支持，把您对《计算机应用基础——案例教程》和《计算机应用基础——典型实训与测试题解》这两本书的内容选题、章节设置、印刷质量等方面的意见和想法及时告诉我们。您可以对高等教育出版社出版的书籍（当然最好是最新书籍）的内容进行评论，提出您的看法，另外还可以对今后书籍的内容、风格等提出您的建议！请多多发表意见（“喜欢”填☑，“不喜欢”填☒）！您的建议将有可能获得“最佳建议奖” ★★★★★

姓名____________年龄______职业____________性别__________

单位______________________电话____________E-mail________

通讯地址____________________________________邮编_________

书籍项目：(1) 本书写作风格□ (2) 本书编排质量□ (3) 印刷质量□

(4) 案例教程□ (5) 应用篇□ (6) 测试篇□ (7) 实验篇□

《案例教程》的章节：(1) 第 1 章□ (2) 第 2 章□ (3) 第 3 章□ (4) 第 4 章□

(5) 第 5 章□ (6) 第 6 章□ (7) 第 7 章□ (8) 第 8 章□

《典型实训与测试题解》的章节：(1) 实训篇□ (2) 测试篇□ (3) 实验篇□

(4) Word 部分□ (5) Excel 部分□ (6) 其他部分□

-----------------------------------✂-----------------------------------

此表复印有效，请寄：✉（100029）北京市朝阳区惠新东街 4 号高等教育出版社收。

☎029-33152018（本书主编） 010-58556017

实训项目 7　商品广告与英语词汇表——巧用 Word 制表位

实训说明

本实训制作一份“商品广告”，最终效果详见后面的样文。

报纸中的商品广告及股市行情、杂志中刊登的诗歌、书籍中的英语词汇表或程序清单等，这类内容的版面每行都含有若干项目，且要求各行之间的项目上下对齐，巧用 Word 制表位进行编辑排版，将会收到事半功倍的效果。

本实训知识点涉及制表位的用法。

实训步骤

制表位是与 Tab 键结合使用的。设定制表位之后，每单击一次 Tab 键，光标会自动移位至制表位的宽度。系统默认设置为 2 个字符的宽度，用户可以按需设定其值（在水平标尺上用鼠标左键或右键单击）。利用制表位可以实现文本的垂直对齐及输入列表文本。

制表位共有 5 种类型：[左对齐]、[右对齐]、[居中]、[小数点]、[竖线]，其符号从左至右依次为：左对齐、右对齐、居中对齐、小数点对齐和竖线对齐，通过在水平标尺最左侧的制表符按钮上单击鼠标左键来进行切换。设定制表位通常在输入指定文本或表格之前进行。

设置制表位并输入文本内容

（1）连续单击水平标尺左端的制表符按钮，当出现左对齐制表符图标[左对齐]时，在标尺的 2 厘米处单击，标尺上会出现一个左对齐制表符，用于定位列表文本的第一项“商品名称”，然后按 Tab 键，将光标移至这个制表位，输入文字“松下彩电”，如实训项目图 7.1 所示。

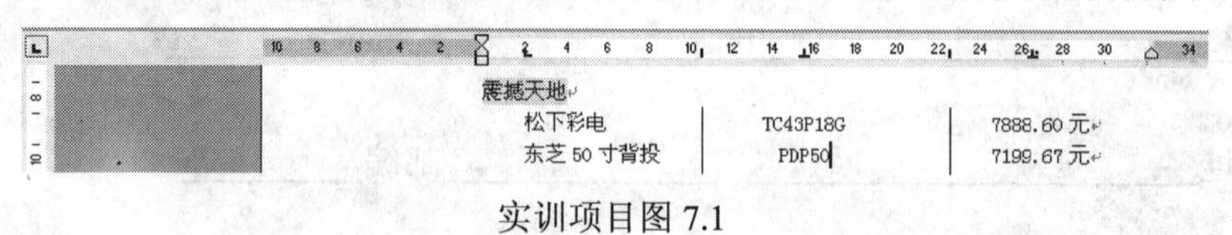

实训项目图 7.1

（2）再单击水平标尺左端的制表符按钮，当出现竖线制表符图标[竖线]时，在标尺的 11.2 厘米处单击，标尺上会出现一个竖线制表符，同时与竖线制表符对应的文本区出现一条“竖线”，如实训项目图 7.1 所示。

（3）再单击水平标尺左端的制表符按钮，当出现居中对齐制表符图标[居中]时，在标尺的 15.5 厘米处单击，标尺上会出现一个居中对齐制表符，用于定位列表文本的第二项“型号”，然后按 Tab 键，将光标移至这个制表位，输入文字“TC43P18G”，如实训项目图 7.1 所示。

（4）再单击水平标尺左端的制表符按钮，当出现竖线制表符图标[竖线]时，在标尺的 22.5 厘米处单击，标尺上会出现一个竖线制表符，同时与竖线制表符对应的文本区出现一条“竖线”，如实训项目图 7.1 所示。

（5）再单击水平标尺左端的制表符按钮，当出现小数点对齐制表符图标[小数点]时，在标尺的 26.5 厘米处单击，标尺上会出现一个小数点对齐制表符，用于定位列表文本的第三项“单价”，然后按 Tab 键，将光标移至这个制表位，输入文字“7 888.60 元”，如实训项目图 7.1 所示。

（6）按两次回车键，光标移至下一行且自动与上一行的第二个制表位对齐，此时直接输入第二行的第一项“东芝 50 寸背投”，输入后再次按 Tab 键，光标移至该行第三个制表位，接着输入文字“PDP50”。以此类推，将所有数据和文本内容全部输入到指定位置。

（7）将“震撼天地”、“冰凉世界”、“洁净空间”与横线“------”等插入相应的列表文本中（注意：输入这些内容时不设制表位）。

（8）参照前面的步骤，设置“商场名称”、“地址”、“电话号码”等处的制表位，并输入相应的文本内容，如实训项目图 7.2 所示。

（9）在电话号码前面插入前导符“……”：先把插入光标移至已使用制表位的行，在水平标尺某一制表位上双击鼠标左键，打开“制表位”对话框，如实训项目图 7.3 所示。在“制表位位置”列表框中选定 30 字符，在“前导符”选项区域中选定 2，最后单击“确定”按钮。

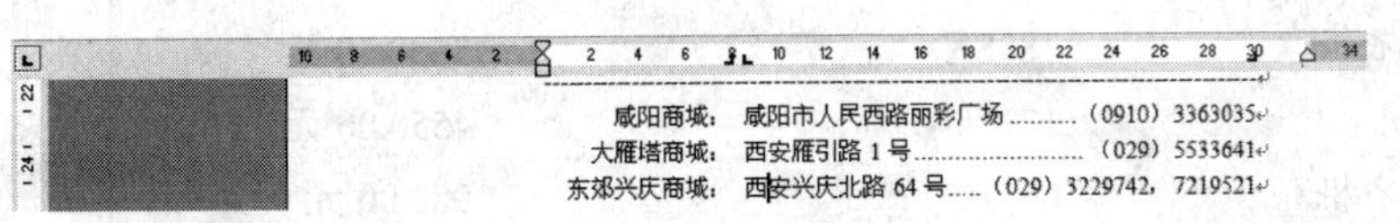

实训项目图 7.2

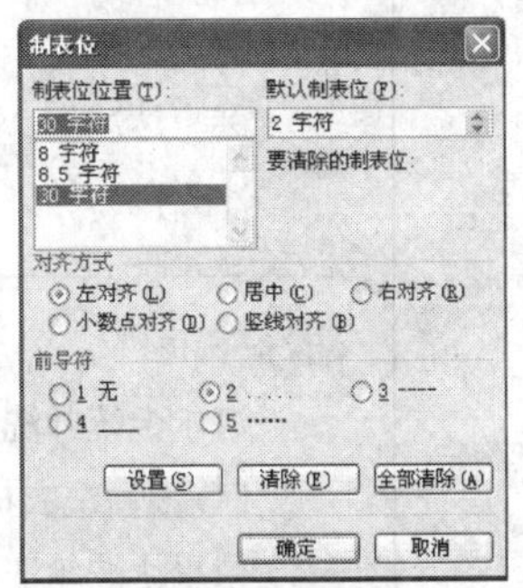

实训项目图 7.3

清除制表位

先把光标移至已使用制表位的行，在水平标尺的某一制表位上双击鼠标左键，打开“制表位”对话框，如实训项目图 7.3 所示。在“制表位位置”列表框中选定某一字符数（如 8.5 字符），单击“清除”按钮即可清除该位置的制表位。单击“全部清除”按钮即可清除全部制表位。最后单击“确定”按钮。

注意： 本实训前两行内容的设置：“营造放心消费环境”为华文彩云字体，前 4 个字依次为初号、小初、一号、小一，且文字依次提升 4～11 磅，达到顶部对齐，“消费环境”为小二号字，文字提升 15 磅；第一行的“★★★★★”为小四号，文字提升 20 磅。第二行的“国美 3 · 15 家电节隆重开幕”为华文行楷字体、二号字、斜体且文字提升 16 磅，此行的“★★★★★”为小二号，文字提升 14 磅。

英语词汇表的输入请读者自己练习：

omit[ou'mit]　　vt. 省略，遗漏　　　　newly['nju:li]　　adv. 最近，最新

daily['deili]　　adj. 日常的，每日的；
　　　　　　　　adv. 每日，日常地；
　　　　　　　　n. 日报

【样文】

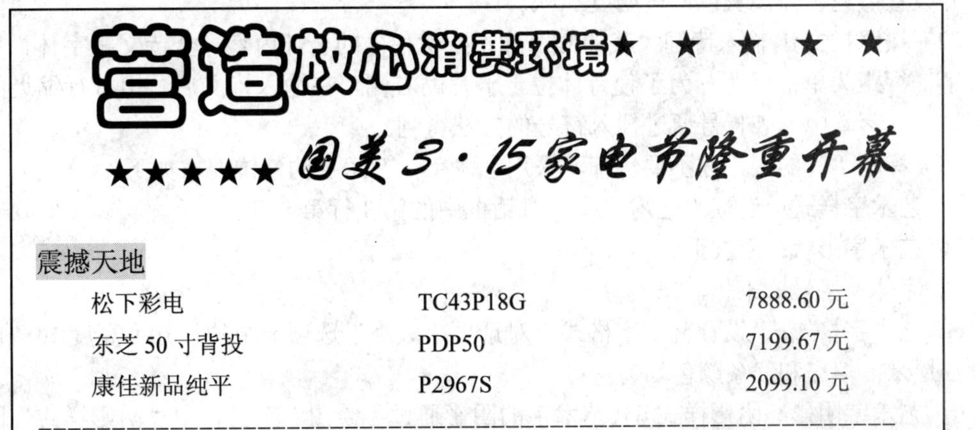

营造放心消费环境★★★★★

★★★★★国美 3 · 15 家电节隆重开幕

震撼天地

松下彩电	TC43P18G	7888.60 元
东芝 50 寸背投	PDP50	7199.67 元
康佳新品纯平	P2967S	2099.10 元

冰凉世界

海尔冰柜	88 升快速制冷	960.00 元
荣事达冰箱	188 升超静节能	1888.00 元
小天鹅冰箱	191 升大冷藏室	1618.50 元

洁净空间

海尔金统帅洗衣机	185SN	2080.50 元
LG 滚筒洗衣机	12175ND	4550.00 元
荣事达波轮洗衣机	6011C	980.00 元

咸阳商城：咸阳市人民西路丽彩广场……………………（0910）3363035

大雁塔商城：西安雁引路 1 号……………………………（029）5533641

东郊兴庆商城：西安兴庆北路 64 号…………………..（029）3229742，7219521

宝鸡商城：宝鸡市经二路 160 号…………………………….800-840-8855

北大街商城：北大街 113 号通济广场………………………..（029）8364254

实训项目 8　望庐山瀑布——Word 图文混排

实训说明

本实训制作多份图文并茂的文章，最终效果详见后面的样文。

在一篇文章中，除了文字以外，经常会包括一些其他类型的资料，如图片、图形、图像、表格等，应用 Word 提供的图文编辑功能，对这些图文资料和栏目进行巧妙的编排，可以制作出图文并茂的文章。

本实训知识点涉及图片的插入和编辑、文本框的插入和编辑、调整图文关系的方法等。

实训步骤

1．样文 1 的制作

（1）插入文本框，并设置其宽度为 30 厘米，高度为 12 厘米。文本框线条为 1.5 磅的实线，并设置填充色为浅灰色，透明度 50%。

（2）按照样文 1 输入诗词“我的心，你不要忧郁”的全部内容，全诗文字字体为隶书，五号字，行距为单倍行距。为了使诗体位于卡片的右侧，在输入诗文后，用首行缩近的方法移至右侧。落款中的破折号通过插入符号的方法得到。

（3）标题“我的心，你不要忧郁”采用艺术字，艺术字的修饰要求如下：

① 艺术字样式：选取“艺术字库”对话框中的第 3 行第 5 列。

② 艺术字形状：双波形。

③ 字体及字号：宋体，16 号字。

④ 艺术字格式：“设置艺术字格式”对话框“大小”选项卡中的尺寸为高度 1.04 厘米，宽度 5 厘米；填充和线条颜色均为深蓝色。

⑤ 艺术字阴影：阴影样式 6（艺术字的阴影通过“绘图”工具栏中“阴影样式”图标按

钮命令来设置）。

（4）插入图片 lanhuac.wmf，并将图片填充色设置为浅青绿色，线条设置为无色。

（5）最后将文本框、艺术字、图片进行组合。

2．样文 2 的制作

（1）标题“海燕”两个字的字体为方正舒体，三号字，字符位置提升 30 磅。

（2）在标题两侧插入图片 seagulls.wmf，并制作样文中提示的效果。

（3）按照样文输入文章“海燕”的全部内容，全文文字字体为宋体—方正超大字符集，五号字，行距为单倍行距。

（4）对文档中的第一个字符设置下沉两格，距正文 0.1 厘米。

（5）在正文中选择菜单“插入”→“图片”→“自选图形”→“基本形状”→“菱形”，并为菱形图片设置填充色浅青绿色；在菱形中插入图片 seagulls.wmf，并将二者组合。组合后的图形设置为紧密型文字环绕方式。

（6）在文档的下方插入多张 fishy.wmf 图片，并设置成如样文 2 所示格式。

提示： 图片 seagulls.wmf 和 fishy.wmf 必须经过 Windows XP 附件中的画图处理才能达到样文 2 中的效果。

3．样文 3 的制作

（1）按照样文 3 输入诗词“望庐山瀑布”的内容，并将文字设置成竖排文字，字体华文行楷，四号字，文字颜色为红色。

（2）在文档中插入图片 falls.jpg 作为背景，环绕方式设置为衬于文字下方，叠放次序设置为衬于文字下方。

（3）标题“望庐山瀑布”采用艺术字，艺术字的修饰要求如下：

① 艺术字样式：选取“艺术字库”对话框中的第 1 行第 3 列。

② 字体及字号：华文行楷，36 号字。

③ 艺术字格式：“设置艺术字格式”对话框“大小”选项卡中的尺寸为高度 1.37 厘米，宽度 11.01 厘米；填充颜色为红色，透明度 50%，线条颜色为无色。

④ 艺术字阴影：阴影样式 18（艺术字的阴影通过“绘图”工具栏中“阴影样式”图标按钮命令来设置）。

（4）艺术字“望庐山瀑布”文字环绕方式设置为浮于文字上方。

（5）注意调整好图片、艺术字、文字三者的叠放次序。

【样文 1】

【样文 2】

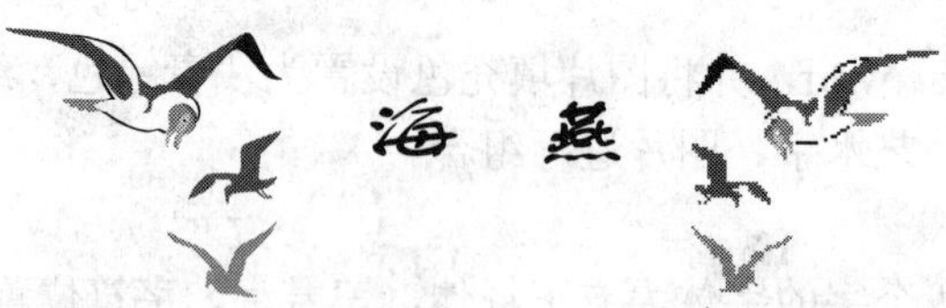

乌黑的一身羽毛，光滑漂亮，积伶积俐，加上一双剪刀似的尾巴，一对劲俊轻快的翅膀，凑成了那样可爱、活泼的一只小燕子。当春间二三月，轻飔微微地吹拂着，如毛的细雨无因地由天上洒落着，千条万条的柔柳，齐舒了它们的黄绿的眼，红的白的黄的花，绿的草，绿的树叶，皆如赶赴市集者似的奔聚而来，形成了烂漫无比的春天时，那些小燕子，那些伶俐可爱的小燕子，便也由南方飞来，加入这个隽妙无比的春景的图画中，为春光平添许多的生趣。小燕子带了它的双剪似的尾，在微风细雨中，或在阳光满地时，斜飞于旷亮无比的天空之上，唧的一声，已由这里的稻田上，飞到了那边的高柳之下了。另外几只却隽逸地在粼粼如縠纹的湖面横掠着，小燕子的剪尾或翼尖，偶沾水面一下，那小圆晕便一圈一圈地荡漾了开去。

【样文 3】

经验技巧

图的处理技巧

1．图片的差别

在使用 Word 中的插入图片功能时，可以发现 Word 能够使用很多类型的图片文件。这些文件都存在哪些区别呢？从大的方面来讲，图片文件可以分为位图文件和矢量图文件，矢量图文件可以随意地放大、缩小而不改变其效果，通常用矢量图来记录几何性的画面。位图文件记录图像中的每一个点的信息，缩放后会改变其效果，通常用位图记录自然界的画面。

2. 图形形状的改变

对于已绘制好的图形，除了可以改变其大小之外，还可以改变它的形状。具体方法是：选定要更改的图形，单击“绘图”工具栏上的“绘图”菜单，从中选择“改变自选图形”子菜单项，再选择要改变的形状就可以了。

3. 组合图形

绘制好的图像可以组合成一个整体，这样在再次操作时，就不会无意中改变它们之间的相对位置了。选中多个图形，单击“绘图”工具栏上的“绘图”菜单中的“组合”命令就可以了。

4. 剪切图库

Office 软件中有一个剪贴图片库，但有时并不能找到让人满意的图片，这该怎么办呢？其实微软公司的网站上有专门的图片库。选择菜单“插入”→“图片”→“剪贴画”项，出现“剪贴画”子窗格，然后单击“Office 网上剪辑”链接，接着会启动浏览器，就可以在网上搜索剪贴画了。

5. 快速还原图片文件

有一种很好的方法可以把 Word 文档中内嵌的图片全部导出来：

单击菜单“文件”→“另存为网页”命令，Word 就会自动地把内置的图片以“image001.jpg”、“image002.jpg”等为文件名存放在另存后的网页名加上“.files”的文件夹下。

6. 提取 Word 文档中的图片单独使用

很多人认为从 Word 中提取图片是一件很容易的事，先打开文档，选定要提取的图片，对其进行复制，然后在画图工具或 Photoshop 中粘贴，再保存成图片文件就可以了。然而始料不及的是，按此法粘贴后的图片的质量将大打折扣，结果类似于显卡工作于 16、256 色环境下显示 24 位图片出现部分色彩丢失的油墨画效果，根本无法满足使用要求。

可按照下述方法加以解决：打开“文件”菜单，选择“另存为网页”命令，取一文件名（如 AA）生成 AA.files 文件夹，其中存有名为“image001.jpg”的图片文件，图片精度与在 Word 中的毫无二致。

7. 利用 Shift 键绘制标准图形

（1）按住 Shift 键，所画出的直线和箭头线与水平方向的夹角就不是任意的，而是 15°、30°、45°、60°、75°和 90°等几种固定的角度。

（2）按住 Shift 键，可以画出正圆、正方形、正五角星、等边三角形、正立方体、正方形的文本框等。

总之，按住 Shift 键后绘制出的图形都是标准图形，而且按住 Shift 键不放就可以连续选中多个图形。

实训项目 9　课程表与送货单——Word 表格制作

实训说明

本实训分别制作一份“课程表”和“送货单”，最终效果详见后面的样文。

在数据处理和文字报告中，人们常用表格将信息加以分类，使文档内容更具体、更具有说服力。表格可以是年度报表、发票、成绩单、个人简历、部门的销售报表等。Word 提供了相当方便的表格工具，可以迅速地创建精美的表格。

本实训知识点涉及规则表格和不规则表格的建立，表格的编辑、修改和美化方法。

实训步骤

制作简单表格

（1）“课程表 1”表格中的斜线按如下方法制作：在“表格和边框”工具栏中的“线型”列表中选择合适的线型，利用铅笔工具绘制斜线。

（2）“课程表 1”表格中星期/时间格式的设置：可以将该单元格分两行输入，第一行文字采用右对齐格式，第二行文字采用左对齐格式。

（3）“课程表 2”表格中的斜线按如下方法制作：单击“表格”菜单中的“绘制斜线表头”命令，在“插入斜线表头”对话框（如实训项目图 9.1 所示）中，选择相应的样式，并输入各个标题，最后单击“确定”按钮。

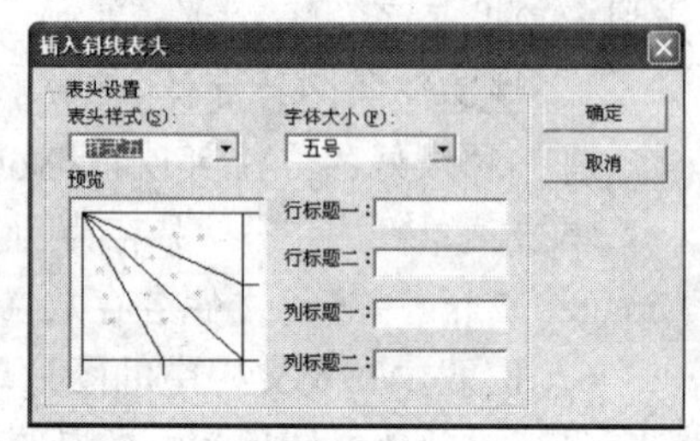

实训项目图 9.1

（4）“课程表 2”表格中星期/课程/时间格式的设置：在插入斜线表头之前，先将该单元格分成 3 行，再插入斜线表头，调整各行文字“星期”、“课程”、“时间”至合适的位置。

（5）表格中边框格式的设置可以按照如下步骤完成：选定要设置边框格式的单元格，单击鼠标右键，在弹出的快捷菜单中选择“边框和底纹”项。

（6）表格中边框格式的设置也可以通过如下步骤完成：单击“表格和边框”工具栏中的“线型”和“粗细”按钮，利用铅笔工具绘制边框线。

（7）“星期一”至“星期五”文字的格式是段前间距 0.5 行。

制作复杂表格

（1）“送货单”表格要采用自动建立表格的方式，首先建立一个 8 行 14 列的基本表格，再在此基础上利用拆分和合并的方法来制作“送货单”表格。在制作本表格时，多余的线条也可以利用手动绘制表格工具中的擦除功能来删除。

（2）纸张大小为 18.2 厘米×8 厘米，上、下、左、右边距各为 0.8 厘米、0.6 厘米、1.5 厘米、1.5 厘米。

（3）四周的边框为粗实线，“单价”与“金额”之间为细双实线，“千”与“百”、“元”与“角”之间也为细双实线。

（4）文字“送货单”为黑体、小四号字，并设有双下画线（可以通过激活“字体”对话框来进行设置），表格外的其他文字及“货号”、“品名”、“规格”、“单位”、“数量”、“单价”、“备注（件数）”等文字为小五号字；表格中的其他文字为六号字。

（5）在向表格中输入字符时，一定要注意对段落进行调整，否则可能会因为纸张太小而无法容纳所有内容。

（6）依次选择菜单“表格”→“表格属性”项，出现“表格属性”对话框，选择“居中”

的对齐方式，可以设置表格中文字居中的效果，避免文字的位置过高或过低。

说明：（1）在插入表格完成后，如果要增添新的行，可将光标置于表格右下角的单元格内，单击 Tab 键就可以增添一个新行。

（2）当选定表格中的一列，再单击 Delete 键时，将删除选定单元格中的数据。如果单击菜单“表格”→“删除”→“列”项，将删除该列（包括列中的数据和单元格自身）。请注意两者之间的区别。

【课程表 1 样文】

星期 时间		星期一	星期二	星期三	星期四	星期五
上午	1、2 节	高数	物理	英语	计应	英语
	3、4 节	英语	制图	高数	物理	高数
12：00～14：30		午休				
下午	5、6 节	计应	体育	计应	制图	制图
16：30～19：00		课外活动				
晚上	7、8 节	晚自习	晚自习	晚自习	晚自习	晚自习

【课程表 2 样文】

星期 时间　课程		星期一	星期二	星期三	星期四	星期五
上午	第一节	语文	物理	外语	化学	外语
	第二节	语文	物理	外语	化学	外语
	第三节	数学	化学	语文	物理	数学
	第四节	数学	化学	语文	物理	数学
下午	第五节	外语	生物	数学	政治	语文
	第六节	外语	政治	数学	生物	语文

【送货单样文】

送　货　单

地址：________

收货单位：________　　　　20　年　月　日

货号	品名	规格	单位	数量	单价	金额							备注 (件数)
						万	千	百	十	元	角	分	
合计人民币（大写）　万　仟　佰　拾　元　角　分													
发货单位：　电话： 发货人：						发货单位盖章 发货人盖章							

开发票：20　年　月　日　　　　送货

实训项目 10 快速制作表格——文字与表格的转换、自动套用格式

实训说明

本实训通过制作“通讯录”和“日程表”来介绍快速制作表格的方法，最终效果详见样文。

Word 的表格功能非常强大，可以灵活、方便地建立表格，应用文字与表格的转换和自动套用格式等表格工具，可以迅速地创建精美的表格。

本实训知识点涉及文字与表格的转换、表格自动套用格式、表格绕排等。

实训步骤

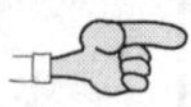

将文本快速转换成表格

（1）输入如下文字，各行中的文字用逗号隔开。行数与表格中的行数一致，用逗号隔开的分句数与表格中的列数一致。

姓名，性别，工作部门，系别，宿舍地址，联系电话

马红军，男，办公室，电气，3 号楼 A509，13990102081

丁一平，女，学习部，汽车，2 号楼 B113，13990120405

李枚，男，学习部，财会，6 号楼 A439，13899102070

吴一花，女，女生部，数控，1 号楼 A524，13899012010

程小博，男，社团部，通信，5 号楼 B125，13090102356

王大伟，男，社团部，电子，3 号楼 A509，13308671211

柳亚萍，女，女生部，电气，2 号楼 A339，13991255678

张珊珊，男，宣传部，汽车，5 号楼 B222，13991203891

刘力，男，宣传部，财会，7 号楼 A628，13308670209

李博，女，文艺部，网络，1 号楼 B451，13099012100

张华，男，文艺部，通信，4 号楼 A327，13911022335

李平，男，体育部，电气，3 号楼 A529，13090105656

马红军，男，体育部，网络，3 号楼 A316，13099010208

（2）选定文本后，选择菜单“表格”→“转换”→“文本转换成表格”项，在如实训项目图 10.1 所示的“将文字转换成表格”对话框中进行相应的设置。

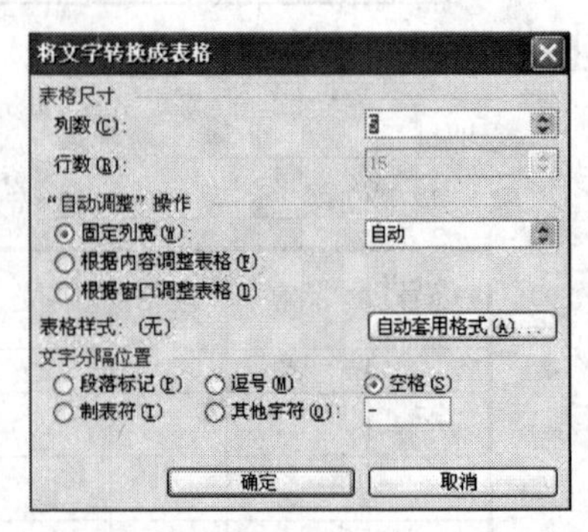

实训项目图 10.1

（3）在将文字转换成表格后，自动套用“网页型 3”格式，其效果见“通讯录样文”。也可以对表格的行、列和字号进行所需要的设置。

（4）最后添加标题，并设置字号等。

说明：（1）在输入文字时，各行中的文字也可以用空格分隔开。
（2）同理，也可将表格转换为文字。

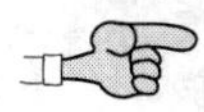

将一个表格拆分成多个表格

（1）先按照“日程表样文”制作好表格。

（2）进行表格的拆分。光标定位在要拆分的单元格（如第 2 列第 8 行）处，选择菜单“表格”→“拆分表格”命令，即可实现表格的拆分。

（3）同理，可以拆分其他表格。

为表格设置文字绕排

（1）在表格下面的一行中输入如下文字：

信息系男队
机械系男队
电气系男队
材料系男队
工商系男队

（2）必须对表格设置文字环绕，才能使文字出现在表格的右侧。

具体操作过程是：选定表格，单击鼠标右键，在弹出的快捷菜单中选择“表格属性”项，出现“表格属性”对话框（如实训项目图 10.2 所示），选择“表格”选项卡，在其中的“文字环绕”选项区域内选择“环绕”。

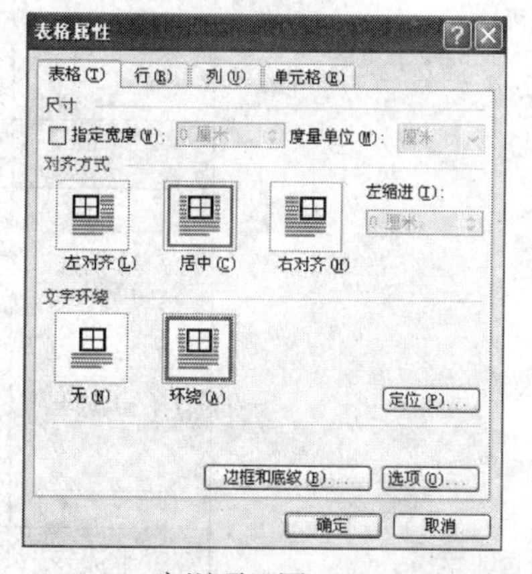

实训项目图 10.2

（3）若表格右侧的文字与表格中的相应行未能对齐，可以通过设置表格右侧文字的行距使其与表格中的相应行对齐。

（4）同理，为其他表格设置文字绕排方式。

【通讯录样文】

学生会干部通讯录

姓名	性别	工作部门	系别	宿舍地址	联系电话
马红军	男	办公室	电气	3 号楼 A509	13990102081
丁一平	女	学习部	汽车	2 号楼 B113	13990120405
李枚	男	学习部	财会	6 号楼 A439	13899102070
吴一花	女	女生部	数控	1 号楼 A524	13899012010
程小博	男	社团部	通信	5 号楼 B125	13090102356
王大伟	男	社团部	电子	3 号楼 A509	13308671211
柳亚萍	女	女生部	电气	2 号楼 A339	13991255678
张珊珊	男	宣传部	汽车	5 号楼 B222	13991203891
刘力	男	宣传部	财会	7 号楼 A628	13308670209
李博	女	文艺部	网络	1 号楼 B451	13099012100
张华	男	文艺部	通信	4 号楼 A327	13911022335
李平	男	体育部	电气	3 号楼 A529	13090105656
马红军	男	体育部	网络	3 号楼 A316	13099010208

【日程表样文】

日期	场次	人数	时间
10月5日	第一场	20	8:00～9:00
	第二场	20	9:30～10:30
	第三场	20	11:00～12:00
	第四场	20	13:00～14:00
	第五场	20	14:30～15:30
小计		100	
10月6日	第一场	21	8:00～9:00
	第二场	20	9:30～10:30
	第三场	20	11:00～12:00
	第四场	20	13:00～14:00
	第五场	19	14:30～15:30
小计		100	
10月7日	第一场	20	8:00～9:00
	第二场	20	9:30～10:30
	第三场	18	11:00～12:00
	第四场	20	13:00～14:00
	第五场	21	14:30～15:30
小计		99	
合计		299	

【经拆分及有文字绕排效果的日程表样文】

登山比赛日程安排

日期	场次	人数	时间
10月5日	第一场	20	8:00～9:00
	第二场	20	9:30～10:30
	第三场	20	11:00～12:00
	第四场	20	13:00～14:00
	第五场	20	14:30～15:30
小计		100	

信息系男队
机械系男队
电气系男队
材料系男队
工商系男队

孔子曰：智者乐水，仁者乐山。其实乐山者何止是仁者！凡是登过山的人，几乎都会喜欢山，喜欢山的巍峨壮丽。所以，在“纪念人类珠峰登顶50周年”之际，于2003年“十一”

国庆节前夕，专门为全校职工举办一次登山活动，希望大家踊跃报名参加。

10月6日	第一场	21	8:00~9:00
	第二场	20	9:30~10:30
	第三场	20	11:00~12:00
	第四场	20	13:00~14:00
	第五场	19	14:30~15:30
小计		100	

10月7日	第一场	20	8:00～9:00
	第二场	20	9:30～10:30
	第三场	18	11:00～12:00
	第四场	20	13:00～14:00
	第五场	21	14:30～15:30
小计		99	
合计		299	

乐在参与，重在体验和分享!
体验山，分享山，亲近山!
交流山，拥抱山，融入山，保护山!
世界因山而美丽，生命因山而精彩。

实训项目 11　巧用 Word 无线表格

实训说明

很多人都有这样的惯性思维：表格都是有线表。

本实训的目的在于打破这种惯性思维。下面通过几个日常工作中经常会遇到、但很多人都认为不易解决的问题，介绍“无线表格”的巧妙之处。

本实训知识点涉及表格自动套用格式等。

实训步骤

无线标题行

凡是遇到表格超过一页的情况，人们大都希望在每一页都显示表头部分。虽然 Word 提供了“标题行”的功能，但必须是表格内部的行才能设置为“标题行”。如果遇到下面这种表头，应该怎么办呢？

××单位年终奖金分配表

序号	姓名	所在部门	职务	奖金

其实，完全可以把表格外面的那一行移到表格里面，这样它就可以显示在每一页上了。

有的人可能会提出反对意见：我并不想让它也带表格线呀！莫急，自然有办法让它既在表格里，又不带表格线。具体的做法如下：

先在表格上方加一个空行，并把整行合并为一个单元格，然后把“××单位年终奖金分配表”这一行内容移至该单元格，并把该单元格设置为标题行。

如果 Word 窗口内没有表格工具栏，可通过菜单“视图”→“工具栏”选择“表格和边框”项使其对话框出现。接着在“表格和边框”工具栏中单击“擦除”图标按钮，然后用橡皮擦把表格第一行的 3 条边（顶边、左边和右边）描一遍，大功告成！

虽然此时在屏幕上还能看到灰色的表格线，但打印时绝对不会出现表格线了。试想，如果连屏幕上起到提示作用的表格线都没有了，那编辑表格的时候岂不是很累？

菜谱效果

会议日程安排中经常会有人员住宿安排。按照惯例，整个表格都是不带表格线的，如下例所示：

姓名	性别	职务	房间号
李向阳	男	局长	201
姜雨轩	女	科长	202
刘克勤	男	科员	203

对于这种情况，比较原始的办法是在各列之间添加空格。这种方法经常把人搞得焦头烂额，因为很难做到各列内容对齐。

有经验的人会使用 Word 的制表位，但这种方法在输入文字时只能横向进行，而且调整列间距时不是很方便，如果要增加或删除列就更困难了。

其实最简单的方法是先建立一个“无线表格”，因为从形式上看，它分明就是一个标准的表格。具体操作过程如下：在“插入表格”对话框中，单击“自动套用格式”按钮，出现“表格自动套用格式”对话框，然后在“表格样式”列表框中选择“普通表格”项（这是 Word 2003 的用法，在 Word 97 中为“无”）即可。

接下来的工作就是在这个“无线表格”中按需进行编辑了。

座位表

住宿安排表的问题解决了，下面该排会场座位表了。在排座位表时通常遇到的问题，10 个人中有 9 个都要颇费心思——因为名字要竖排，一个人的名字要分 3 行来写，且不易对齐；好不容易排好了，一旦稍有变动，就又发生混乱了……

第一排	黄药师	洪七公	郭靖	黄蓉
第二排	李逍遥	林月如	赵灵儿	小虎子
第三排	嗅嗅	匆匆	哼哼	唧唧

其实，这个问题还是用“无线表格”来解决最为便捷：仅需把名字部分的“文字方向”改为“竖排”就可以了。

经验技巧

处理表格的技巧

1. 嵌套表格

嵌套表格是指插入表格单元格中的表格。如果用一个表格布局页面，并希望用另一个表格组织信息，则可插入一个嵌套表格。

网页设计中经常会采用这种方法。

2. 选定表格A

单击单元格的左边框可以选定一个单元格；单击行的左侧可以选定一行；在列顶端的边框上面单击可以选定一列。

3. 选定表格B

按Tab键，可以选定下一单元格中的文字；按Shift+Tab组合键，可以选定前一单元格中的文字。

4. 选定表格C

按住鼠标拖过单元格、行或列，可以选定多个单元格、多行或多列；单击所需要的第一个单元格、行或列，按住Ctrl键，再单击所需要的下一个单元格、行或列，这样就可以选定不连续的单元格。

5. 自动加表头

如果在Word中建立一个很长的表格，占用多页，能否在打印时，采用同一个表头呢？首先选中准备作为表头的行，然后在“表格”菜单中选择“标题行重复”项，可以发现每一页的表格都自动加上了相同的表头。

6. 更改文字方向

可以更改单元格中文字的方向，具体方法是：选定单元格，选择菜单“格式”→“文字方向”项，然后选择需要改变的方向。

7. 更改单元格的边距

（1）选定表格，选择菜单“表格”→“表格属性”项，出现“表格属性”对话框，然后单击“表格”选项卡。

（2）单击“选项”按钮，出现“表格选项”对话框。

（3）在“默认单元格间距”区域内输入所需要的数值。

8. 跨页断行

跨页断行是指某些大表格的某一行分在两页显示。解决这个问题的方法是：

（1）选定表格。

（2）单击“表格”菜单中的“表格属性”项，出现“表格属性”对话框，再单击“行”选项卡。

（3）清除“允许跨页断行”复选项。

9. 特定行的跨页断行

可以强制特定行的跨页断行：单击要出现在一页上的行，然后按Ctrl+Enter组合键。

10. 表格样式

Word 2003可以让用户自定义表格的样式。只需在“修改样式”对话框中对表格应用样式，即可方便地使一个表格与另一个表格的外观一致。首先在文档中选定一个表格，在“表格”菜单中选择“表格自动套用格式”项，出现“表格自动套用格式”对话框，单击“新建”按钮或选择一种基准样式，然后单击“修改”按钮，按需修改样式并加以应用。应用样式时，在文档中选择另一个表格，并应用已有的表格样式。

11．创建新表格样式

可以自己创建表格样式，具体方法是：

（1）单击菜单“格式”→“样式和格式”项，打开“样式和格式”子窗格。

（2）单击“新样式”按钮，出现“新建样式”对话框，在“名称”文本框中，输入样式名称。

（3）在“样式类型”下拉列表框中选择“表格”项。选择所需格式选项，或单击“格式”下拉菜单以查看更多的选项。

实训项目 12 “数学试卷”的制作——Word 公式与绘图

实训说明

本实训制作一份“数学试卷”，最终效果详见后面的样文。

使用中文版 Word 2003 中提供的“公式编辑器”，可以完成各种数学表达式的录入和编辑；使用绘图工具，可以制作数学图形；巧用图文混排功能，即可编辑含有文字、公式、图形的文章和试题。

本实训知识点涉及 Word 公式与绘图工具。

实训步骤

打开“公式编辑器”

打开“插入”菜单，选择“对象”项，出现“对象”对话框，在“对象类型”列表框中选择“Microsoft 公式 3.0”项，单击“确定”按钮。这时将出现“公式”工具栏，如实训项目图 12.1 所示。这时出现“‘公式编辑器’提示”信息，结果如实训项目图 12.2 所示，此时可以输入公式。

通常用户先在“公式编辑器”窗口中把数学表达式制作好，再将其复制到文档中，这样对于排版和修改都较为方便。在默认情况下，“公式编辑器”窗口的显示比例是 200%，在“视图”菜单下可以选择更改显示比例。

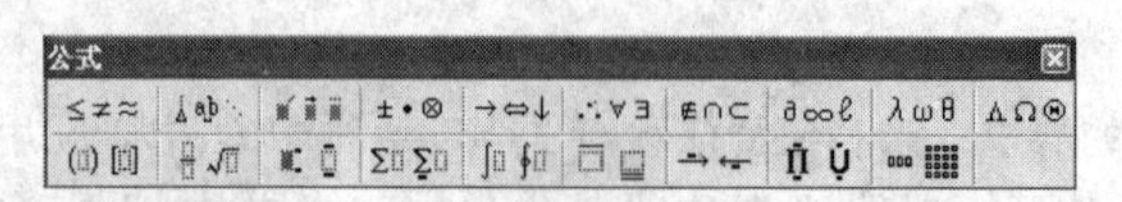

实训项目图 12.1

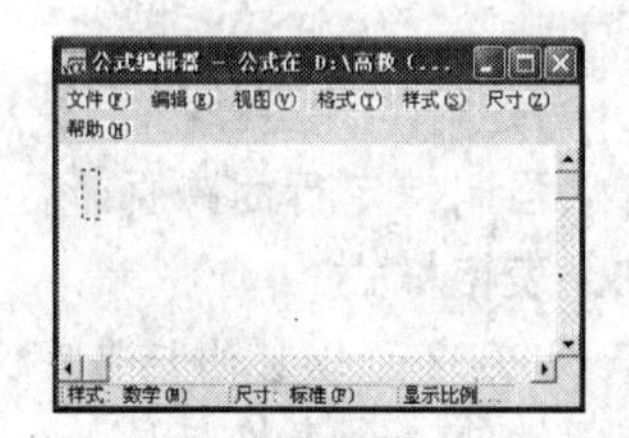

实训项目图 12.2

认识“公式”工具栏

通过“公式”工具栏中的按钮可以插入 150 多个数学符号。若要在公式中插入数学符号，可单击“公式”工具栏顶行的按钮，然后在相应按钮下显示出的工具板（这是一组相关的符号和样板）中选择特定的符号即可。

“公式”工具栏底行的按钮用于插入样板。样板是已设置好格式的符号和空白插槽的集合，要建立数学表达式，可插入样板并填充其插槽。要创建复杂的多级公式，可将样板插入其他样板的插槽中。插槽是指输入文字和插入符号的空间或结构，含有分式、根式、和式、积分式、乘积和矩阵等符号以及各种围栏（或称定界符，包括各种方括号、圆括号、大括号和单/双竖线）。

下面以输入一个数学公式为例，介绍使用“公式”工具栏的操作步骤：

$$\frac{\partial f(x,y)}{\partial x}-\frac{\partial^2 f(x,y)}{\partial y^2}$$

（1）首先打开“分式和根式模板”，选择第一个模板，光标停留在分子插槽中；然后打开“其他符号”模板，输入符号 ∂，再输入 $f(x,y)$；将光标移到分母插槽中，输入“ ∂x ”。

（2）光标平移，输入减号，再打开“分式和根式模板”，选择第一个模板，此时光标停留在分子插槽中；然后打开“其他符号”模板，输入符号 ∂，接着再打开“下标和上标模板”，选择“右上标”模板，在插槽中输入“2”，接着在分子位置输入 $f(x,y)$。

（3）光标移至分母位置，同理可输入 ∂y^2。最后，单击鼠标左键将光标移出公式。至此就完成了这个数学公式的制作。

制作曲线图形

样文中的连线和各种图形均是用 Word 提供的绘图工具完成的。

（1）第一个图中的曲线通过选择“绘图”工具栏中的“自选图形”→“线条”→“曲线”绘制。在绘制任意形状的曲线时，光标变为“＋”式样，按下鼠标左键并拖动鼠标至某一点，松开鼠标后再按下鼠标左键，……，重复上述操作，可以绘制出任意曲线。待曲线绘制完毕后，双击鼠标左键，退出曲线的绘制。

（2）第二个图中带拐角的线上的拐点是在先制作一条直线后，右击直线，在弹出的快捷菜单中选择“编辑顶点”项，出现顶点后，在需要折线的地方按住 Ctrl 键并单击鼠标左键，即可出现一个顶点（拐点）。

（3）为了保证第三个图中的两个圆的圆心位置重合，可将两个圆全部选定，通过选择“绘图”工具栏中的“对齐或分布”→“水平居中”/“垂直居中”来完成。采用这种方法也可以将第二个图中处于一行中的各个矩形方框和带向右箭头的水平线上下对齐。

（4）在制作“班级________学号________姓名________”时，通过右击相应的文字，在弹出的快捷菜单中选择“文字方向”项，出现“文字方向”对话框，选择来完成。

（5）图形制作完成后，单击“绘图”工具栏中的“选择对象”按钮，拖动鼠标选定对象，在“绘图”下拉菜单中选择“组合”项。所选定的对象被组合后，成为一个整体，可以对其进行复制、移动、删除等各种操作。

（6）在制作过程中，应注意设置好所有图形的文字环绕、叠放次序等。

【样文】

高等数学试题

一、计算题

（1）已知 $f(x+y,x-y)=x^2-y^2$，求：

$$\frac{\partial f(x,y)}{\partial x}-\frac{\partial^2 f(x,y)}{\partial y^2}$$

（2）用等距节点进行插值时，会产生如图所示的龙格现象：

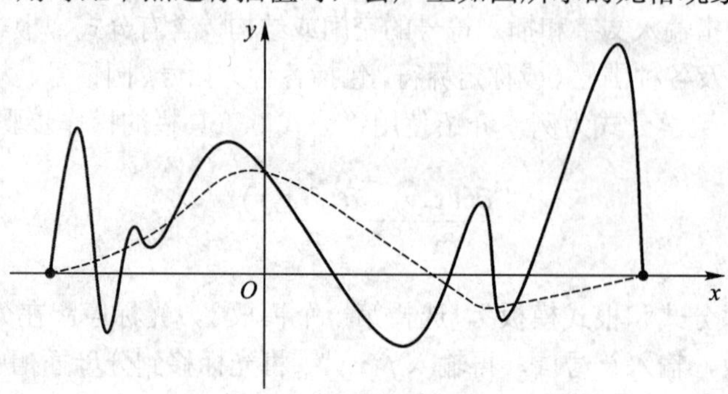

……

二、数学建模

通过下图叙述数学建模的 3 个步骤。

三、证明题

复平面上满足 $\gamma_1<\left|Z-Z_0\right|<\gamma_2$ 的所有点构成一个区域，而且是有界区域，区域的边界由两个圆 $\left|Z-Z_0\right|=\gamma_2$ 和 $\left|Z-Z_0\right|=\gamma_1$ 组成。

……

实体信息 → 假设 → 建模 → 求解 → 检验或验证 → 应用

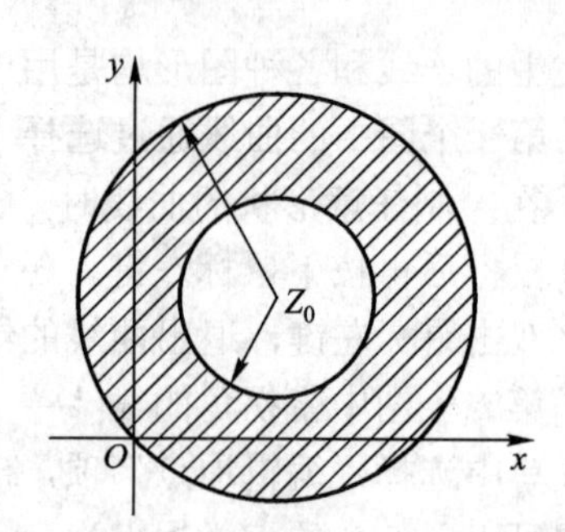

姓名______ 学号______ 班级______

装订线

实训项目 13　巧制试卷密封线与设置试卷答案——页眉和页脚与“隐藏文字”

实训说明

现在越来越多的老师开始使用计算机来制作试卷，所制作的试卷不仅美观、规范，更重要的是试题更易于管理。对于试卷密封线，可以用制作试卷密封线的方法来实现，但其制作过程麻烦且存在稍许遗憾，那就是制作好的密封线需要复制到其他页面中才能使用。能否自动添加到每一页中呢？将密封线添加到页眉和页脚中，问题轻松得以解决；对于试卷的答案，因其不便于直接加入到试卷中，很多教师采用另建答案文档的方法保存答案或直接采用传统的方法将试卷打印后再填写答案。其实，这些做法都未能将计算机的潜力真正挖掘出来。还有更好的方法，一起来看看吧。

本实训知识点涉及页眉和页脚、“隐藏文字”的用法。

巧制试卷密封线

1．页面设置

选择菜单“文件”→“页面设置”项，设置纸张大小及页边距等。左边距要设置得大一些，如 5 厘米。

2．制作密封线

（1）编辑页眉和页脚

在“视图”菜单中选择“页眉和页脚”命令，进入页眉和页脚编辑状态。

（2）插入文本框

在“绘图“工具栏中单击“竖排文本框”图标按钮，在纸张的左边插入一个与页面的高度相当的文本框。

（3）改变文本框中文字的方向

选择菜单“格式”→“文字方向”项，出现“文字方向”对话框，在其中选择“竖排文字”，在文本框中输入有关试卷头的信息，如姓名、班级、专业、学号等，再输入“密封线”3 个字并用短横线或点画线分隔。

（4）去掉文本框的框线

在文本框上单击鼠标右键，选择快捷菜单中的“设置文本框格式”命令，打开“设置文本框格式”对话框，在“颜色与线条”选项卡中，将线条颜色设置为“无线条颜色”，单击“确定”按钮即可。

（5）合理调整试卷头信息及密封线的位置

3．去掉页眉中的横线

在设置页眉和页脚时，系统会自动在页眉位置添加一条横线，通常应该把这条线去掉。选择菜单“格式”→“边框和底纹”项，在打开的“边框和底纹”对话框中，进行如实训项目图 13.1 所示的设置，将边框设置为“无”，在“应用于”下拉式列表中选择“段落”，单击“确定”按钮。

现在已经制作好试卷的密封线，观察自己的杰作。感到满意后将它保存为模板，以后会大有用处的。

表格控制

制作完试卷头，接下来就可以输入试题了。“××学校”、“××试题”这些普通标题自不必说，在试卷前面加上题号和分数、总分的表格也容易制作。关键是制作每道大题前面的得分和评卷人，一定要注意必须选中表格，单击鼠标右键，在弹出的快捷菜单中选择“表格属性”项，将其对齐方式设置为“环绕”方式，这样才可以图文相融（见实训项目

图 13.2)。

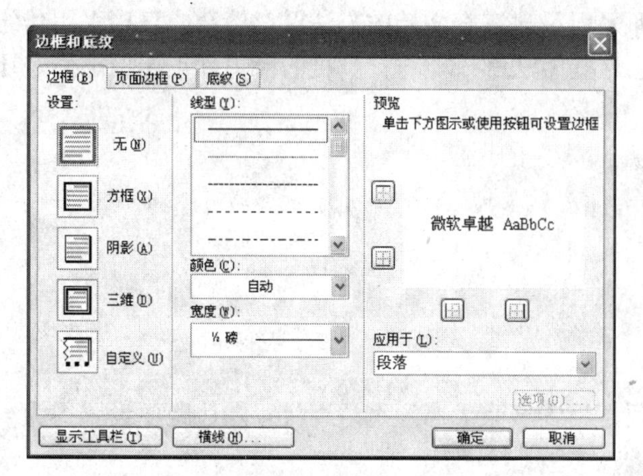

实训项目图 13.1

实训项目图 13.2

巧设试卷答案

在 Word 中，有一项“隐藏文字”的功能，在制作试卷时只需将答案一起录入，然后再将答案隐藏起来，一份标准的试卷就制作完成了。要隐藏文字，应先选择要隐藏的文本，然后单击“格式”菜单中的“字体”命令，在“字体”对话框中选择“字体”选项卡，选中“隐藏文字”复选项（见实训项目图 13.3）。确认选择后，选中的文字就被隐藏了。

制作一份试卷，需要隐藏的内容很多，若每次都要重复上述隐藏步骤，未免太麻烦。莫急，尝试下面介绍的两种方法，操作起来就会轻松得多。

1. 在工具栏上增加一个“隐藏”按钮

选择菜单“工具”→“自定义”命令，打开“自定义”对话框（见实训项目图 13.4），在“命令”选项卡中的“类别”列表框中选择“格式”，在右侧对应的“命令”列表框中找到“隐藏”命令，用鼠标将“隐藏”命令拖放到工具栏上即可。

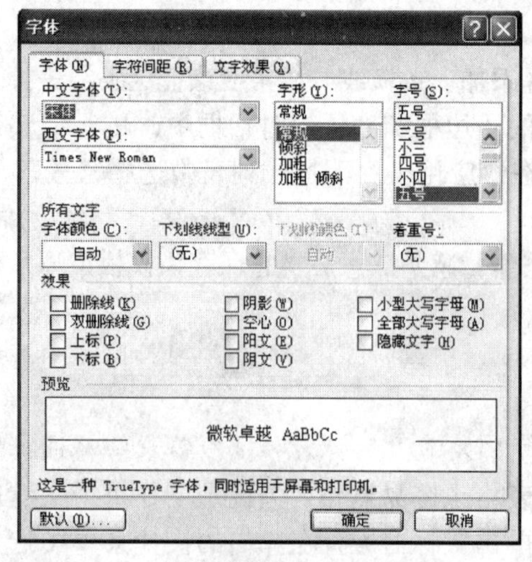

实训项目图 13.3

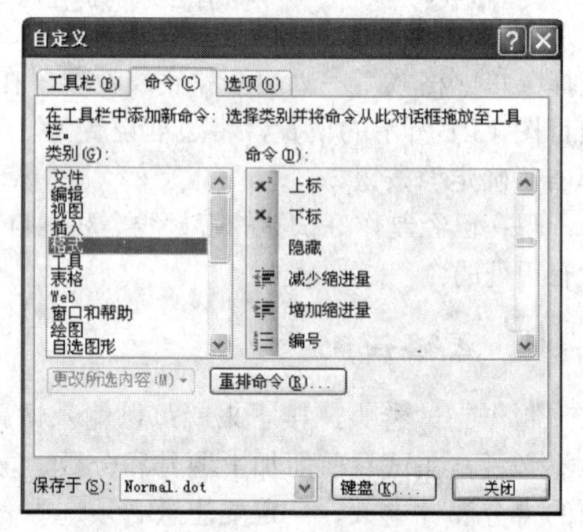

实训项目图 13.4

2. 应用快捷键

选中文字后，使用组合键 Ctrl+Shift+H 也能迅速隐藏文字。

3. 显示被隐藏的文字

无论使用何种方法，文字隐藏后，被隐藏的文字及其所占据的空间都会从屏幕上消失，这是不符合试卷制作要求的。所以，需要进行以下设置：单击菜单“工具”→“选项”命令，在“选项”对话框中选择“视图”选项卡，在“格式标记”选项区域中将“隐藏文字”复选项选中，确认后返回到试卷文档中。再观察一下，所有被设置为隐藏的文字都显示出来了，并且在其下方又多了一种标识隐藏文字的标记——虚线下画线。虽然现在被隐藏的文字显示在屏幕上，但它们是不会被打印出来的，不信可以预览一下啊。

实训项目 14 “准考证”的制作——邮件合并

实训说明

本实训制作一份“准考证”，最终效果详见后面的样文。

在日常工作中，人们经常要用到“准考证”、“录取通知书”、“期终学习成绩单”、“会议通知单”、“邀请函”等。像这样内容的信件，仅更换称呼和具体的文字就可以了，而不必一封封单独地写。使用 Word 中的邮件合并功能，用一份文档作为信件内容的底稿，称呼和有关具体文字用变量自动更换，就可以一式多份地制作信件，体验到事半功倍的效果。

本实训知识点涉及邮件合并的应用。

实训步骤

1. 建立如下所示的主文档（即准考证底稿）。

<table>
<tr><td colspan="3">2011 年全国职称外语等级考试
准 考 证</td></tr>
<tr><td>准考证号：</td><td>报考等级：</td><td rowspan="3">贴
相
片</td></tr>
<tr><td>姓　　名：</td><td>考 场 号：</td></tr>
<tr><td>身份证号：</td><td>座 位 号：</td></tr>
<tr><td colspan="3">**注：**考生必须带准考证、身份证、2B 铅笔、橡皮、外语词典，不得带电子词典及传呼、手机等通信工具。</td></tr>
</table>

准考证底稿的编辑过程为：

（1）采用自动建立表格的方式，建立一个 5 行 5 列的基本表格。再在原始表格的基础上，利用拆分和合并的方法来形成“准考证”表格。

（2）四周边框为 3 磅的一粗二细实线，文字“准考证”下面是 1.5 磅双实线，“准考证号”

到“座位号”之间无边框线（“准考证号”到“座位号”之间的 3×4 表格单元格不合并，仅将边框线设置为“无”）。

（3）“2011 年全国职称外语等级考试”为华文仿宋字体，小四号字，位置居中；“准考证”为华文行楷、三号字，位置居中。

（4）“准考证号”到“座位号”为宋体、五号字，列内居中。

（5）“注”等文字为华文仿宋、小五号字，左对齐。

最后，将该文档以“准考证主文档.doc”为文件名保存。

2．用 Excel 建立如下表格（即数据源），如实训项目图 14.1 所示，并以“考生信息.xls”为文件名保存。

	B	C	D	E	F
1	姓名	身份证号	报考等级	考场号	座位号
2	王大伟	3667262402	B	1	15
3	马红军	6137265102	A	3	6
4	李　枚	6137269104	B	3	7
5	吴一花	4237261101	B	4	12
6	张　华	8172589001	C	4	23
7	柳亚萍	3097261702	B	5	17
8	张珊珊	2527261001	B	5	18
9	李　博	1387259601	C	6	21
10	李　平	2472582003	C	7	24
11	刘　力	1957260301	C	8	20
12	程小博	4237263102	B	11	14
13	丁一平	6137264103	A	15	12

实训项目图 14.1

注意：也可以用 Word 建立数据源文件。

3．生成全部“准考证”（即邮件合并）

（1）打开“准考证主文档.doc”文件。

（2）选择菜单“工具”→“信函与邮件”，在子菜单中选择“邮件合并”选项，在窗口的右边弹出“邮件合并”子窗格，如实训项目图 14.2 所示。

（3）再选择文档类型“信函”，单击“下一步”链接项，开始文档选择“使用当前文档”（见实训项目图 14.3），单击“下一步”链接项。

（4）在弹出的如实训项目图 14.4 所示窗格中，单击“浏览”链接项，打开“选取数据源”对话框。

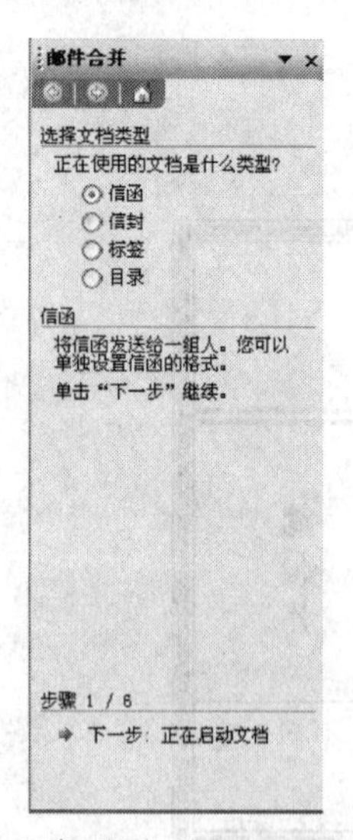

实训项目图 14.2

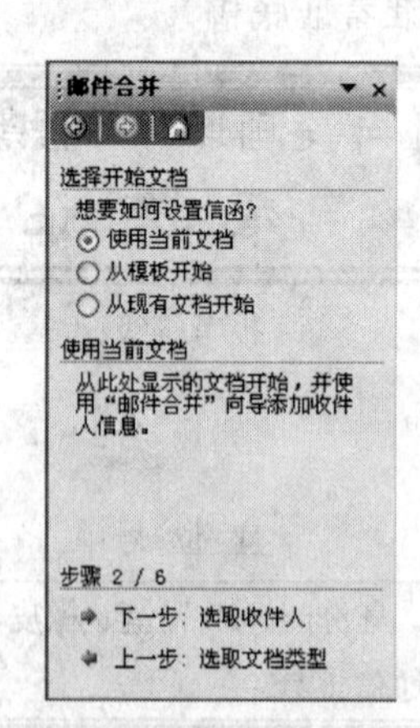

实训项目图 14.3

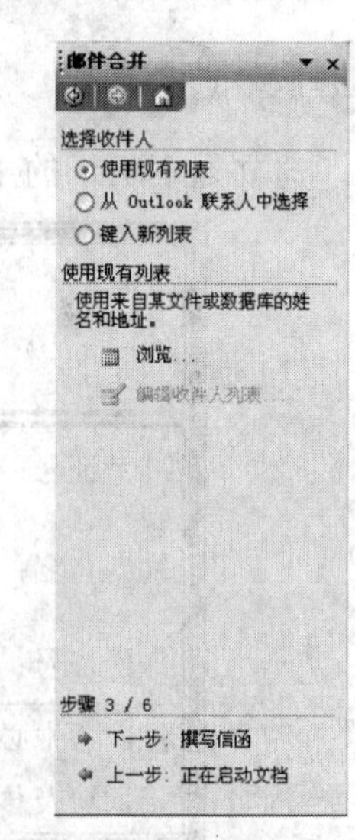

实训项目图 14.4

（5）在“选取数据源”对话框中的“文件名”编辑框中输入“考生信息.xls”，在“文件类型”下拉列表框中指定为 Excel 文件，在“查找范围”下拉列表框中选定该文件所在的文件夹，确认选择，弹出“选择表格”对话框，如实训项目图 14.5 所示。

（6）单击“确定”按钮，指明为整个 Excel 工作表。

（7）选择“视图”菜单的“工具栏”子菜单中的“邮件合并”项，弹出“邮件合并”工具栏，如实训项目图 14.6 所示。

实训项目图 14.5

实训项目图 14.6

（8）将光标定位在主文档要插入“准考证号”的位置，单击“邮件合并”工具栏上的“插入 Word 域”下拉箭头按钮，选择“准考证号”，并依次将“报考等级”、“姓名”、“身份证号”、“考场号”、“座位号”插入到相应的位置，如实训项目图 14.7 所示。

（9）为了突出各位考生的“准考证号”、“报考等级”、“姓名”、“身份证号”、“考场号”、“座位号”等，其内容字体设置为楷体、加粗。

（10）单击“邮件合并”工具栏上的“合并到新文档”图标按钮，弹出“合并到新文档”对话框，如实训项目图 14.8 所示，单击“确定”按钮即可生成全部“准考证”，完成邮件合并。

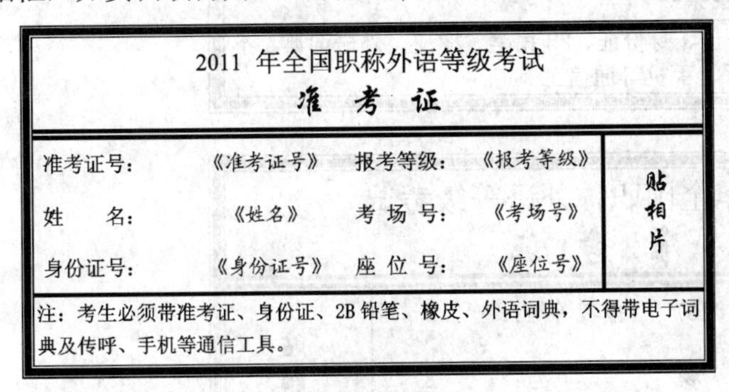

2011 年全国职称外语等级考试

准　考　证

准考证号：	《准考证号》	报考等级：	《报考等级》	贴相片
姓　　名：	《姓名》	考 场 号：	《考场号》	
身份证号：	《身份证号》	座 位 号：	《座位号》	

注：考生必须带准考证、身份证、2B 铅笔、橡皮、外语词典，不得带电子词典及传呼、手机等通信工具。

实训项目图 14.7

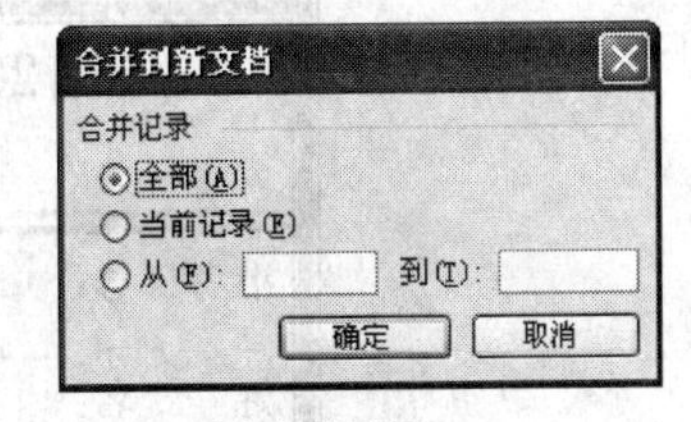

实训项目图 14.8

小结：打开或新建主文档→建立数据源→在主文档中插入合并域→数据合并到主文档。

（1）建立主文档

“文件”菜单→“新建”或“打开”命令→“邮件合并”工具栏→“主文档”/“创建”→“套用信函→“活动窗口”。

（2）建立数据源

“邮件合并”工具栏→获取数据/建立数据源→选择、输入或删除域名→保存数据源→编辑数据源→输入数据。

也可直接建立一张表格，输入数据后保存，然后在“邮件合并”工具栏中获取数据/选择数据源。

（3）在主文档中插入合并域

“邮件合并”工具栏→编辑主文档→输入共用部分内容→插入合并域。

（4）数据合并到主文档

合并检查→合并到文件或打印机。

【样文】

2011年全国职称外语等级考试

准 考 证

准考证号:	99010211	报考等级:	B	贴相片
姓　　名:	王大伟	考 场 号:	1	
身份证号:	3667262402	座 位 号:	15	

注: 考生必须带准考证、身份证、2B铅笔、橡皮、外语词典，不得带电子词典及传呼、手机等通信工具。

2011年全国职称外语等级考试

准 考 证

准考证号:	99010208	报考等级:	A	贴相片
姓　　名:	马红军	考 场 号:	3	
身份证号:	6137265102	座 位 号:	6	

注: 考生必须带准考证、身份证、2B铅笔、橡皮、外语词典，不得带电子词典及传呼、手机等通信工具。

2011年全国职称外语等级考试

准 考 证

准考证号:	99010207	报考等级:	B	贴相片
姓　　名:	李　枚	考 场 号:	3	
身份证号:	6137269104	座 位 号:	7	

注: 考生必须带准考证、身份证、2B铅笔、橡皮、外语词典，不得带电子词典及传呼、手机等通信工具。

2011年全国职称外语等级考试

准 考 证

准考证号:	99010201	报考等级:	B	贴相片
姓　　名:	吴一花	考 场 号:	4	
身份证号:	4237261101	座 位 号:	12	

注: 考生必须带准考证、身份证、2B铅笔、橡皮、外语词典，不得带电子词典及传呼、手机等通信工具。

经验技巧

Word视图操作技巧

1. 自定义菜单

选择菜单“工具”→“自定义”项，在弹出的“自定义”对话框中选择“命令”选项卡，选择所要添加的命令，将其拖放到对应的菜单栏中即可。

2. 隐藏工具栏按钮

对于初学者，最初在学习Word工具栏中按钮的用法时，经常会“迷失”在众多的按钮当中。可以先调出所需要的工具栏，再将暂时不使用的按钮通过按住Alt键的同时用鼠标单击图标按钮的方式隐藏起来，这样比用菜单操作更快捷、更方便。

注意：恢复工具栏中默认按钮的方法：在“工具”菜单中选择“自定义”项，出现“自定义”对话框，在其中选择“工具栏”选项卡，选定相应的工具栏，单击“重新设置”按钮并加以确认。

3. 即点即输

在编辑书信时，很多人会在信的结尾处通过若干“回车键”和“空格”将输入点移至落款处，操作起来很费时。采用“即点即输”功能可以轻松到达指定位置。

选择菜单“工具”→“选项”→“编辑”选项卡→启用“即点即输”。这样在“页面视图”状态下，在文档的空白区域双击鼠标就可以将输入点移至所点之处。

4. 去掉Office的个性

微软公司为了提高用户的工作效率，把使用频率较低的菜单命令都隐藏起来，要使用这些命令的话必须先单击菜单上那个向下的箭头，这样的菜单称之为“个性化”菜单。这项功能有利有弊，有时甚至会降低工作效率。用于取消它的设置选项还隐藏得较深，不在工具选项的常规设置中，也不在视图工具栏中，需要打开菜单“工具”→“自定义”→“选项”选项卡，清除“菜单中首先显示最近使用过的命令”复选项才能去掉Office的个性（Word 2003为清除“始终显示整个菜单”复选项）。

5. 让Word符号栏锦上添花

如果经常要输入以“cm^2”为单位的数据，但是由于Word内置的“单位符号”里没有这个符号，所以就无法在符号栏上添加这个符号，只能先输入“cm2”，再将“2”的格式设置为上标。那么能否在符号栏上添加这个符号呢？具体方法如下：

（1）“cm^2”符号的获得

先输入“cm2”，再将“2”的格式设置为上标，然后再选定“cm^2”，单击菜单“插入”→“自动图文集”→“新建”→“确定”按钮，系统会自动将词条命名为“cm^2”。

（2）将“cm^2”添加到符号栏

选择菜单“视图”→“工具栏”→“自定义”命令，选取“自定义”对话框内的“命令”选项卡，在“类别”列表框内选取“自动图文集”，在右侧的“命令”列表框中选取“cm^2”，并用鼠标将它拖放到符号栏上，这时符号栏上就出现了“cm^2”。以后如果想输入这个符号，只需单击它就可以了。

当然，利用该方法还可以添加其他的符号，赶快去尝试吧。

6．页眉和页脚

页眉和页脚是指文档中每个页面页边距的顶部和底部区域。

可以在页眉和页脚中插入文本或图形，例如，页码、日期、公司徽标、文档标题、文件名或作者名等，这些信息通常打印在文档中每页的顶部和底部。

7．去掉页眉中的黑线

去除页眉后，在页眉区域始终有一条黑色的横线，怎样去掉它呢？

去除方法为：进入“页眉和页脚”视图，将页眉所在的段落选中，再选择菜单“格式”→“边框和底纹”项，在弹出的“边框和底纹”对话框中，将边框设置为“无”，最后单击“确定”按钮就可以了。

8．制作个性化页眉——加入图片和艺术字

在制作一些上报材料时，往往希望能在页眉位置加上单位的徽标和单位名称，比如校徽和校名等。其实，在Word中，实现这项功能并不难。

（1）首先准备好校徽的图片。单击菜单“视图”→“页眉和页脚”项，打开“页眉和页脚”工具栏，页眉编辑区就处于可编辑状态。用鼠标在页眉编辑区中单击，就可以输入所需要的文字了。为了美观起见，还是先插入图片吧。选择菜单“插入”→“图片”→“来自文件”命令，在打开的“插入图片”对话框中，找到已准备好的校徽图片并双击它，这个图片就会被插入页眉位置。选中这个图片，利用工具栏中的文字对齐方式工具，使其两端对齐。这样，页眉中的校徽就做好了。

（2）下面该在校徽的右侧加入校名了。选择菜单“插入”→“图片”→“艺术字”项，在打开的“艺术字库”对话框中，选择一种“艺术字”样式，然后在“编辑‘艺术字’文字”对话框中输入校名“××学校”，对这些艺术字进行必要的设置，单击“确定”按钮。经过这样的操作，一个漂亮的校名就做好了。不过，在页眉编辑区内其位置可能不太协调，可以通过在两个对象之间添加空格的方式，使得校徽和校名的位置变得更为合适。

实训项目15 “班报”的制作——高级排版

实训说明

本实训通过制作一份“班报”来介绍Word的综合排版方法，最终效果详见后面的样文。

在日常生活中，人们经常要制作各种社团小报纸、班报、海报、广告、产品介绍书等，运用Word的图文混排技巧进行版面设计，可以设计出具有报纸风格的文稿。

本实训知识点涉及图文混排、文本框与图文框的运用等。

实训步骤

（1）在第一行输入文字“班报”（方正舒体、一号字）和“制作人：杨振贤　出版日期：2003年9月23日　第58期”（宋体、五号字，红色，加粗，加设下画线）。

（2）插入一个竖排文本框，在其中输入文字“登山去！”，文字设置为华文中宋、五号字；文本框边框为3磅虚线线型。

（3）在文中左边插入一个图文框，其内容为“风声，雨声，读书声，声声入耳；家事，国事，天下事，事事关心。”，文字设置为华文彩云、四号字；图文框边框为 3 磅带斜线花纹的线型，有阴影。

注意：图文框的插入过程是：插入文本框→单击鼠标右键→“设置文本框格式”→在“设置文本框格式”对话框中选择“文本框”选项卡→单击“转换为图文框”按钮。

（4）然后插入“女孩不哭”文字内容，宋体、五号字。

（5）再插入“一天一万年”文字内容，楷体、五号字，分两栏排版，设置第一个字符下沉两格，距正文 0.1 厘米。

（6）将本期班报的 3 个标题文字分别设置为阴文、阳文、空心，均为宋体、红色、四号字。

（7）在第一行处插入图片文件 leaves3.wmf，并复制 5 个，将这 6 个图片按照样文摆放并进行组合，叠放次序与文字环绕方式均设置为衬于文字下方。

（8）在文本框处插入图片文件 flowers5.wmf，并复制一个，将这两个图片按照样文摆放，叠放次序与文字环绕方式均设置为浮于文字上方。

（9）在“女孩不哭”文章处插入一幅与其内容贴近的剪贴画，文字环绕方式设置为四周型。

（10）在“一天一万年”文章内容处插入图片文件 dove.wmf，叠放次序与文字环绕方式设置为衬于文字下方。

（11）在“一天一万年”标题行位置插入图片文件 harvbull.gif，将该图片拉长一些，并复制 3 个，将这 4 个图片按照样文摆放并进行组合，叠放次序与文字环绕方式均设置为浮于文字上方。

（12）3 段文字后的“投稿人：王芳”设置为仿宋体、五号字，浅色棚架底纹。

【样文】

班报　制作人：杨振贤　出版日期：2003 年 9 月 23 日　第 58 期

登山去！

孔子曰：智者乐水，仁者乐山。其实乐山者又何止是仁者！凡是登过山的人，几乎都会喜欢山，喜欢山的巍峨壮丽。所以，在『纪念人类珠峰登顶 50 周年』之际，于 2003 年『十一』国庆节前夕，专门为全校师生举办一次登山活动，希望大家踊跃报名参加。

乐在参与，重在体验和分享！体验山，分享山，亲近山！交流山，拥抱山，融入山，保护山，世界因山而美丽，生命因山而精彩。

投稿人：刘进

风声，雨声，读书声，声声入耳；家事，国事，天下事，事事关心。

女孩不哭

我真想哭，但是，我努力让泪水不流出眼眶。是的，受苦的人没有哭的权利。可是，我该怎么办呀？

由于家庭原因，中途辍学 3 年。好不容易重新回到了魂牵梦萦的校园，加倍珍惜，刻苦努力学习，终于苍天不负苦心人，成绩一直优秀。可是谁知高考噩梦失误了，被调剂到了一个我最不想来的地方——一个很普通的学校。我与心目中般地的大学因两分之差而失之交臂。而我，没有复读的机会。

我强忍着泪水来了，失望，但是没有绝望。我怀着感恩的心情告诉自己，能重新上学就很不错了，不管是在哪里，只要我踏踏实实地努力了，我会实现自己的梦的。我寄托所有的希望于考研。于是，考研梦成了我的另一个梦。可是，为什么呢？在大学里，我没有让自己变得懒惰和迷惘，我仍然认真地学习。可是，尽管我花了很多时间，学习的效果却不尽如人意。

（待续）　投稿人：刘进

一天一万年

今天看了一早上泰戈尔的诗，合上书卷之余，颇有一些感触。最近的心情一直很低落而且意志也是非常的消沉，我真的害怕这样的情绪会延续下去，因为快要期末考试了，怎么说也不能够缺课的。但真的是很痛苦，每天强迫自己坐在自习室，拿着自己看不懂的书，在痛苦与煎熬中勉强度日。呜呼，悲哉！

想做泰戈尔笔下的那只飞鸟，但似乎不可能，因为我飞不过去。古代人有度日如年之说，但我现在是一天一万年啊，真不知道自己什么时候才能熬到头……。

投稿人：王芳

实训项目 16　书籍的编排——插入目录、页眉、页号、注解

实训说明

在编排书籍、杂志、论文、报告等长篇文档时，通常要列出文章的目录，并且要在每页页眉和页脚的位置上用简洁的文字标出文章的题目、页码、日期或图案等，同时需要对陌生的词语、文字、缩略语以及文档的来源等加以注释，比如关于作者的简单介绍等。利用 Word 中的插入目录、页眉、页号、注解等功能，可以自动将目录收集起来，并可插入页眉、页号、注解。

本实训知识点涉及目录、页眉、页号、注解的用法。

实训步骤

收集目录

（1）将有关高中生物的文章（见“样文”）的章、节、小节标题分别应用“标题 1”、“标题 2”和“标题 3”。

（2）将光标定位在文档第一章开始之前。

（3）选择菜单“插入”→“引用”→“索引和目录”项，打开“索引和目录”对话框，在其中选择“目录”选项卡。

（4）选中“显示页码”和“页码右对齐”复选项。

（5）在“制表符前导符”列表框中选择符号“……”。

（6）在“常规”选项区域的“格式”列表框中选择“正式”项。

（7）将“显示级别”数值框中的数值调至“3”。

（8）单击“确定”按钮，目录收集完毕。

插入页眉

（1）页眉和页脚的添加可以通过选择菜单“视图”→“页眉和页脚”项，打开“页眉和页脚”工具栏。

（2）可以利用该工具栏进行页眉和页脚的设置。根据本实例要求，进行页眉设置如下：

① 在页眉的左端插入“高中生物”。

② 在页眉的中部插入“第一章　花朵”。

③ 在页眉的右端插入页码。

思考： 在上述操作过程中，如果要将页眉中的页码从第 15 页开始计数，请问应该如何设置？

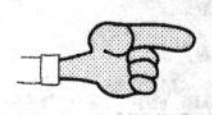

插入脚注和尾注

（1）在以下位置添加脚注：在“澳洲袋貂”之后增加 1 号注释，内容为“袋貂：澳洲特有的一种动物”；在“是住在树里的无花果小蜂”之后增加 2 号注释，内容为“小蜂：蜜蜂的一种”。

（2）在第 2 页的“花托”、“白龟头贝母”、“毛蕊花”、“非洲菊”之后添加尾注，内容分别为“俗称为花座”、“一种药材”、“秋季开花”、“耐旱，各地均可种植”。

（3）比较脚注和尾注之间的区别。

分栏

分别将“第一节”、“第二节”、“第三节”后面的文档内容分为两栏，插入图片文件“采蜜.bmp”、“葱属植物.bmp”，并对图片进行修饰。

【样文】

第一章　花　　朵

第一节　花与昆虫

一、花朵的内部

在观赏花朵的时候，你会注意到花有许多不同的颜色、形状和大小。有些植物只长有一朵花，而有的植物的花朵却多得数不清。

不过，你不妨停下脚步，仔细地看上一眼——这回得看看花朵的内部。尽管花朵看上去千差万别，但花朵的基本组成却是相同的。这是因为所有植物开花，都是为了同一个目的：结籽，长出另一株植物来。

二、传粉的昆虫

澳洲袋貂[①]在饱尝花蜜时，它的毛皮上就沾带上了花粉。蜜蜂整天在花丛里飞来飞去，忙着吮吸花蜜。蜜蜂每回停下来，总要拣取一些花粉。蜂鸟将自己的长喙深插到花朵里去采蜜，这时，一些花粉就抖落到了蜂鸟身上。

没有多少昆虫，会发现无花果树的花儿。实际上，无花果树的花是长在树里面的!专门为无花果树传送花粉的，是住在树里的无花果小蜂[②]。在无花果树的花朵产生花粉时，一些小蜂就离开蜂巢。它们身上携带着花粉，到另一棵无花果树上去住了。

三、花和传粉的昆虫

对于部分植物，如果没有外界的帮助就结不了籽。要结籽，先要输花冠里的花粉，移到另一朵花的柱头上。这一步工作就叫做传授花粉。植物自己无法走动，但是它们的花，却能生产出动物喜爱的花蜜。在动物舔吃花蜜的时候，一些花粉就沾在动物身上了。动物每回移向另一朵花时，就把一些花粉留下，再去采集新的花粉。

① 袋貂：澳洲特有的一种动物
② 小蜂：蜜蜂的一种

第二节　从花朵到果实

一、花朵变成果实

花朵传授了花粉后，便会结出种子和果实。果实保护种子，不让种子受到伤害，直到时机成熟了，才让种子发芽生长。果实也像花朵一样，形状、大小各不相同。七叶树结出七叶绒果，李子树结出李子。每种果实都有自己独特的种子。有些种子很轻，可以随风飘走；有些种子外壳坚硬，即使被动物吞进肚子里，也可以完整无损地随着粪便排出体外。

二、从花朵到果实

花冠下隆起的地方，称为花托[①]，花托会发育成果实。花受精后，花瓣开始凋落，不再需要用花瓣来吸引蜜蜂了。慢慢地，花托渐渐膨胀隆起，不断变换颜色。种子就在里面发育、成长。最后，花托终于变成果实，里面含有已成熟的种子。果实鲜艳的颜色吸引来小鸟和昆虫，它们啄食果实，并将其内的种子带到其他地方，在那里，一棵新的植物又会开始新的生长。

第三节　大自然的花艺

所有这些花朵，其基本组成成分都相同。但是它们在花梗上的排列方式却各不相同。

白龟头贝母[②]的钟形花朵垂挂在花梗上；葱属植物的花，每一个小点都是一朵花；毛蕊花[③]在一根花轴上就可以长满几百朵小花；非洲菊[④]的花瓣排列得像太阳光线。

① 俗称为花座
② 一种药材
③ 秋季开花
④ 耐旱，各地均可种植

经验技巧

模板、样式、域的使用技巧

1．模板常识

可以说，任何文档都是以模板为基础制作的。模板决定了文档的基本结构和设置。模板可分为共用模板和文档模板。

共用模板就是经常可以看到的 Normal 模板，它适用于所有文档，最普通的应用就是新建的空白文档，它所使用的就是 Normal 模板。

文档模板只适用于以该模板为基础的文档。比如名片向导，只适用于制作名片文档。

2．模板位置

文档模板可以存储到硬盘中，包括文档库中，或用做工作组模板。

要想查看模板文件位置的设置情况，具体方法是：选择菜单“工具”→“选项”，出现“选项”对话框，在其中单击“文件位置”选项卡。

3．稿纸向导

打开“模板”对话框，选择“报告”选项卡中的“稿纸向导”，就可以做出日常生活中常用的带方格的稿纸了。

4．自定义模板

对于使用 Word 进行工作的人，他们可能并不需要使用 Word 的默认模板，而是自定义模板。具体方法是：找到 Normal.dot 文件，打开该文件，对文件的各方面进行设置，包括页面设置、段落格式等。然后，换一个文件名对其保存。最后，将老模板文件重命名，将新编辑的模板文件命名为“Normal.dot”。这样 Word 默认的模板就是个人按需编辑的那个文件了。

5．Normal.dot 的位置

Windows 9x、Windows Me：\Windows\Application Data\Microsoft\Templates\。

Windows 2000、Windows NT：\Documents and Settings\用户名\Application Data\Microsoft\Templates\。

6．样式发生意外变化

当人们使用样式时，常常会发生一些奇怪的现象。这有可能是下面的情况引起的：

（1）在启用自动更新功能的情况下，如果对样式进行其他类型的更改，该样式会自动更新，段落会自动应用格式变更后的样式。

（2）如果该样式的基准样式被修改了，则基于该基准样式的其他样式也要发生更改。

7．样式库

选择菜单“格式”→“主题”项，弹出“主题”对话框，在此可以查看和应用样式。

8．导入样式

样式不仅可以被添加、删除，还可以从其他Word 文档中导入。选择菜单“工具”→“模板和加载项”，出现“模板和加载项”对话框，单击“管理器”按钮，出现“管理器”对话框，在其中单击右侧的“关闭文件”按钮，再单击“打开文件”按钮，选择其他Word 文档，接下来就可以导入样式了。

9．何时采用替换样式

如果只是想对某一样式做更改，就不要采用替换的方法，直接更改样式即可；如果想保留原样式，只将部分应用该样式的段落改变样式，用替换方法即可。

10．格式刷和样式

“常用”工具栏上的格式刷功能是和样式相关联的，用格式刷可以把应用于一个段落上的样式复制给另一个段落。

11．如何查看全部格式

在默认情况下，“格式”工具栏上的“样式”下拉列表框中只列出一些常用的样式，如果要选择未列出的样式，如“标题4”，应该如何操作呢？

一个快捷的方法是：按住Shift键，再单击“样式”下拉列表框旁的向下箭头，所需查找的样式全在里面！

12．大纲级别和目录

在设计标题段落的样式时，应用大纲级别，既便于查看文档的结构，也便于制作文档的目录。

13．域

域相当于文档中可能发生变化的数据或邮件合并文档中套用信函、标签中的占位符。

14．域的一般用法

可以根据需要在任何地方插入域，比如：显示文档信息，如作者姓名、文件大小或页数等；进行加减法或其他运算；在合并邮件时与文档协同工作。在其他情况下，使用Word提供的命令和选项可更为方便地添加所需信息。例如，可以使用Hyperlink域插入超链接，但使用“插入”菜单中的“超链接”命令则更加方便。

实训项目17　在一篇文章中应用不同的页面版式与双面打印

实训说明

在使用Word编辑和打印文字资料时，经常会有一些特殊的要求，如将编辑出的文字资料打印在纸张的正反面上，其中订口的宽度要比切口宽一些以容纳装订线；还有，在一篇文章中仅有一页需要用A4纸横向打印，其余各页均要求用16开纸纵向打印，应该如何操作呢？下面以使用激光打印机实现文字资料的双面打印和在一篇文章中应用不同的页面版式来介绍相关设置过程。

本实训知识点涉及页面设置、打印设置等。

实训步骤

在一篇文章中应用不同的页面版式

通常设定页面版式为纵向或横向，若要求这两种版式同时出现在一篇文章中，操作过程为：

（1）首先把光标移动到需要改变页面版式的位置。

（2）选择菜单“文件”→“页面设置”命令，把纸的方向或大小设置为不同于前的设定。

（3）注意最易被疏忽的一个下拉列表框，即“应用于”，单击此下拉列表框右侧的向下箭头，不要选择默认的“整篇文档”，而是选中“插入点之后”。

（4）最后，单击“确定”按钮。

现在，单击“打印预览”图标按钮，观察是否达到事前的要求。

其实，在 Word 2003 中还有很多类似的情况，如菜单“格式”→“分栏”选项对话框中的“应用于”下拉列表框，菜单“格式”→“边框和底纹”选项对话框中的“应用于”下拉列表框，等等，都与上述“应用于”有相似之处。大家不妨尝试。

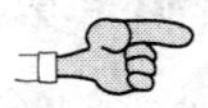

Word文档的双面打印

1. 页面设置

一篇文字资料输入完毕之后，通过选择“文件”菜单中的“页面设置”项，可以设置纸张大小，如这里选择的是 16 开纸。“页边距”选项卡中的设置决定着能否进行双面打印，在这里主要对页边距中的上、下、左、右、装订线等数值进行设置，设置结果如实训项目图 17.1 所示。

2. 打印设置

进入“打印”对话框，选择“手动双面打印”复选项，如实训项目图 17.2 所示，单击“确定”按钮，这时会先按照 1、3、5、…的顺序打印，打印完毕后，弹出如实训项目图 17.3 所示的提示信息框，将已打印好单面的纸张取出并放回送纸器，单击“确定”按钮，即可进行双面打印。

实训项目图 17.1

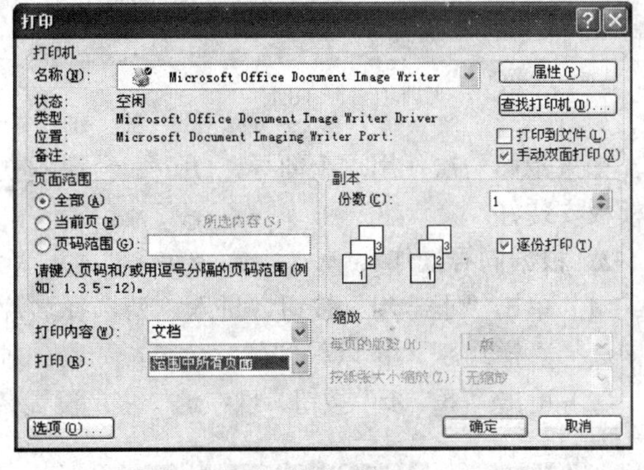

实训项目图 17.2

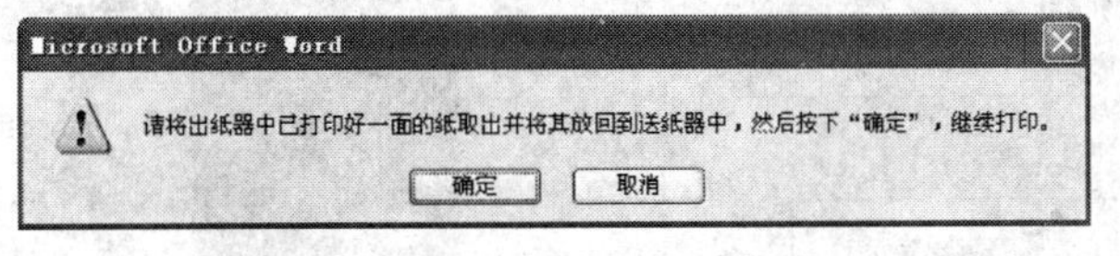

实训项目图 17.3

实训项目 18　制作名片——向导的使用

实训说明

本实训制作一张“名片”，最终效果详见后面的样文。

无须借助专门的名片制作软件，使用 Word 就能制作出精美的名片。通过制作名片，学会使用 Word 的向导功能，掌握制作完成后的微调技巧。

本实训知识点涉及 Word 向导的使用、插入图片的方法、简单版面设计。

实训步骤

1．打开向导

（1）依次选择“开始”菜单→“所有程序”→Microsoft Office→Microsoft Office Word 2003，打开 Word 文档窗口。

（2）在“文件”菜单中选择“新建”命令，窗口右侧出现“新建文档”子窗格，选择“本机上的模板”链接项，在随后出现的“模板”对话框中选择“其他文档”选项卡，选择“名片制作向导”，如实训项目图 18.1 所示。

（3）单击“确定”按钮，打开“名片制作向导”对话框，如实训项目图 18.2 所示。

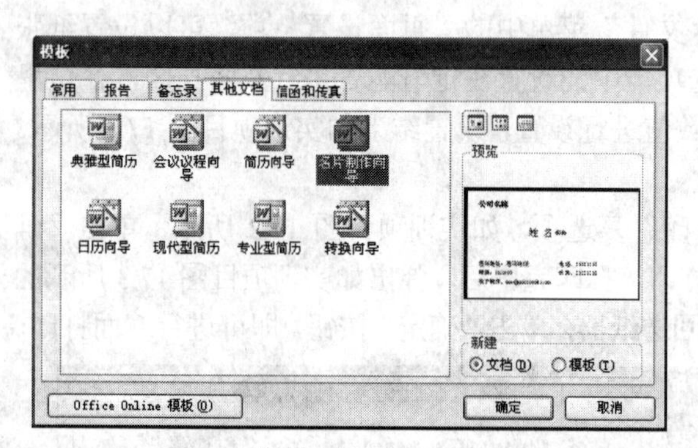

实训项目图 18.1

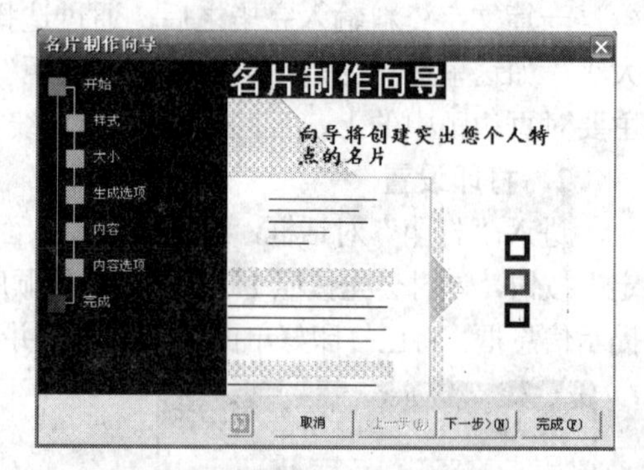

实训项目图 18.2

如果是第一次使用这个向导，Office 会提示安装向导模板。按照提示信息可以很容易地把模板安装好。

2．根据向导操作

（1）单击“下一步”按钮，进入“请选择名片样式”对话框，在“名片样式”下拉列表框中选择“样式 8”，可以看到预览效果，如实训项目图 18.3 所示。

（2）单击“下一步”按钮，现在这一步是设置名片的类型和尺寸，如实训项目图 18.4 所示。

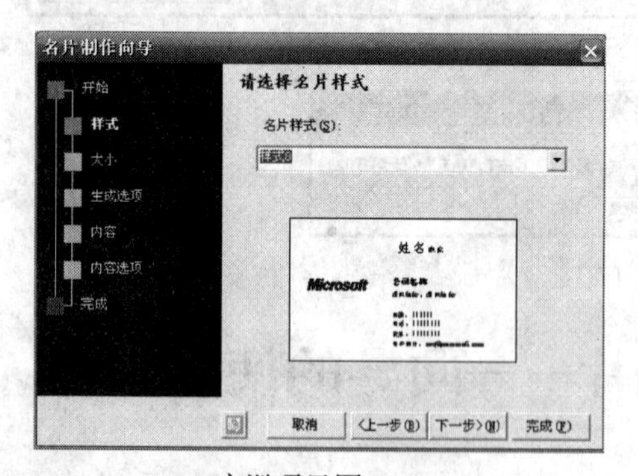

实训项目图 18.3

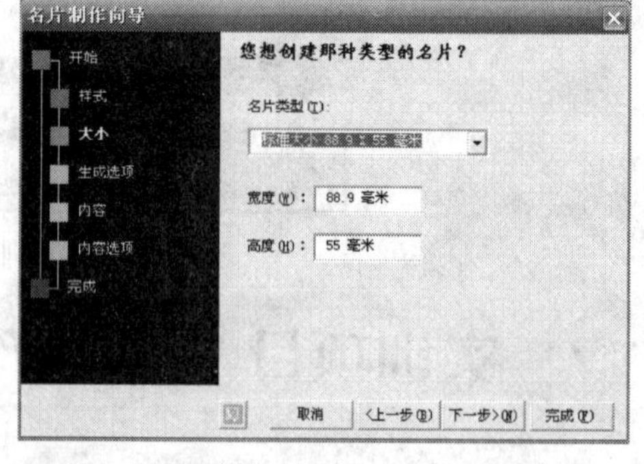

实训项目图 18.4

保持默认选项，也就是标准名片的大小，然后单击“下一步”按钮。

（3）在生成方式对话框中选择“生成单独的名片”单选按钮，如实训项目图 18.5 所示。

当然也可以选择“以此名片为模板，生成批量名片”单选按钮。这里只制作一个单面的名片，选中“单面”复选项，单击“下一步”按钮。

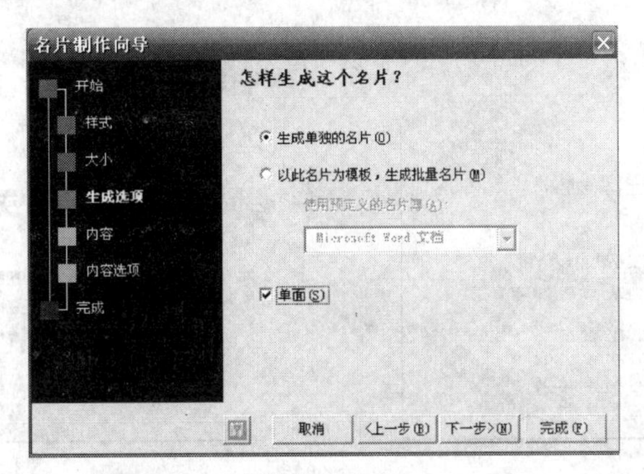

实训项目图 18.5

提示： 名片是要打印出来使用的。为了打印操作的方便，在名片制作向导的生成方式对话框中应该选择“以此名片为模板，生成批量名片”单选按钮。

（4）这一步输入所需要的各项资料，如实训项目图 18.6 所示。

输入完成后，单击“下一步”按钮，再单击“完成”按钮，效果如实训项目图 18.7 所示。

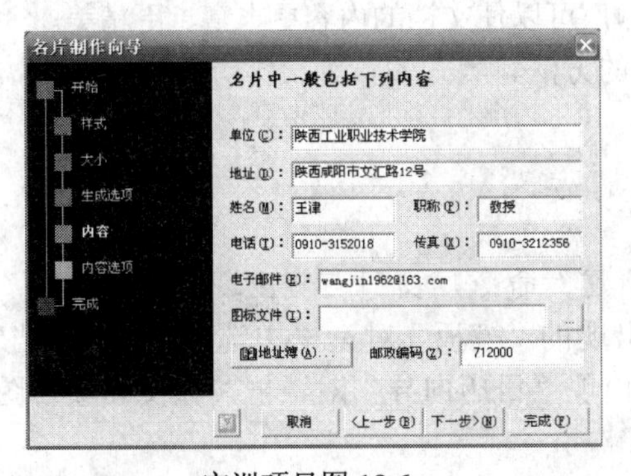

实训项目图 18.6

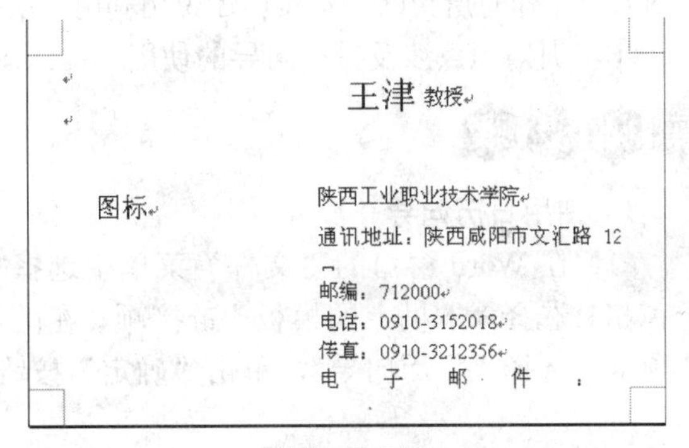

实训项目图 18.7

Word 就按照刚才设置的格式生成了一张美观的名片。

（5）最后再稍作调整，使其效果更美观。

提示： 用名片制作向导生成的名片可能不会让人感到非常满意，但是总体框架已经具备，利用 Word 的其他功能继续加以完善，同样可以制作出精美、专业的名片来，如本实训样文中的右图。

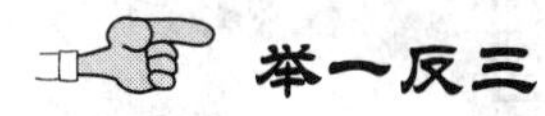

举一反三

Word 提供向导使工作变得更加简便。当在工作过程中需要制作常用的文档时，可以查找 Word 是否提供了对应的向导。如果有的话，可以在很大程度上简化工作流程。

【样文】

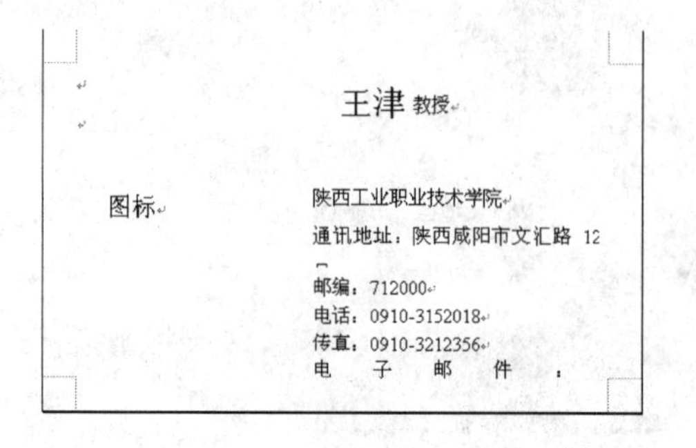

实训项目 19　制作年历——向导的使用

实训说明

本实训制作一张“年历”，最终效果详见后面的样文。

本实训主要介绍如何利用 Word 中的日历向导来建立年历。要求掌握年历的制作方法以及在年历中插入图片，学会设置版式，使图片与表格混排，还有一些特殊的打印设置。可以尝试使用其他向导，看一看都能实现哪些功能。Word 中新增的缩放打印功能也是非常有用的，希望能对具体工作有所帮助。本实训还说明利用二次打印，可以使文档的内容更丰富、更精美。

本实训知识点涉及日历向导的使用、插入图片的方法、版式的设置、年历的打印。

实训步骤

1．使用日历向导

（1）在 Word 窗口的“文件”菜单中选择“新建”命令，窗口右侧出现“新建文档”子窗格，选择“本机上的模板”链接项，在随后出现的“模板”对话框中选择“其他文档”选项卡，选择“日历向导”，单击“确定”按钮，出现“日历向导”对话框，如实训项目图 19.1 所示。

如果尚未安装此向导，请先行安装。

（2）单击“下一步”按钮，如实训项目图 19.2 所示，选择样式“优美”。

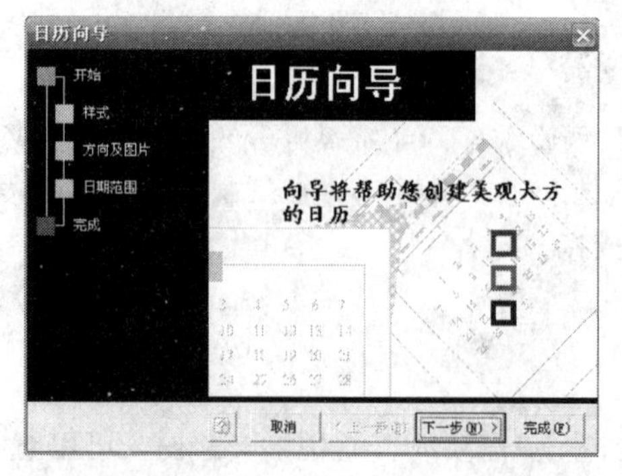

实训项目图 19.1

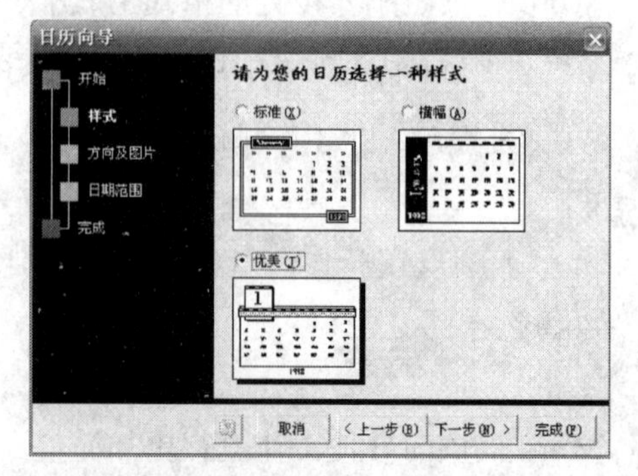

实训项目图 19.2

（3）单击“下一步”按钮，这一步是指定日历的打印方向，将其设置为“横向”，如实训项目图 19.3 所示。

（4）在“是否为图片预留空间”处选择“是”单选按钮，便于插入图片，接着单击“下一步”按钮，如实训项目图 19.4 所示。

（5）起始年月和终止年月分别设置为“2005 年一月”和“2005 年十二月”，并且选择包含农历和节气，然后单击“下一步”按钮，如实训项目图 19.5 所示。

（6）最后单击“完成”按钮。稍等片刻，一份按月份排列的年历就制作完成了，如实训项目图 19.6 所示。

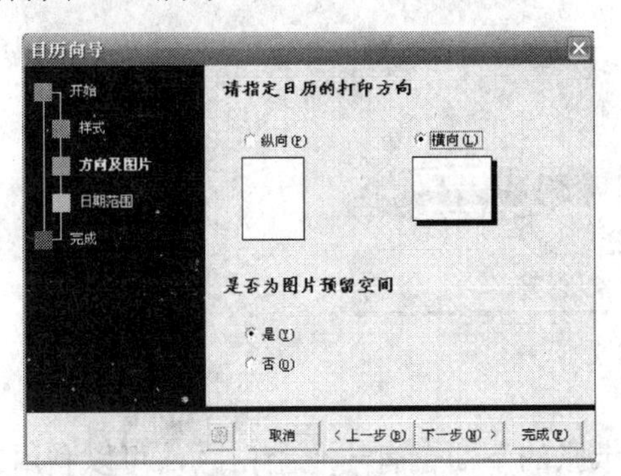

实训项目图 19.3

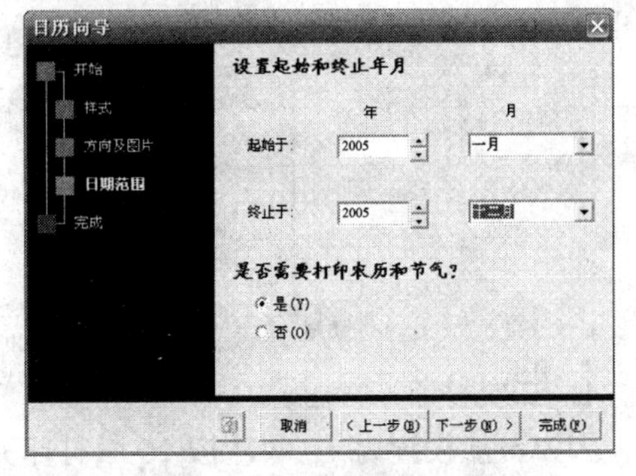

实训项目图 19.4

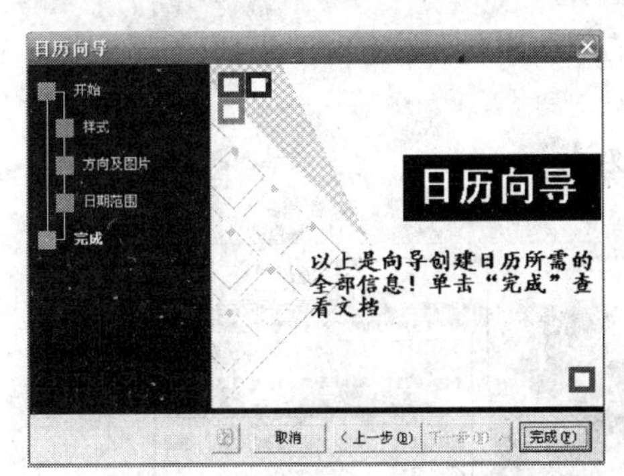

实训项目图 19.5

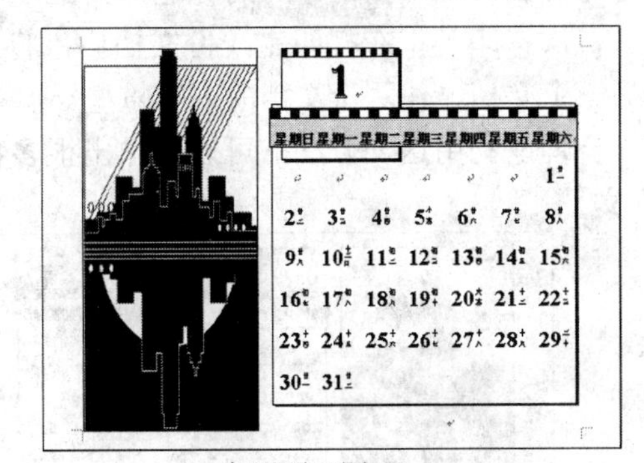

实训项目图 19.6

它由 12 张月历所组成，包含年历的基本内容。

2．月历的装饰

下面对月历进行适度的装饰。

如果对日历的黑白图片感到不满意，可以对其进行调整。也就是说，可以重新插入一幅漂亮的图片来取代原来的图片；也可以对图片进行处理，比如加设阴影效果或立体效果，或是给图片加上边框。

如果所插入的图片过大，可以利用“图片”工具栏上的“裁剪”按钮，将所插入图片的多余部分裁剪掉。

3．月历的打印

可以将这 12 张月历用彩色打印机打印出来，装订成一本年历；再加装封面，一本精美的挂历就做好了。

如果想把这些月历打印到同一张纸上，可以这样做：

（1）先将纸张大小设置为 A3 或 8 开，以便能够看清所有内容。如果想在 A4 纸上打印，可以在制作月历时不加任何图片。这些都很简单，下面主要来看一下如何打印月历。

（2）选择“文件”菜单中的“打印”命令，弹出“打印”对话框，如实训项目图 19.7 所示。

（3）在“打印”对话框中的“缩放”选项区域中，将“每页的版数”设置为“16 版”，那么 16 页的文档就会被整版缩小打印在同一页中。

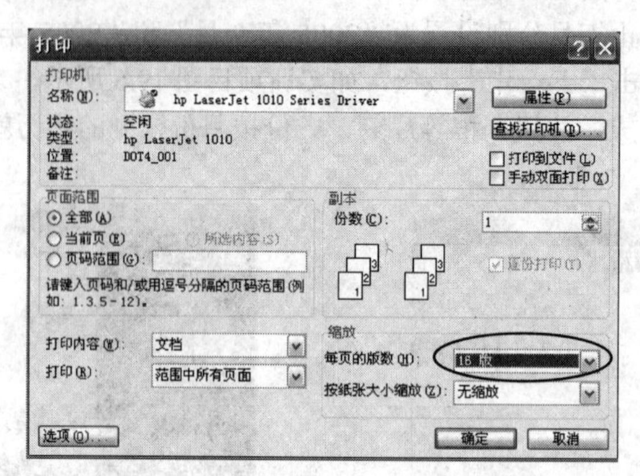

实训项目图 19.7

4．二次打印

因为不能设置为 12 版，按 16 版打印完毕后，纸张的下面会有一个空白区，可以利用二次打印方法，打印整个年历的标题，并配以合适的插图。

二次打印是指在打印完一份文档后，将打印过的纸张页面再次放入打印机的送纸器，打印另一个文档，使两份文档的内容重叠。

合理地利用这一方法，可以制作出很多特殊的效果。

【样文】

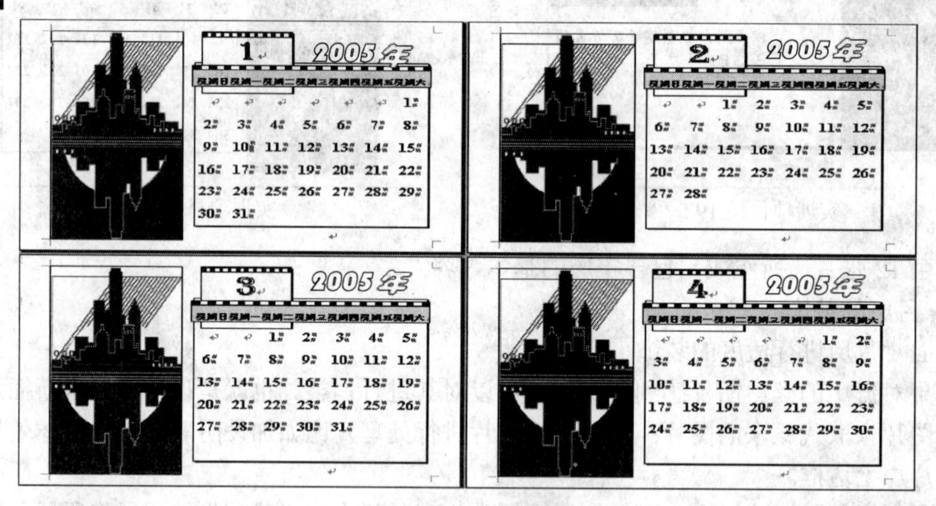

经验技巧

Word 文档的制作技巧

1．快速关闭 Word 窗口

（1）全部关闭文件

经常需要打开多个 Word 文档，在结束时逐个单击 Word 窗口的“关闭”按钮很麻烦，若在单击“文件”菜单的同时按住 Shift 键，原有的“保存”和“关闭”项会变为“全部保存”

和“全部关闭”，这样一次关闭多个文档，十分方便。

（2）关闭部分文件

当桌面上打开很多窗口，如果逐个地关闭，则会很麻烦。在关闭最下一层窗口时按住Shift键，则所有窗口将同时关闭。如果关闭中间某一层窗口时按住Shift键，则其上层的所有窗口都会关闭，而其下层的各个窗口将保持不变。

2．批量转换文档

选择菜单“文件”→“新建”命令，打开“新建文档”子窗格，选择相应的模板向导跟着一步一步操作。

3．合并Word文档

在使用Word制作文档时，经常要与别人合作。选择菜单“插入”→“文件”命令，在弹出的“插入文件”对话框中选择“Word文档”文件类型，再选择要插入的文件，单击“插入”按钮，文件就被插入进来了，而且插入的文件与原来文件的格式一样。

4．Word文件整理

选择菜单“文件”→“另存为”命令，Word会重新对信息进行整理并保存，这样会使得文件的大小大幅减少。

如果觉得这样做太麻烦的话，可以选择菜单“工具”→“选项”命令，在弹出的“选项”对话框中单击“保存”选项卡，在“保存选项”选项区域中取消选择“允许快速保存”复选项，以后Word就会在每次保存文件时自动进行信息整理并存盘，实现“一劳永逸”。

5．扩充字体的安装

打开Windows XP的控制面板，在经典视图下双击“字体”图标，弹出“字体”窗口，选择菜单“文件”→“安装新字体”命令，弹出“添加字体”对话框，选择想要安装的字体，单击“确定”按钮。要是通过光盘驱动器安装，需选择“将字体复制到Fonts文件夹”复选项。

6．超级中英文词典

Office 2003中有超级中英文词典，如果要查找某个字、词的英文，可以输入该字词，将其选中，然后打开“工具”→“语言”→“翻译”，就可以进行查询了。当然也可以查询英文单词的含义。

7．关闭小助手

有时想浏览一下Word的帮助，可以在“帮助”菜单中选择“Microsoft Word帮助”，窗口右侧出现“Word帮助”子窗格，其中有“搜索”文本框，可按需输入关键词，亦可利用Office Online功能在线寻求帮助。

第3部分
电子表格软件实训项目

实训项目20　利用Excel条件格式创建学生成绩表

实训说明

本实训利用条件格式创建富有个性特征的学生成绩表，其效果如实训项目图20.1所示。

	A	B	C	D	E	F
1	学生成绩表					
2	姓名	数学	物理	化学	英语	语文
3	李华	90	80	83	58	73
4	张一宁	98	91	93	73	84
5	刘平	66	78	95	80	59
6	宁玉	73	82	69	63	91
7	赵鑫龙	91	57	78	81	95

实训项目图20.1

利用Excel的“条件格式”功能，可以将满足指定条件的数据以一定的格式显示出来。本实训是将“条件格式”应用于学生成绩表，读者实践过后，能够初步体会这一功能的独特魅力。

本实训知识点涉及条件格式的用法。

实训步骤

（1）启动Excel，建立如实训项目图20.2所示的原始“学生成绩表”工作簿（未选择任何单元格）。

	A	B	C	D	E	F
1	学生成绩表					
2	姓名	数学	物理	化学	英语	语文
3	李华	90	80	83	58	73
4	张一宁	98	91	93	73	84
5	刘平	66	78	95	80	59
6	宁玉	73	82	69	63	91
7	赵鑫龙	91	57	78	81	95

实训项目图20.2

（2）制作要求。将60分以下的成绩以红色显示，60～69分的成绩以绿色显示，70分以上的成绩以蓝色显示。

（3）制作步骤

① 选定整个成绩区域。

② 执行菜单“格式”→“条件格式”命令，打开“条件格式”对话框，如实训项目图 20.3 所示。

③ 将“条件 1”选项区域中的项目分别设置为“单元格数值”、“小于”、“60”。

④ 单击“格式”按钮，打开“单元格格式”对话框，在“字体”选项卡中，单击“颜色”下拉列表框的向下箭头，选择红色，单击“确定”按钮，如实训项目图 20.4 所示。

实训项目图 20.3

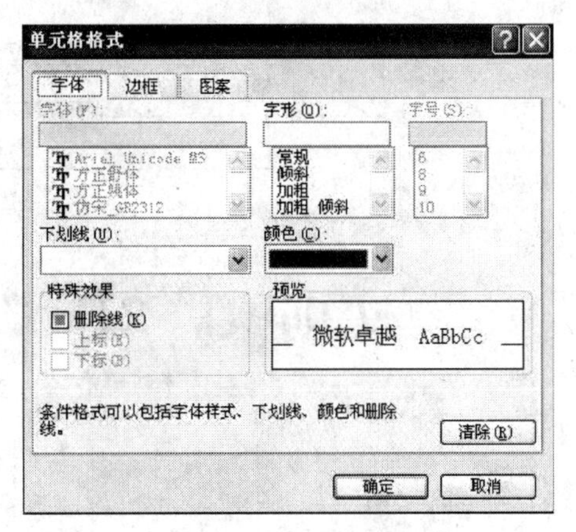

实训项目图 20.4

⑤ 单击“条件格式”对话框中的“添加”按钮，打开“条件 2”选项区域，将“条件 2”诸项分别设置为“单元格数值”、“介于”、“60”、“69”，如实训项目图 20.5 所示。

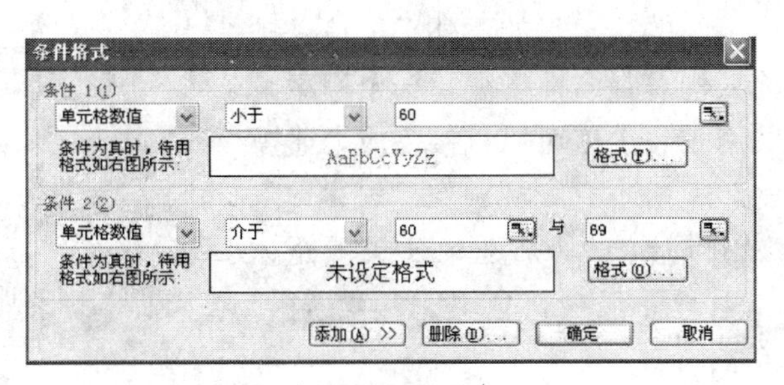

实训项目图 20.5

⑥ 单击“条件2”选项区域中的“格式”按钮，打开“单元格格式”对话框，在“字体”选项卡中，单击“颜色”下拉列表框的向下箭头，选择绿色，然后单击“确定”按钮。

⑦ 单击“条件格式”对话框中的“添加”按钮，打开“条件 3”选项区域，将“条件 3”诸项分别设置为“单元格数值”、“大于或等于”、“70”，如实训项目图 20.6 所示。按照上述方法将其字体颜色设置为蓝色。

⑧ 最后，单击“确定”按钮。然后将表头居中显示。

现在可以看到这份学生成绩表已变得五彩缤纷，谁被判了红灯，就需要提高警惕；谁置于安全区，也可以一目了然，其效果如实训项目图 20.1 所示。

技巧： 若要将“条件格式”复制到其他地方，可选择已设置好“条件格式”的任意单元格，单击“格式刷”图标按钮，再把目标单元格“刷”一下就可以了。

实训项目图 20.6

实训项目 21　教学管理中的应用——排序、计算与查询

实训说明

本实训是 Excel 在教学管理中的应用实训，最终效果如实训项目图 21.1 所示（“名次”列只由教师创建并查看，不对学生公开）。

	A	B	C	D	E	F
1	考试成绩统计表					
2	姓名	性别	语文	数学	总分	名次
3	刘力	男	98	91	189	1
4	吴一花	女	91	90	181	2
5	李博	男	81	95	176	3
6	张华	男	95	80	175	4
7	程小博	女	81	91	172	5
8	李平	男	90	80	170	6
9	刘平	男	93	73	166	7
10	宁玉	男	78	81	159	8
11	赵鑫龙	男	73	84	157	9
12	王大伟	女	73	82	155	10
13	马红军	男	69	81	150	11
14	柳亚萍	女	66	78	144	12
15	丁一平	男	83	58	141	13
16	张珊珊	女	80	59	139	14
17	李枚	男	58	73	131	15
18	卷面平均分		80.6	79.73333	160.3333	

实训项目图 21.1

用计算机管理学生成绩的主要目的不外乎统计、排序、查询、打印。以前人们总是习惯于编写一个程序来处理这些问题。其实，用 Excel 就可以直接完成上述操作，而且非常简单。

本实训知识点涉及排序、自动筛选、公式填充、AVERAGE 函数。

实训步骤

1．新建工作簿

在工作表 Sheet1 第 1 行输入表名“考试成绩统计表”。在第 2 行输入项目名称，随后填入各学生的性别、各科考试成绩，如实训项目图 21.2 所示。

2．计算总分

先要求出学生的总分情况。在 E3 单元格内输入公式“=C3+D3”，按 Enter 键结束公式的输入，便可求得刘力同学的总分。将光标移到 E3 单元格内，单击该单元格右下角的填充柄，当光标变成黑十字时将其拖曳到 E17（最后一名学生对应的单元格），松开鼠标，通过填充方式完成公式的复制，其结果如实训项目图 21.3 所示。

3．排序

排序就是要按照总分排出高低顺序。将光标移到“总分”一栏内的任意一个单元格，执行菜单“数据”→“排序”命令，弹出如实训项目图 21.4 所示的“排序”对话框。

在“主要关键字”区域中选择“总分”，选择“降序”单选按钮，这样，所有学生的总分将按照从高到低的顺序排列。

	A	B	C	D	E	F
1			考试成绩统计表			
2	姓名	性别	语文	数学	总分	名次
3	刘力	男	98	91		
4	吴一花	女	91	90		
5	李博	男	81	95		
6	张华	男	95	80		
7	程小博	女	81	91		
8	李平	男	90	80		
9	刘平	男	93	73		
10	宁玉	男	78	81		
11	赵鑫龙	男	73	84		
12	王大伟	女	73	82		
13	马红军	男	69	81		
14	柳亚萍	女	66	78		
15	丁一平	男	83	58		
16	张珊珊	女	80	59		
17	李枚	男	58	73		
18	卷面平均分					

实训项目图 21.2

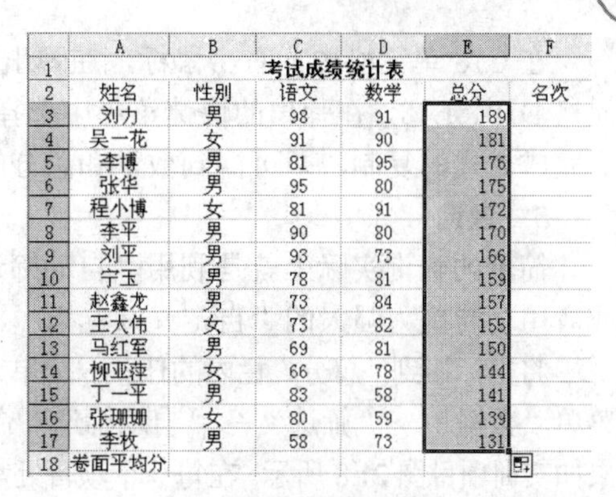

	A	B	C	D	E	F
1			考试成绩统计表			
2	姓名	性别	语文	数学	总分	名次
3	刘力	男	98	91	189	
4	吴一花	女	91	90	181	
5	李博	男	81	95	176	
6	张华	男	95	80	175	
7	程小博	女	81	91	172	
8	李平	男	90	80	170	
9	刘平	男	93	73	166	
10	宁玉	男	78	81	159	
11	赵鑫龙	男	73	84	157	
12	王大伟	女	73	82	155	
13	马红军	男	69	81	150	
14	柳亚萍	女	66	78	144	
15	丁一平	男	83	58	141	
16	张珊珊	女	80	59	139	
17	李枚	男	58	73	131	
18	卷面平均分					

实训项目图 21.3

在“名次”栏的 F3 和 F4 单元格内分别填上“1”、“2”，表示第一名、第二名，选定单元格 F3 和 F4，将光标移到此单元格的右下方，如实训项目图 21.5 所示，出现一个黑色的十字句柄，拖动句柄至单元格 F17，它将自动填充单元格 F5～F17 区域为 3～15 的自然数。

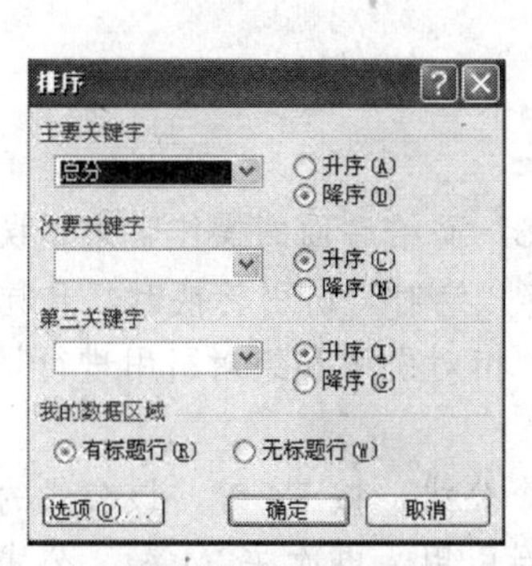

实训项目图 21.4

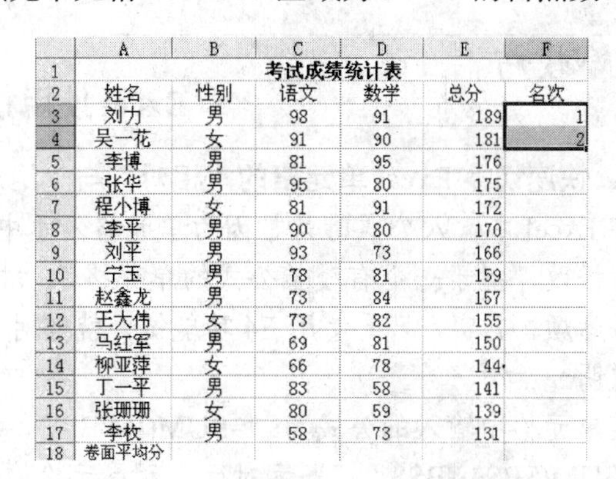

	A	B	C	D	E	F
1			考试成绩统计表			
2	姓名	性别	语文	数学	总分	名次
3	刘力	男	98	91	189	1
4	吴一花	女	91	90	181	2
5	李博	男	81	95	176	
6	张华	男	95	80	175	
7	程小博	女	81	91	172	
8	李平	男	90	80	170	
9	刘平	男	93	73	166	
10	宁玉	男	78	81	159	
11	赵鑫龙	男	73	84	157	
12	王大伟	女	73	82	155	
13	马红军	男	69	81	150	
14	柳亚萍	女	66	78	144	
15	丁一平	男	83	58	141	
16	张珊珊	女	80	59	139	
17	李枚	男	58	73	131	
18	卷面平均分					

实训项目图 21.5

4．计算平均分

这实际上就是 AVERAGE 函数的应用。

执行菜单“插入”→“函数”命令，出现“插入函数”对话框，在“或选择类别”下拉式列表中选择“统计”后，在“选择函数”列表框中选择 AVERAGE，如实训项目图 21.6 所示，然后单击“确定”按钮，弹出如实训项目图 21.7 所示的“函数参数”对话框。

在 Number1 单元格引用框中选择“C3:C17”，计算语文平均分，单击“确定”按钮，在 C18 单元格内便会出现语文平均分 80.6。

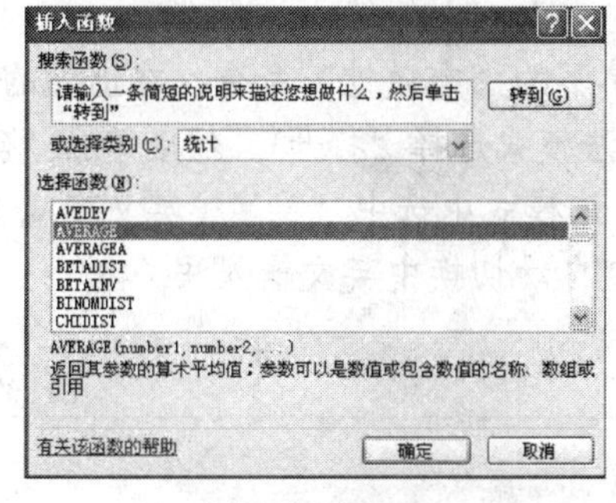

实训项目图 21.6

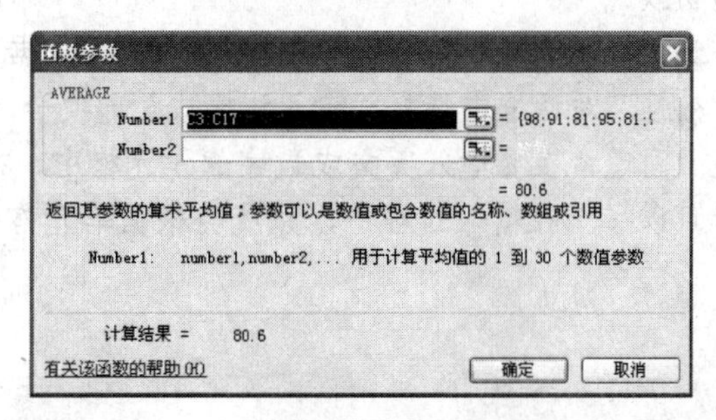

实训项目图 21.7

在 C18 单元格内，右击鼠标，在弹出的快捷菜单中选择执行“复制”命令，分别右击单元格 D18、E18，在弹出的快捷菜单中选择执行“粘贴”命令，这样通过“复制”、“粘贴”方式完成公式的复制，即可得到数学和总分的平均分。

5. 查询

简单的查询实际上就是利用“自动筛选”功能，或者用功能更为强大的“自定义筛选”。

将光标移到“总分”栏内的任意一个单元格，执行菜单“数据”→“筛选”→“自动筛选”命令，其结果如实训项目图 21.8 所示。在每一个项目处都出现一个可选下拉式列表，可以在此进行查询，具体用法见实训项目 22。

	A	B	C	D	E	F
1	考试成绩统计表					
2	姓名	性别	语文	数学	总分	名次
3	刘力	男	98	91	189	1
4	吴一花	女	91	90	181	2
5	李博	男	81	95	176	3
6	张华	男	95	80	175	4
7	程小博	女	81	91	172	5
8	李平	男	90	80	170	6
9	刘平	男	93	73	166	7
10	宁玉	男	78	81	159	8
11	赵鑫龙	男	73	84	157	9
12	王大伟	女	73	82	155	10
13	马红军	男	69	81	150	11
14	柳亚萍	女	66	78	144	12
15	丁一平	男	83	58	141	13
16	张珊珊	女	80	59	139	14
17	李枚	男	58	73	131	15
18	卷面平均分		80.6	79.73333	160.3333	

实训项目图 21.8

由此可见，Excel 在教学管理方面得以应用，其功能的丰富程度绝不亚于一个专门的应用软件。只要细心总结，就会发现 Excel 的潜力无穷。

经验技巧

Excel 使用技巧一

1. 快速切换 Excel 单元格的“相对”与“绝对”

在 Excel 中输入公式时常常因为单元格表示中有无“$”而给后面的操作带来错误。要对此进行修改，对于一个有较长公式的单元格的“相对”与“绝对”引用转换时，只凭键盘输入会很麻烦。其实，只要使用 F4 功能键，就能对单元格的相对引用和绝对引用进行切换。现举例说明：

某单元格中输入的公式为“=SUM(B4:B8)”，选中整个公式，按 F4 键，该公式的内容变为“=SUM($B$4:$B$8)”，表示对行、列单元格均进行绝对引用；再次按 F4 键，公式内容变为“=SUM(B$4:B$8)”，表示对行进行绝对引用，对列进行相对引用；第 3 次按 F4 键，公式变为“=SUM($B4:$B8)”，表示对行进行相对引用，对列进行绝对引用；第 4 次按 F4 键时，公式变回初始状态“=SUM(B4:B8)”，即对行、列的单元格均为相对引用。

需要说明的是，F4 键的切换功能只对所选中的公式起作用。只要对 F4 键操作得当，就可以灵活地编辑 Excel 公式了。

2. Excel 中轻松切换中英文输入法

在录入各种表格中的数据时，不同的单元格由于其内容不同，需要在中英文输入法之间来回切换，这样既影响输入速度又容易出错，其实可以通过 Excel 中的“有效性”功能进行自动切换。

选中要输入中文字符的单元格，选择“数据”菜单下的“有效性”命令，在出现的“数据有效性”对话框中选择“输入法模式”选项卡，输入法模式选择“打开”，然后单击“确定”按钮。同理，在要输入英文或数字的单元格中，在输入法模式中选中“关闭（英文模式）”选项就可以了。在输入过程中，系统会根据单元格的设置自动切换中英文输入法。

实训项目 22　简易分班——Excel 排序与自动筛选

实训说明

本实训制作简易分班表，其效果如实训项目图 22.1 所示（学生姓名、性别、各科成绩选取新的数据填入）。

在没有专用分班软件的学校，用 Excel 的排序和自动筛选功能进行分班不失为一种好办法，它简单、灵活，而且不需要太多的专业知识就可以完成。

本实训知识点涉及排序、自动筛选、公式的复制。

实训步骤

1．新建工作簿

工作表 Sheet1 第 1 行输入表名“分班表”，如实训项目图 22.2 所示；在第 2 行输入项目名称，并填入各学生的姓名、性别、各科考试成绩。

	A	B	C	D	E	F
1	分班表					
2	姓名	性别	语文	数学	总分	班级
3	刘力	男	98	91	189	1
4	李博	男	81	95	176	2
5	张华	男	95	80	175	3
6	李平	男	90	80	170	3
7	刘平	男	93	73	166	2
8	宁玉	男	78	81	159	1
9	赵鑫龙	男	73	84	157	1
10	马红军	男	69	81	150	2
11	丁一平	男	83	58	141	3
12	王大伟	男	58	73	131	3
13	吴一花	女	91	90	181	2
14	程小博	女	81	91	172	1
15	李枚	女	73	82	155	1
16	柳亚萍	女	66	78	144	2
17	张珊珊	女	80	59	139	3

实训项目图 22.1

	A	B	C	D	E	F
1	分班表					
2	姓名	性别	语文	数学	总分	班级
3	程小博	女	81	91		
4	丁一平	男	83	58		
5	李博	男	81	95		
6	李枚	女	73	82		
7	李平	男	90	80		
8	刘力	男	98	91		
9	刘平	男	93	73		
10	柳亚萍	女	66	78		
11	马红军	男	69	81		
12	宁玉	男	78	81		
13	王大伟	男	58	73		
14	吴一花	女	91	90		
15	张华	男	95	80		
16	张珊珊	女	80	59		
17	赵鑫龙	男	73	84		

实训项目图 22.2

2．计算总分

分班要求各班性别搭配平均，总分分布合理。所以，先要得到他们的总分情况。

选中单元格 E3，输入公式“=C3+D3”，按 Enter 键结束公式的输入。单击单元格 E3，右击鼠标，在弹出的快捷菜单中选择执行“复制”命令；选定 E4～E17 区域，右击鼠标，在弹出的快捷菜单中选择执行“粘贴”命令。这样公式复制的结果如实训项目图 22.3 所示。

3．排序

将光标移到“总分”一栏内的任意一个单元格，执行菜单“数据”→“排序”命令，弹出如实训项目图 22.4 所示的“排序”对话框。

在“主要关键字”区域内选择“性别”，再选择“升序”单选按钮，这样所有男生将和女生分开排列，男生排在前面。

在“次要关键字”区域内选择“总分”，再选择“降序”单选按钮，这样同性别学生的总分按照从高到低的顺序排列，单击“确定”按钮，其结果如实训项目图 22.5 所示。

4．开始分班

将光标移到“总分”一栏内的任意一个单元格，执行菜单“数据”→“筛选”→“自动筛选”命令，如实训项目图 22.6 所示。

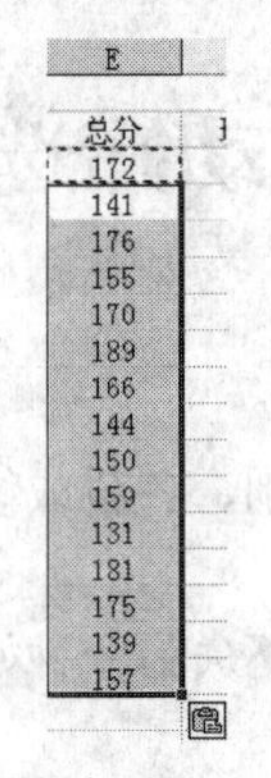

实训项目图 22.3

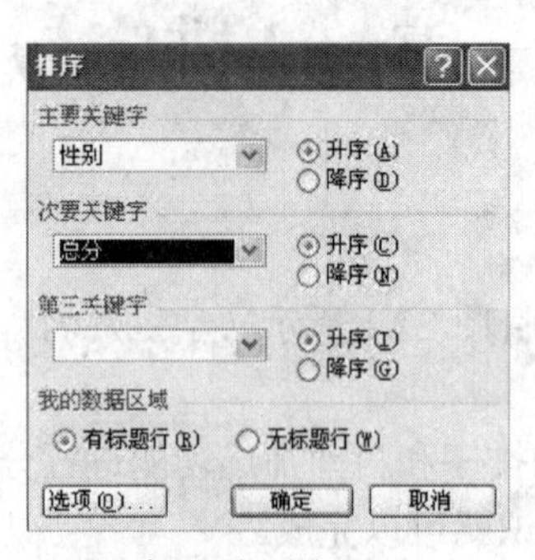

实训项目图 22.4

	A	B	C	D	E	F
1			分班表			
2	姓名	性别	语文	数学	总分	班级
3	刘力	男	98	91	189	
4	李博	男	81	95	176	
5	张华	男	95	80	175	
6	李平	男	90	80	170	
7	刘平	男	93	73	166	
8	宁玉	男	78	81	159	
9	赵鑫龙	男	73	84	157	
10	马红军	男	69	81	150	
11	丁一平	男	83	58	141	
12	王大伟	男	58	73	131	
13	吴一花	女	91	90	181	
14	程小博	女	81	91	172	
15	李枚	女	73	82	155	
16	柳亚萍	女	66	78	144	
17	张珊珊	女	80	59	139	

实训项目图 22.5

如果要分为 3 个班，按照 1、2、3、3、2、1 的顺序循环填入 F3～P17 区域，注意在男女交界处要反过来。

此时一份简单的分班表已制作完成。如果要查看各班的情况，只需在“班级”下拉式列表中选择升序或降序即可。例如，要查看 1 班的情况，就选择 1 班，如实训项目图 22.7 所示。选定后的效果如实训项目图 22.8 所示，其行标仍然保持不变。

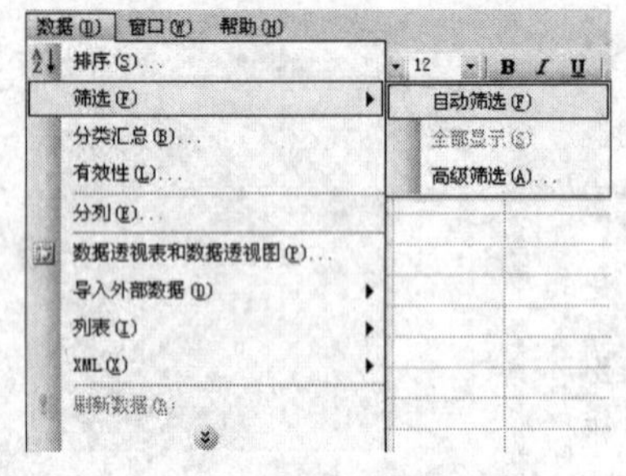

实训项目图 22.6

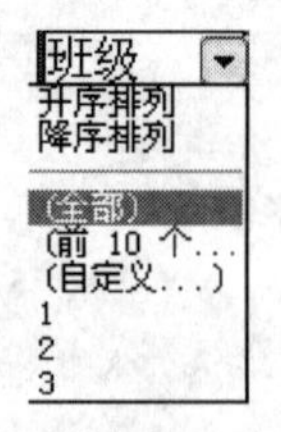

实训项目图 22.7

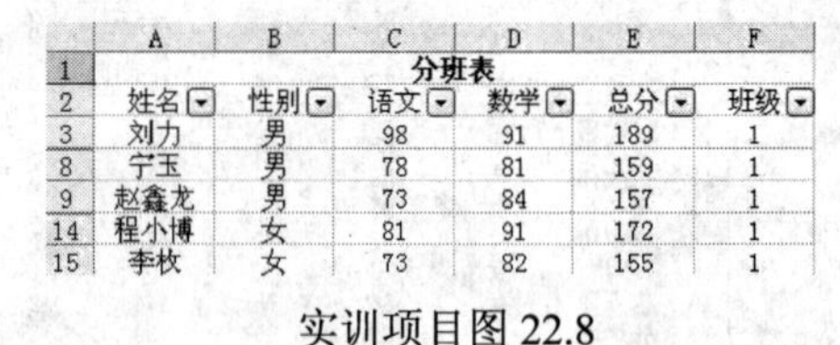

	A	B	C	D	E	F
1			分班表			
2	姓名	性别	语文	数学	总分	班级
3	刘力	男	98	91	189	1
8	宁玉	男	78	81	159	1
9	赵鑫龙	男	73	84	157	1
14	程小博	女	81	91	172	1
15	李枚	女	73	82	155	1

实训项目图 22.8

这种方法虽然比较简单，但是能够较好地满足分班的需求——各班平均分和性别比例都相对平衡。没有分班软件的学校可以尝试采用这种方式。

实训项目 23　职工分房资格计算——函数的使用

实训说明

本实训制作职工分房分数计算表，其效果如实训项目图 23.1 所示。

	A	B	C	D	E	F	G	H	I	J	K	L
1												
2						分房基本情况统计表						
3												
4	序号	姓名	职称	生日	参加工作日期	现住房间数	职称分	年龄分	工龄分	总分	应住房标准	分房资格
5	0101	袁路	教授	1938年2月8日	1957年9月1日	4	25	65	23	88	3	
6	0102	马小勤	副教授	1946年5月11日	1964年9月1日	2.5	20	57	19.5	76.5	2.5	
7	0103	孙天一	讲师	1958年8月2日	1982年9月1日	2	15	45	10.5	55.5	2	
8	0104	邬涛	讲师	1962年3月22日	1985年9月1日	0	15	41	9	50	2	有
9	0105	邱大同	助教	1974年7月25日	1997年9月5日	0	5	29	3	32	2	有
10	0106	王亚妮	工人	1958年9月1日	1975年7月1日	1	5	45	14	59	2	有
11	0107	吕萧	工人	1959年2月11日	1974年7月1日	2	5	44	14.5	58.5	2	

实训项目图 23.1

为了改善职工的住房条件，单位准备为一些职工分配住房，要根据职称、年龄、工龄、现有住房情况等决定住房标准和住房资格。利用 Excel 的函数处理该问题，操作简单而快捷。

本实训知识点涉及日期函数和条件函数。

实训步骤

1．新建工作簿

工作表 Sheet1 第 2 行输入表名“分房基本情况统计表”，在第 4 行输入项目名称，并填入各职工的相关情况，如实训项目图 23.2 所示。

	A	B	C	D	E	F	G	H	I	J	K	L
1												
2						分房基本情况统计表						
3												
4	序号	姓名	职称	生日	参加工作日期	现住房间数	职称分	年龄分	工龄分	总分	应住房标准	分房资格
5	0101	袁路	教授	1938年2月8日	1957年9月1日	4						
6	0102	马小勤	副教授	1946年5月11日	1964年9月1日	2.5						
7	0103	孙天一	讲师	1958年8月2日	1982年9月1日	2						
8	0104	邬涛	讲师	1962年3月22日	1985年9月1日	0						
9	0105	邱大同	助教	1974年7月25日	1997年9月5日	0						
10	0106	王亚妮	工人	1958年9月1日	1975年7月1日	1						
11	0107	吕萧	工人	1959年2月11日	1974年7月1日	2						

实训项目图 23.2

2．计算职称分

职称分计算标准：教授 25 分，副教授 20 分，讲师 15 分，其他员工 5 分。

选择单元格 G5，输入公式“=IF(C5="教授","25",IF(C5="副教授","20",IF(C5="讲师","15","5")))”，按 Enter 键，结束公式的输入。选中单元格 G5，右击鼠标，在弹出的快捷菜单中选择执行“复制”命令；选定 G6～G11 区域，右击鼠标，在弹出的快捷菜单中选择执行“粘贴”命令。这样通过公式的复制即可计算其他人的职称分。

3．计算年龄分和工龄分

年龄分计算标准：每年 1 分（截至 2011 年）。

年龄分计算：选择单元格 H5，输入公式“=2003-YEAR(D5)”，按 Enter 键结束公式的输入。通过公式填充，计算其他人的年龄分。

工龄分计算标准：每年 0.5 分（同样截至 2011 年）

工龄分计算：选择单元格 I5，输入公式“=(2011-YEAR(E5))/2”，按 Enter 键结束公式的输入。通过公式填充，计算其他人的工龄分。

4．计算总分

选定区域 H5：J11，单击工具栏上的“自动求和”按钮 Σ，即可完成 H5：J11 单元格的求和，如实训项目图 23.3 所示。各职称员工在现住房间数未达标的情况下才能参加分房。

	A	B	C	D	E	F	G	H	I	J
1										
2						分房基本情况统计表				
3										
4	序号	姓名	职称	生日	参加工作日期	现住房间数	职称分	年龄分	工龄分	总分
5	0101	袁路	教授	1938年2月8日	1957年9月1日	4	25	65	23	
6	0102	马小勤	副教授	1946年5月11日	1964年9月1日	2.5	20	57	19.5	
7	0103	孙天一	讲师	1958年8月2日	1982年9月1日	2	15	45	10.5	
8	0104	邬涛	讲师	1962年3月22日	1985年9月1日	0	15	41	9	
9	0105	邱大同	助教	1974年7月25日	1997年9月5日	0	5	29	3	
10	0106	王亚妮	工人	1958年9月1日	1975年7月日	1	5	45	14	
11	0107	吕萧	工人	1959年2月11日	1974年7月1日	2	5	44	14.5	

实训项目图 23.3

5．计算应住房标准和分房资格

应住房标准：教授 3 间，副教授 2.5 间，其他员工 2 间。

选择单元格K5，输入公式“=IF(C5="教授",3,IF(C5="副教授",2.5,2))”，按Enter键结束公式的输入。通过公式填充，计算其他职称员工的住房标准。

分房资格：选中单元格L5，输入公式“=IF(F5<K5,"有"," ")”，按Enter键结束公式的输入。通过公式填充，计算其他人的分房资格。

经验技巧

Excel使用技巧二

1．Excel中摄影功能的妙用

在Excel中，如果要在一个页面中反映另一个页面中的更改，通常采用粘贴等方式来实现。但是，如果需要反映的内容比较多，特别是目标位置的格式编排也必须反映出来的时候，再使用连接数据等方式就行不通了。好在天无绝人之路，Excel备有“照相机”，只要把希望反映出来的那部分内容“拍摄”下来，然后把“照片”粘贴到其他页面中即可。

（1）准备“照相机”

① 打开Excel的“工具”菜单，选择“自定义”项，打开“自定义”对话框。

② 单击“命令”选项卡，在“类别”列表框中选择“工具”，在“命令”列表框中找到“照相机”，并且将其拖放到工具栏的任意位置。

（2）给目标“拍照”

假设要让工作表Sheet2中的部分内容自动出现在工作表Sheet1中。

① 拖动鼠标并选择工作表Sheet2中需要“拍摄”的内容。

② 单击工具栏上已准备好的“照相机”按钮，于是这个选定的区域就被“拍摄”下来。

（3）粘贴“照片”

① 打开工作表Sheet1。

② 在需要显示“照片”的位置单击鼠标左键，被“拍摄”的“照片”就立即粘贴过来了。

在工作表Sheet2中调整“照片”为各种格式，粘贴到工作表Sheet1中的内容同步发生变化，而且因为所插入的的确是一幅自动更新的图像，所以，“图片”工具栏对这个照片也是有效的！可以按下几个按钮尝试，这张“照片”还可以自由地旋转呢！感觉如何？这个数码照相机还不错吧！

2．Excel中斜线表头的制作

利用Excel中的“绘图”工具栏制作Excel中的斜线表头，具体方法如下：

（1）Excel中的“绘图”工具栏在默认情况下并未打开，选择菜单“视图”→“工具栏”→“绘图”项打开“绘图”工具栏。

（2）调整好单元格的大小，绘制所需斜线，在空白处插入文本框，输入表头文字，然后双击设置文本框格式，选择“设置文本框格式”对话框中的“颜色与线条”选项卡，“填充颜色”选择“无填充颜色”，“线条颜色”选择“无线条颜色”。

（3）按住Ctrl键的同时拖动刚才建立的文本框，复制带有格式的文本框，更改其中的文字。

（4）利用 Shift+单击鼠标的方法选中表头中的所有对象，单击鼠标右键，选择快捷菜单中的“组合”子菜单的“组合”命令即可。

实训项目 24　学生成绩管理——RANK、CHOOSE、INDEX 和 MATCH 函数的应用

实训说明

本实训通过应用 Excel 函数来分析各门课程的考试成绩，其效果如实训项目图 24.1 所示。

	A	B	C	D	E	F	G	H
1	机械学院数控0602班第一学期成绩排行榜							
2								
3	姓名	大学语文	大学英语	高等数学	总分	平均成绩	名次	平均成绩等级
4	王小志	10	61	60	131	43.67	8	E
5	游一圣	75	76	60	211	70.33	5	C
6	向筱慧	80	72	88	240	80.00	2	B
7	马小逸	97	85	92	274	91.33	1	A
8	洪心欣	70	68	80	218	72.67	3	C
9	谢国昱	84	64	70	218	72.67	3	C
10	陈可云	0	56	63	119	39.67	9	E
11	徐晓翎	51	63	67	181	60.33	6	D
12	程义洲	50	49	52	151	50.33	7	E
13	及格率	56%	78%	89%		67%		

实训项目图 24.1

在学校的教学过程中，对学生成绩进行分析和处理是必不可少的。为了在教与学的过程中提高学生成绩，需要对学生的考试成绩进行认真的分析，这就要求计算出与之相关的一些数值：如每一名学生的总分及名次、平均成绩，各门课程的及格率，平均成绩等级，成绩查询，等等。如果用 Excel 来处理这些数据，则会非常简单。

本实训知识点涉及 RANK、CHOOSE、INDEX 和 MATCH 函数。

实训步骤

1．新建工作簿

在工作表 Sheet1 的第 1 行输入表名“机械学院数控 0602 班第一学期成绩排行榜”。按照实训项目图 24.2 所示建立字段，并输入数据，进行格式的美化。

	A	B	C	D	E	F	G	H
1	机械学院数控0602班第一学期成绩排行榜							
2								
3	姓名	大学语文	大学英语	高等数学	总分	平均成绩	名次	平均成绩等级
4	王小志	10	61	60				
5	游一圣	75	76	60				
6	向筱慧	80	72	88				
7	马小逸	97	85	92				
8	洪心欣	70	68	80				
9	谢国昱	84	64	70				
10	陈可云	0	56	63				
11	徐晓翎	51	63	67				
12	程义洲	50	49	52				
13	及格率							

实训项目图 24.2

2．求各种分数

① 求总分。在 E4 单元格内输入公式“=SUM（B4:D4）”，按 Enter 键结束公式的输入，便可求得王小志的总分。然后将光标移到 E4 单元格内，单击该单元格右下角的填充句柄，当

光标变成黑十字形状时将其拖曳至 E12（最后一名学生对应的单元格），松开鼠标左键，通过填充方式完成函数的复制，即可得到其他学生的总分。

② 求平均成绩。用 AVERAGE 函数完成，其方法参见实训项目 21。

说明： 在默认情况下，使用 AVERAGE 函数时，Excel 会忽略空白的单元格，但是它并不忽略数值为 0 的单元格。要想忽略数值为 0 的单元格来计算平均分，要换一种方法来实现，这时需要用到 COUNTIF 函数，其语法为 COUNTIF(Range,Criteria)，其含义是计算某个区域中满足给定条件的单元格的数目。本实训求 B4:D4 的平均成绩时，如果忽略数值为 0 的单元格，可以这样计算：SUM(B4:D4)/COUNTIF(B4:D4,"<>0")。

3．排列名次

方法一：利用 IF 函数

① 选择菜单“数据”→“排序”命令，在弹出的“排序”对话框中设置“总分”按降序方式排序。

② 在名次所在的 G4 单元格内输入 1（因为总分从高到低排序，当然是第一名），接着将鼠标移至 G5 单元格并输入公式“=IF(E5=E4,G4,G4+1)”，该公式的含义为：如果此行的总分 E5 与上一行学生的总分 E4 相同，那么此学生名次与上一名学生相同，否则比上一名次 G4 增 1。输入完毕即可计算出该行学生对应的名次，最后从 G5 单元格拖动填充句柄到结束处，则可计算出该列的所有名次。

方法二：利用 RANK 函数

① 在 G4 单元格内输入公式“=RANK(E4,$E$4:$E$12) ”，按 Enter 键可计算出 E4 单元格内的总分在班内的名次。

② 再选定 E4 单元格，把鼠标指针移动到填充句柄上并按下鼠标左键拖曳至 E12 单元格，即可计算出其他总分在班内的名次。

说明： RANK 函数是 Excel 中计算序数的主要工具，其语法格式为：RANK (Number,Ref,Order)，其中 Number 为参与计算的数字或含有数字的单元格，Ref 是对参与计算的数字单元格区域的绝对引用，Order 是用来说明排序方式的数字（如果 Order 值为 0 或省略，则以降序方式给出排序结果，反之则按升序方式）。

在计算过程中需要注意两点：首先，当 RANK 函数中的 Number 不是一个数时，其返回值为“#VALUE!”，影响美观。另外，Excel 有时将空白单元格当成数值 0 处理，造成所有成绩空缺者都列于最后一名，也不甚妥当。此时，可将上面的公式“=RANK(E4,$E$4:$E$12)”更改为“=IF(ISNUMBER(E4),RANK(E4,$E$4:$E$12),"")”。其含义是先判断 E4 单元格内是否有数值，若有则计算名次，若无则空白。其次，当使用 RANK 函数计算名次时，相同分数对应的名次也相同，这会造成后续名次的占位，但这并不影响工作。

以上两种方法均可实现无规律数列的排序，方法一需要预先给分数排序，若出现分数相同的现象则顺延后续名次，此时末位名次值小于学生总人数；方法二只需用 RANK 函数即可，最后名次值与总人数相同。

思考：如果使用方法一实现方法二的结果，如何对方法一进行改进？

4．将平均成绩划分等级

① 在 H4 单元格内输入公式“=CHOOSE(INT(F4)/10+1,"E","E","E","E","E","E","D","C","B","A")”，按 Enter 键可计算出王小志的平均成绩所对应的等级。函数 CHOOSE（INT（分数/相邻等级分数之差）+1，相应的等级列表）”中等级列表的项数应如下计算：满分/相邻等级分数之差取整再加 1。

② 再选定 H4 单元格，用函数填充方法拖动鼠标到 H12（最后一名学生对应的单元格）即可计算出其他学生平均成绩所对应的等级。

说明：CHOOSE 函数的语法格式为：CHOOSE(index_num,value1,value2,…)。使用函数 CHOOSE 可以返回基于索引号 index_number 多达 29 个待选数值中的任意一个数值。例如，如果考试的计分方法是：100～120 为 A，90～99 为 B，80～89 为 C，70～79 为 D，60～69 为 E，60 分以下为 F，则使用公式：“=CHOOSE(INT(分数/10)+1, "F","F","F","F","F","F","E","D","C","B","A","A")”。如某学生的成绩为 112，则 INT 函数计算结果为 11，加 1 后得到结果为“A”。

5．求及格率

及格率即一个班级中某一成绩大于或等于 60 分的比例。例如，B4:B12 中是某班级学生的大学语文成绩，可以这样求这门课程该班级的及格率：在 B13 单元格中输入公式“=COUNTIF(B4:B12,">=60")/COUNT(B4:B12)”，同理可求得另外两门课程和平均成绩的及格率。

6．快速完成成绩的查询

① 双击工作表名称“Sheet2”，将其重命名为“按姓名查询”。在“按姓名查询”工作表中，建立如实训项目图 24.3 所示的表格。

② 单击 B2 单元格，输入欲查询成绩的学生的姓名。

③ 单击 B3 单元格，在其中输入“=INDEX(成绩名次!$A$4:$H$12,MATCH($B$2,成绩名次!$A$4:$A$12,0),MATCH(A3,成绩名次!$A$3:$H$3,0))”，按 Enter 键，则可得到这名学生的姓名。再选定 B3 单元格，利用填充句柄往下填充即可得到“大学语文”、“大学英语”等其余各项的内容，如实训项目图 24.4 所示。

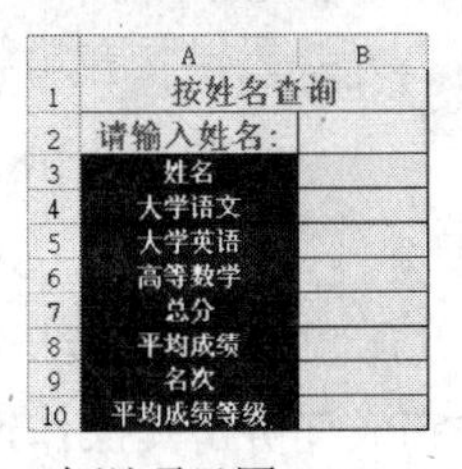

	A	B
1	按姓名查询	
2	请输入姓名:	
3	姓名	
4	大学语文	
5	大学英语	
6	高等数学	
7	总分	
8	平均成绩	
9	名次	
10	平均成绩等级	

实训项目图 24.3

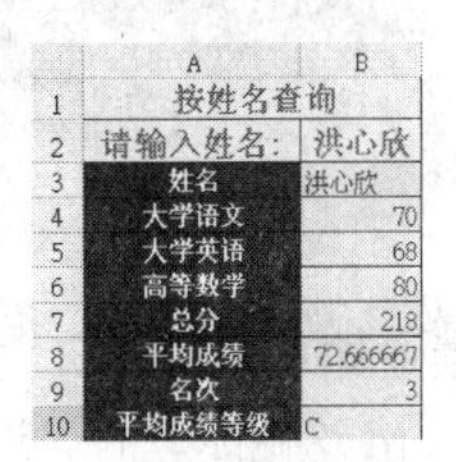

	A	B
1	按姓名查询	
2	请输入姓名:	洪心欣
3	姓名	洪心欣
4	大学语文	70
5	大学英语	68
6	高等数学	80
7	总分	218
8	平均成绩	72.666667
9	名次	3
10	平均成绩等级	C

实训项目图 24.4

此后，就可以按照需要，在相应查询类工作表的 B2 单元格中输入要查询成绩的学生的姓名，按 Enter 键，则该学生的相关信息就会显示出来，十分方便。

说明：① INDEX 函数返回列表或数组中的元素值，此元素由行序号和列序号的索引值给定。数组形式是：INDEX(array,row_num,column_num)。其中，array 为单元格区域或数组常量，row_num 为数组中某行的行序号，column_num 为数组中某列的列序号。例如，=INDEX(成绩名次!A4:D12,3,4) 返回单元格区域 A4:D12 的第三行和第四列交叉处的值（88）。

② MATCH 函数返回在指定方式下与指定数值相匹配的数组中元素的相应位置。例如，=MATCH("总分",成绩名次!A3:H3,0)返回数据区域成绩名次!A3:H3 中总分的位置（5）。如果需要找出匹配元素的位置而非匹配元素本身，则应该使用 MATCH 函数而不是 LOOKUP 函数。

实训项目 25　打印学生成绩通知单——VLOOKUP 函数的使用

实训说明

本实训介绍一种只使用 Excel 制作学生成绩通知单的方法，其效果如实训项目图 25.1 所示。

	A	B	C	D	E
1	学生成绩通知单				
2					
3	马小逸	同学家长:	您好!		
4	春节即将到来，首先给您拜年，祝您及您的家人生活愉快，万事如意！ 是您的信任，才将子女送到了我们学校，是您的支持与关心，我校才能快速发展。为了让您对孩子在学校的学习情况有进一步的了解，下面把您孩子的学习情况向您做一汇报。				
5	班级:机械学院数控1002班				2011年1月20日
6	大学语文	大学英语	高等数学	总分	平均成绩
7	97	85	92	274	91.33333333
8	名次	平均成绩等级	本班大学语文及格率	本班大学英语及格率	本班高等数学及格率
9	1	A	56%	78%	89%
10	尊敬的家长，2011年学校仍将遵循以人为本，“一切为了学生，为了学生的一切，为了一切学生”的办学理念，乘着改革发展的契机，向示范性职业技术学院的目标努力探索，不断进取。 最后，感谢您对我们工作的一贯支持，再次祝您春节愉快，阖家欢乐。				

实训项目图 25.1

制作学生成绩通知单是每位班主任必须做的工作，以往制作学生成绩通知单的一般方法是使用 Excel 与 Word 这两个软件，通过邮件合并的方法完成任务。其操作过程虽然不能说是繁琐，但也够摸索好一阵的。现在介绍一种只使用 Excel 制作学生成绩通知单的方法，其过程十分简单，只需使用一个函数就能够完成。

本实训知识点涉及条件格式和 VLOOKUP 函数

1．新建工作簿

按照实训项目图 25.2 建立各个字段，并输入数据，然后进行格式上的美化，再进行成绩的统计和分析（格式美化和成绩统计分析的过程不再赘述）。也可以直接使用实训项目 24 中的工作簿，但在本实训中增加了一列“学号”，其单元格区域 A4：A12 中的数字为文本格式。

	A	B	C	D	E	F	G	H	I
1	机械学院数控1002班第一学期成绩排行榜								
2									
3	学号	姓名	大学语文	大学英语	高等数学	总分	平均成绩	名次	平均成绩等级
4	060201	王小志	10	61	60	131	43.67	8	E
5	060202	游一圣	75	76	60	211	70.33	5	C
6	060203	向筱慧	80	72	88	240	80.00	2	B
7	060204	马小逸	97	85	92	274	91.33	1	A
8	060205	洪心欣	70	68	80	218	72.67	3	C
9	060206	谢国昱	84	64	70	218	72.67	3	C
10	060207	陈可云	0	56	63	119	39.67	9	E
11	060208	徐晓翎	51	63	67	181	60.33	6	D
12	060209	程义洲	50	49	52	151	50.33	7	E
13		及格率	56%	78%	89%		67%		

实训项目图 25.2

2．制作学生成绩通知单

通常学生成绩通知单中有部分文字是相同的，按需输入即可。本实训的学生成绩通知单为了达到美观大方，需要对其进行格式上的美化。下面介绍利用条件格式美化学生成绩通知单的过程。

① 条件格式让行列更清晰。在利用 Excel 处理一些数据较多的表格时，经常会感到眼花缭乱，很容易产生错行错列，造成麻烦。这时非常希望行或列的间隔设置成不同格式，这样看起来就不那么费劲了。当然，逐行或逐列设置是不太可取的方式，太费精力。利用条件格式可以很轻松地完成这项工作。具体方法是：先选中需要设置格式的所有单元格区域，然后单击菜单“格式”→“条件格式”命令，在打开的“条件格式”对话框中，在最左侧的下拉式列表中单击“公式”，然后在其右侧的编辑栏中输入公式：=MOD(ROW()+1,2)，单击下方的“格式”按钮，在弹出的“单元格格式”对话框中单击“图案”选项卡，指定单元格底纹的填充颜色，如实训项目图 25.3 所示，单击“确定”按钮，就可以得到如实训项目图 25.4 所示的效果。

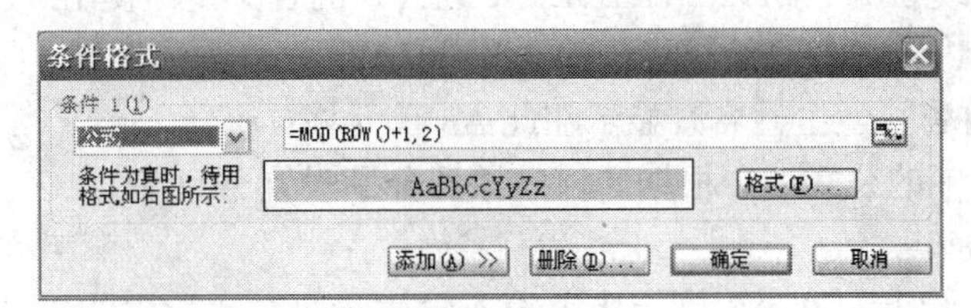

实训项目图 25.3

如果希望在第一行也添加颜色，那么只需将公式改为“=MOD(ROW(),2)”就可以了。

如果要间隔两行添加填充颜色而非如图所示的间隔一行，那么只需将公式改为“=MOD(ROW(),3)”就可以了。如果要间隔 4 行，就将“3”改为“4”，以此类推，很简单吧？也可以尝试在公式中“ROW()”的后面加上“+2”或“+3”等，看看结果有何不同？

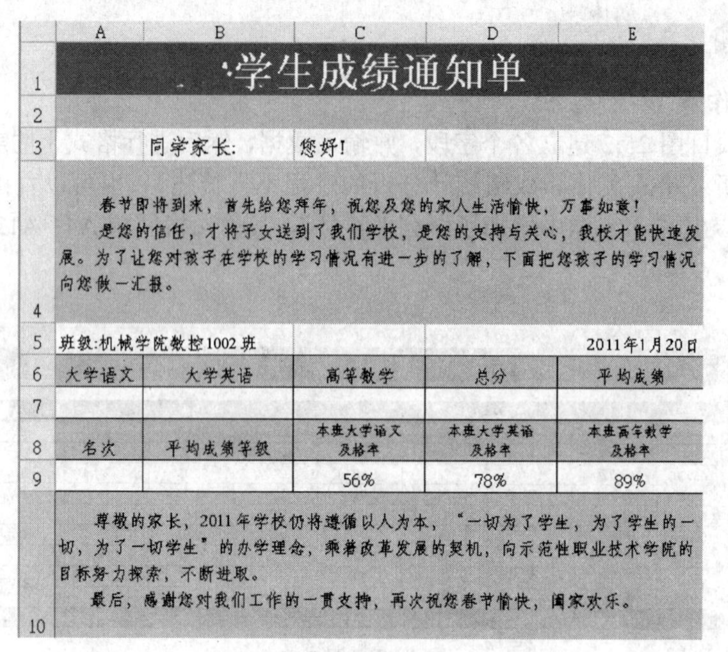
学生成绩通知单

同学家长: 您好!

春节即将到来，首先给您拜年，祝您及您的家人生活愉快，万事如意!
是您的信任，才将子女送到了我们学校，是您的支持与关心，我校才能快速发展。为了让您对孩子在学校的学习情况有进一步的了解，下面把您孩子的学习情况向您做一汇报。

班级:机械学院数控1002班　　2011年1月20日

大学语文	大学英语	高等数学	总分	平均成绩
名次	平均成绩等级	本班大学语文及格率	本班大学英语及格率	本班高等数学及格率
		56%	78%	89%

尊敬的家长，2011年学校仍将遵循以人为本，“一切为了学生，为了学生的一切，为了一切学生”的办学理念，乘着改革发展的契机，向示范性职业技术学院的目标努力探索，不断进取。
最后，感谢您对我们工作的一贯支持，再次祝您春节愉快，阖家欢乐。

实训项目图 25.4

如果希望让列间隔添加颜色，那么只需将上述公式中的“ROW”改为“COLUMN”就可以达到目的。

说明：本实训主要用到下面几个函数:

(1) MOD (Number, Divisor): 返回两数相除的余数，其结果的正负号与除数相同。其中 Number 为被除数，Divisor 为除数。

(2) ROW (Reference): Reference 为需要得到其行号的单元格或单元格区域。本实训中省略 Reference，那么 Excel 会认定是对函数 ROW 所在单元格的引用。

(3) COLUMN (Reference): 与 ROW (Reference) 一样，只不过所返回的是列标。

② 设置学生成绩通知单。A2 单元格是输入学生学号的地方。A3 单元格内的公式是“=VLOOKUP(A2,成绩名次!A4:I12,2,FALSE)”，此公式的含义是：使用 VLOOKUP 查询函数，根据 A2 单元格中的内容，在成绩排行榜的 A4 到 I12 单元格进行查询，把查询到相同内容行的第 2 个单元格的内容（学生姓名）显示在此 A3 单元格。

理解 A3 单元格中的公式后，根据同样的原理分别设置 A7、B7、C7、D7、E7、A9、B9 这些单元格中的公式。

完成公式的输入之后，在 A2 单元格中输入学生学号，此学生的成绩会自动填写到相应的单元格里。为了使打印出来的通知单比较美观，把 A2 单元格的底色和文字设置为相同的颜色。

③ 设置页面。打印学生成绩通知单一般使用 16 开纸张，单击菜单“文件”→“页面设置”命令，在弹出的“页面设置”对话框中，选取“页面”选项卡，把纸张大小设置为 16K 即可（见实训项目图 25.5）。然后，选取“页边距”选项卡，设置上、下、左、右页边距后，

再选中水平居中和垂直居中对齐方式，如实训项目图 25.6 所示，单击“确定”按钮。

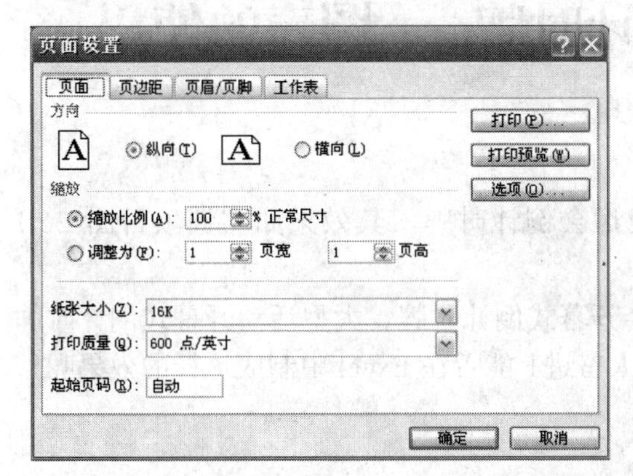

实训项目图 25.5

实训项目图 25.6

④ 打印预览或打印。在使用过程中，只需改变 A2 单元格内的学生学号即可分别打印出各名学生的成绩通知单。

经验技巧

Excel 使用技巧三

1．Excel 快速定位技巧

在 Excel 中，要到达某一单元格，一般是使用鼠标拖动滚动条的方式来进行，但是如果数据范围超出屏幕显示范围或数据行数非常多，想快速定位到某一单元格就有点麻烦了。其实可以使用定位功能迅速到达目标单元格。

例 1：要选中 Y2011 单元格（或快速移动到 Y2011 单元格），可以使用菜单“编辑”→“定位”命令，在引用位置输入“Y2011”后按 Enter 键即可。

例 2：要选中 Y 列的 2007～2011 行的单元格，按照相似的方法，在引用位置输入“Y2007:Y2011”后按 Enter 键即可。

例 3：要选中 2011 行的单元格，可以在引用位置输入“2011:2011”并按 Enter 键即可。

例 4：要选中 2007～2011 行的单元格，可以在引用位置输入“2007:2011”并按 Enter 键即可。

2．如何避免复制被隐藏的内容

在 Excel 中，在将一张工作表的部分内容复制到另一张工作表时，一般会想到把不需要的行、列隐藏起来再进行复制，但当内容被粘贴到另一个工作表时，被隐藏的部分又自动显示出来。有没有办法避免把被隐藏的内容进行复制呢？当然有。解决方法如下。

首先把不需要的行或列隐藏起来，然后把显示内容全部选中，单击菜单“编辑”→“定位”命令，在弹出的“定位”对话框中单击“定位条件”按钮，进入“定位条件”对话框（如图所示），选中“可见单元格”单选按钮后，单击“确定”按钮。接下来指向所选内容进行复制，切换到另一个工作表中，执行“粘贴”操作即可。

实训项目 26　奥运会倒计时牌——图表的使用

实训说明

本实训利用函数和图表在 Excel 中制作奥运会倒计时牌，其效果如实训项目图 26.1 所示。

在生活中常常会看到工程倒计时牌、运动会开幕式倒计时牌、大型活动开幕式倒计时牌等，这是多么鼓舞人心！它如擂起阵阵战鼓，催人奋进！能否在 Excel 中制成这样的效果呢？能！而且还非常简单。

本实训知识点涉及图表的运用和函数功能。

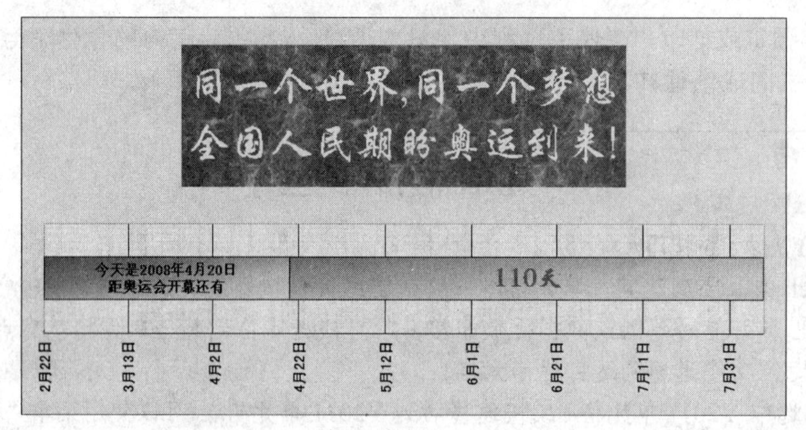

实训项目图 26.1

实训步骤

1．新建工作簿

按照实训项目图 26.2，建立工作表。

	A	B	C	D
1		迎"奥运"倒计时		
2		系统日期	倒计时天数	开幕时间
3	倒计时	今天是2008年4月20日距奥运会开幕还有	110	2008-8-8

实训项目图 26.2

① 在单元格 B3 中，输入系统时间：=TODAY( )。

② 在单元格 D3 中，输入奥运会开幕日期。

③ 在单元格 C3 中，有两种实施方案：

一是从开始就进行倒计时，二是距奥运会开幕日期为若干天进行倒计时（如 150 天）。

从开始就进行倒计时：C3=D3−B3；距奥运会开幕日期为若干天进行倒计时：C3 =IF(D3−B3<150, D3−B3," ")。

④ 为了使 B3 单元格中出现"今天是 2008 年 4 月 20 日距奥运会开幕还有"，可进行单元格格式设置：

在“单元格格式”对话框的“类型”文本框中按实训项目图 26.3 输入“今天是 2008 年 4 月 20 日距奥运会开幕还有”。

2．利用图表作图

① 选中 A2:C3→图表向导→条形图→堆积条形图，如实训项目图 26.4 所示。

② 单击“下一步”按钮。

③ 数据区域：系列产生在列。

④ 单击“下一步”按钮，输入标题“同一个世界，同一个梦想全国人民期盼奥运到来!”→选择网格线→勾销图例→数据标志：显示 V 值，单击“下一步”按钮直至完成。

如实训项目图 26.5 所示。

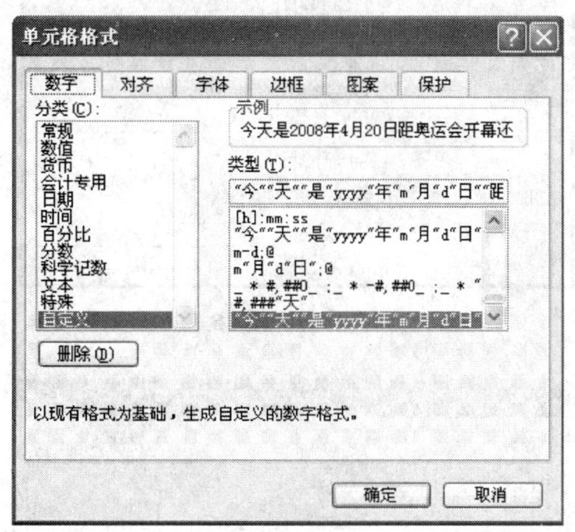

实训项目图 26.3

实训项目图 26.4

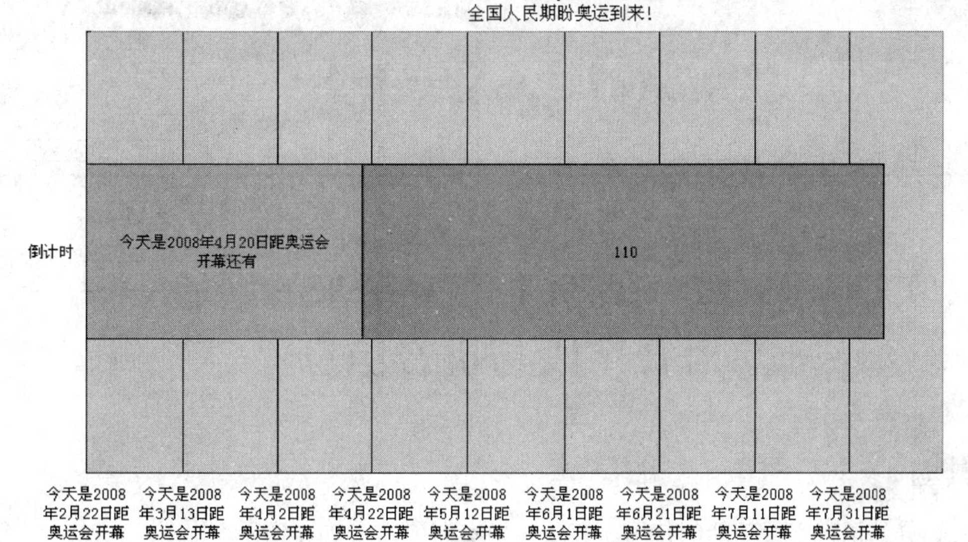

实训项目图 26.5

⑤ 分别按实训项目图 26.6、实训项目图 26.7、实训项目图 26.8 对坐标轴进行格式设置。

⑥ 清除分类轴。

⑦ 为了将天数“110”显示为“110 天”，选中实训项目图 26.5 中堆积条形图上的数字“110”进行格式设置，如实训项目图 26.9 所示。

其余格式的调整请读者自行练习。

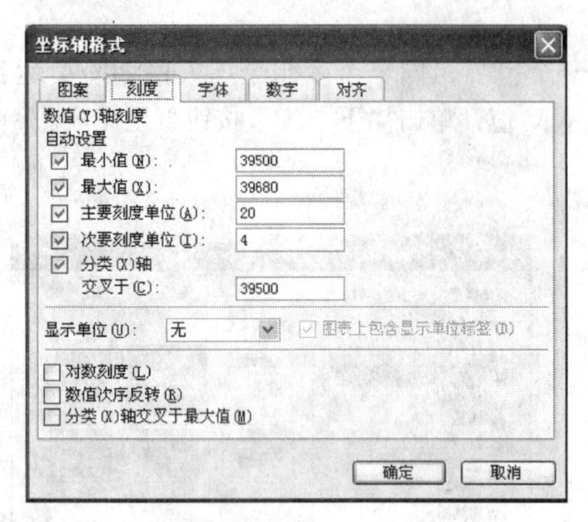

实训项目图 26.6

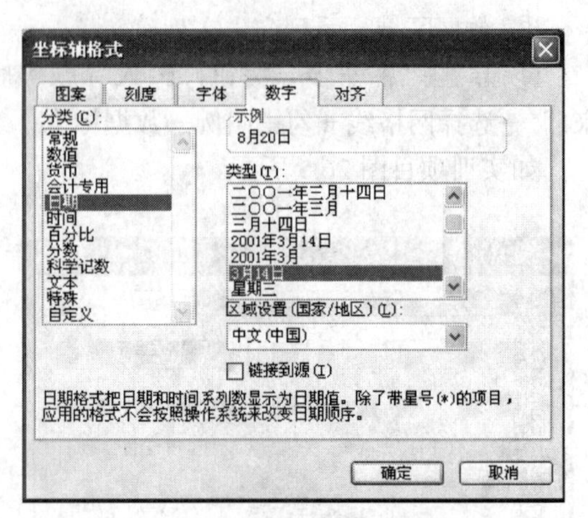

实训项目图 26.7

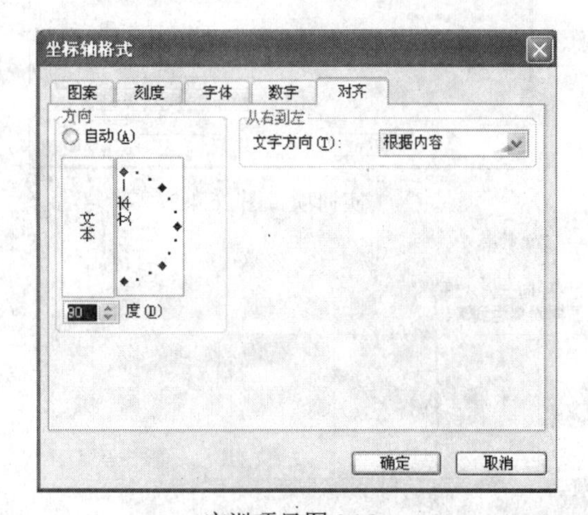

实训项目图 26.8

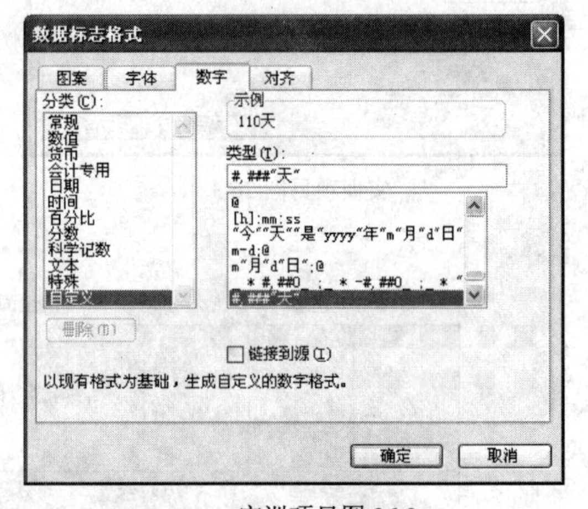

实训项目图 26.9

实训项目 27　消除生僻字带来的尴尬——语音字段与拼音信息

实训说明

本实训介绍语音字段功能的使用，其效果如实训项目图 27.1 所示。

在日常的工作表中，经常会遇到一些生僻字，影响了对内容的理解。Excel 能够很好地解决该问题，它的语音字段功能允许用户为这些生僻字加上拼音注释，再也不用每次看表都查字典了。

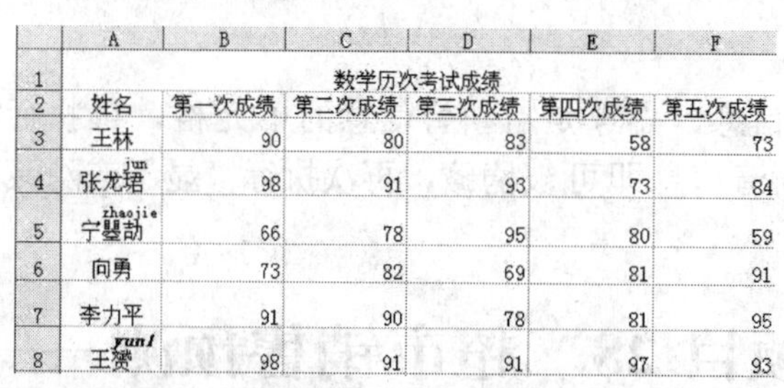

	A	B	C	D	E	F
1	数学历次考试成绩					
2	姓名	第一次成绩	第二次成绩	第三次成绩	第四次成绩	第五次成绩
3	王林	90	80	83	58	73
4	jun 张龙珺	98	91	93	73	84
5	zhaojie 宁礐劼	66	78	95	80	59
6	向勇	73	82	69	81	91
7	李力平	91	90	78	81	95
8	yun1 王赟	98	91	91	97	93

实训项目图 27.1

本实训知识点涉及语音字段的隐藏和显示、拼音信息。

实训步骤

1．新建工作簿

按照实训项目图 27.2 输入工作表“数学历次考试成绩”。

	A	B	C	D	E	F
1	数学历次考试成绩					
2	姓名	第一次成绩	第二次成绩	第三次成绩	第四次成绩	第五次成绩
3	王林	90	80	83	58	73
4	张龙珺	98	91	93	73	84
5	宁礐劼	66	78	95	80	59
6	向勇	73	82	69	81	91
7	李力平	91	90	78	81	95
8	王赟	98	91	91	97	93

实训项目图 27.2

其中有几个生僻字“珺”、“礐”、“劼”、“赟”，如果想让其他人都能顺利地读出这几个字，最好为其加上拼音信息。

2．添加拼音信息

选中“珺”字所在的单元格 A4，选择菜单“格式”→“拼音指南”命令，弹出如实训项目图 27.3 所示的子菜单。

首先在 A4 单元格内执行“编辑”命令，如实训项目图 27.4 所示，在此单元格的生僻字上方出现一个文本框，输入“珺”字的读音“jun”，按 Enter 键结束输入。此时单元格 A4 恢复如常。

同理，给其他生僻字“礐”、“劼”、“赟”添加拼音信息，其中“赟”的读音“yun1”中的 1 表示平声。

3．定制拼音信息

执行实训项目图 27.3 中的“设置”命令，弹出如实训项目图 27.5 所示的“拼音属性”对话框，按照自己想要的效果加以选择。单击“确定”按钮，完成输入。最终效果如实训项目图 27.1 所示。

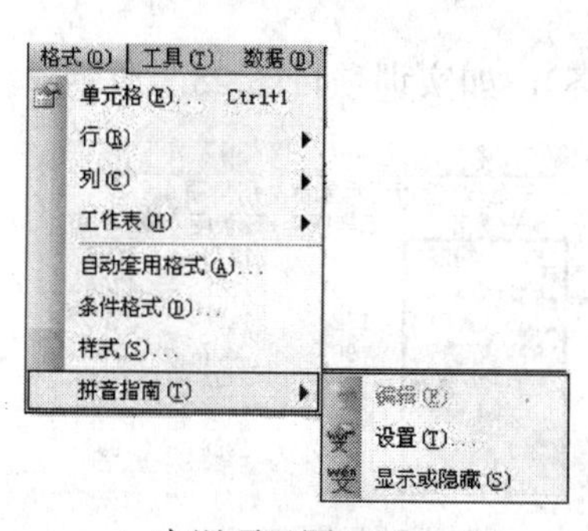

实训项目图 27.3

实训项目图 27.4

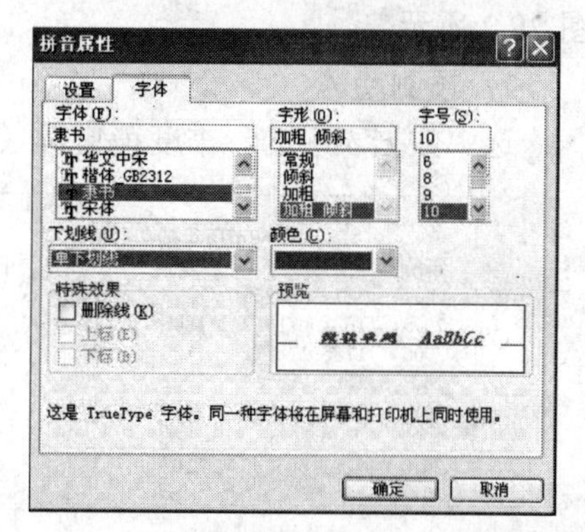

实训项目图 27.5

4．特殊情况处理

若不需要显示拼音信息，先选定有拼音信息的单元格，再执行实训项目图 27.3 所示的“显示或隐藏”命令，拼音信息即可被隐藏，再次执行“显示或隐藏”命令，拼音信息又可以显示出来了。

实训项目 28　超市销售预测——Excel 序列与趋势预测

实训说明

本实训介绍利用时间序列分析和预测销售情况，其效果如实训项目图 28.1 所示。

	A	B	C	D	E	F	G
1		“家世界”超市历年副食品销售额					
2		年份	一季度	二季度	三季度	四季度	
3		2004	1576.964286	1491.893	1632.071	1789.607	
4		2005	1681.071429	1623.643	1724.571	1882.786	
5		2006	1785.178571	1755.393	1817.071	1975.964	
6		2007	1889.285714	1887.143	1909.571	2069.143	
7		2008	1993.392857	2018.893	2002.071	2162.321	
8		2009	2097.5	2150.643	2094.571	2255.5	
9		2010	2201.607143	2282.393	2187.071	2348.679	
10		2011	2305.714286	2414.143	2279.571	2441.857	

实训项目图 28.1

在经济预测学中，时间序列预测是一种常用的统计方法。专家认为各种经济指标随着时间的演变所构成的时间序列在先后之间总是存在联系的，因此，通过对某经济指标的时间序列进行分析和研究，就有可能了解这种指标的变化规律，从而有可能对未来的变化进行预测。这种对时间序列所进行的统计分析，称为时间序列分析。而时间序列反映出来的则是一组数据序列。使用 Excel 提供的序列填充功能，就可以进行粗略的预测。

本实训知识点涉及序列、预测趋势的方法。

实训步骤

1．新建工作簿

在工作表中输入字段和样本记录。分别输入 2004—2011 年间超市副食品销售额数据，并在数据表的最后一行预留出要预测的 2011 年销售额将要放置的单元格，如实训项目图 28.2 所示。

2．预测趋势

选中数据表中的一季度销售额（包含 2011 年空的单元格），如实训项目图 28.3 所示。

	A	B	C	D	E
1	“家世界”超市历年副食品销售额				
2	年份	一季度	二季度	三季度	四季度
3	2004	1576.964286	1250	1730	1650
4	2005	1681.071429	1803	1840	1760
5	2006	1785.178571	1720	1256	1783
6	2007	1889.285714	1901	2307	2800
7	2008	1993.392857	2304	1740	2103
8	2009	2097.5	2100	2506	2405
9	2010	2201.607143	2105	1988	1983
10	2011				

实训项目图 28.2

	A	B	C	D	E
1	“家世界”超市历年副食品销售额				
2	年份	一季度	二季度	三季度	四季度
3	2004	1576.964286	1250	1730	1650
4	2005	1681.071429	1803	1840	1760
5	2006	1785.178571	1720	1256	1783
6	2007	1889.285714	1901	2307	2800
7	2008	1993.392857	2304	1740	2103
8	2009	2097.5	2100	2506	2405
9	2010	2201.607143	2105	1988	1983
10	2011				

实训项目图 28.3

选择菜单“编辑”→“填充”命令，弹出子菜单，如实训项目图 28.4 所示。

执行实训项目图 28.4 中的“序列”命令，弹出相应的“序列”对话框，选择其中的“预测趋势”复选项，如实训项目图 28.5 所示。单击“确定”按钮，返回编辑状态，可以看到空白单元格中已经填充了数字。

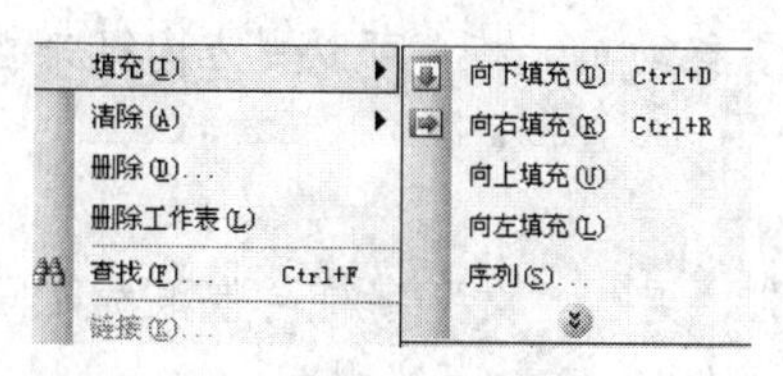

实训项目图 28.4

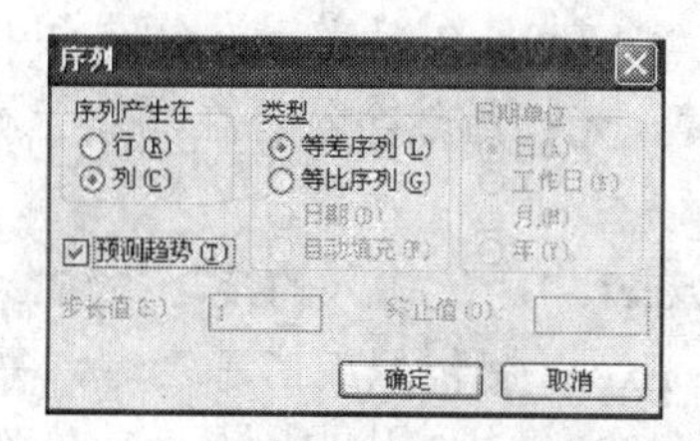

实训项目图 28.5

按照上述步骤，对二、三、四季度的销售额进行预测。在最后的结果中，可以发现预测趋势的结果不但得到 2011 年 4 个季度销售额的预测值，而且还根据序列的预测趋势对原来的数据进行了很好的修正，调整首列位置后的最终结果如实训项目图 28.1 所示。

说明： 在使用序列预测趋势时，根据用户选择的序列类型不同（等比序列、等差序列），则结果也不同。使用“序列”命令时，可以手动控制等差序列或等比序列的生成方法，并可利用键盘输入数据。

等差序列是按照最小二乘法（$y=mx+b$）由初始值生成的。

等比序列是按照指数型曲线拟合算法（$y=b\times m^x$）生成的。

无论处于何种情况，均会忽略步长值。所创建的序列值等价于 TREND 函数或 GROWTH 函数的返回值。

总的来说，序列预测是误差较大的一种预测方法，要想达到更高的预测精度，还要考虑其他因素。

经验技巧

Excel 使用技巧四

1．用 Excel 函数快速录入 26 个英文字母

可用 Excel 函数转换来实现 26 个英文字母的自动填充：

如果从 A2 单元格开始向下输入“A、B、C、…”，先在 A2 单元格中输入公式：=CHAR(65+ROW( )-2)，然后用填充句柄向下拖曳即可；如果从 B2 单元格开始向右输入“A、B、C、…”，先在 B2 单元格中输入公式：=CHAR(65+COLUMN( )-2)，然后用填充句柄向右拖曳即可。

注意：（1）如果要输入小写字母序列，只要将上述两个公式分别修改一下就可以了：=CHAR(97+ROW( )-2)；=CHAR(97+COLUMN( )-2)

（2）也可以将字母做成内置序列，同样可以实现快速输入。

2．Excel 中固定光标

在 Excel 中，有时为了测试公式，需要在某个单元格中反复输入数据。能否让光标始终固定在一个单元格中？

让光标始终固定在一个单元格中，可以通过下面两种方法来实现。

方法一：选中要输入数据的单元格（如 D6），按住 Ctrl 键，再单击该单元格，然后就可以在此单元格中反复输入数据了。

方法二：执行菜单“工具”→“选项”命令，打开“选项”对话框，选择“编辑”选项卡，清除“按 Enter 键后移动”复选框中的勾选状态即可。以后在任意一个单元中输入数据后按 Enter 键，光标仍然会停留在原单元格中。如果要移动单元格，可以用方向键来控制，非常简便。

3．Excel 中简化输入的技巧举例

在用 Excel 制作职工信息表时，每次输入性别“男”、“女”字样会很浪费时间。若想只输入“1”、“2”，然后由 Excel 自动替换为“男”、“女”。应如何实现？

如果要想操作简单，可以在输入完“1”、“2”后用替换功能将这一列数据替换为“男”、“女”，不过这样不够自动化。在输入之前，先对这一列数据的格式进行设置，便可自动更正了。

选中要替换的单元格区域，右击后在快捷菜单中选择“设置单元格格式”，出现“单元格格式”对话框，在“数字”选项卡的“分类”列表框中选择“自定义”，然后在“类型”文本框中输入“[=1]"男";[=2]"女"”（不包括最外层的中文引号），单击“确定”按钮，在该列输入“1”即可自动显示为“男”。

4．将两个单元格的内容进行合并

使用 CONCATENATE 函数即可合并不同单元格的内容。如在 C1 单元格中输入“=CONCATENATE(A1,B1)”，则可将 A1、B1 两个单元格中的数据合并在 C1 单元格中。C 列下面的单元格直接复制 C1 单元格公式就行了。

实训项目 29　中超足球战况统计——IF 函数的使用

实训说明

本实训制作中超足球战况积分与进、失球数的统计，其效果如实训项目图 29.1 所示。

	A	B	C	D	E	F	G	H	I	J	K	L	M
1	中超第二轮战况和积分表									第一轮积分			
2	队名	对手队名	进球数	失球数	胜	平	负	积分		胜	平	负	积分
3	上海申花	辽宁宏运	2	0	1	1	0	4			1		1
4	陕西中新	武汉光谷	1	0	2	0	0	6		1			3
5	北京国安	天津泰达	1	2	0	0	2	0				1	0
6	成都谢菲联	广州中一	0	0	0	1	1	1				1	0
7	天津泰达	北京国安	1	2	0	0	2	0				1	0
8	山东鲁能	长春亚泰	2	0	1	0	1	3				1	0
9	青岛盛文	浙江绿城	2	1	1	1	0	4			1		1
10	河南四五	深圳香雪	1	2	0	1	1	1			1		1
11	大连海昌	长沙金德	0	2	0	1	1	1			1		1
12	辽宁宏运	上海申花	2	1	1	1	0	4			1		1
13	广州中一	成都谢菲联	0	0	1	1	0	4		1			3
14	长春亚泰	山东鲁能	2	1	2	0	0	6		1			3
15	长沙金德	大连海昌	3	0	2	0	0	6		1			3
16	深圳香雪	河南四五	0	2	0	1	1	1			1		1
17	浙江绿城	青岛盛文	1	2	0	0	2	0				1	0
18	武汉光谷	陕西中新	0	1	0	1	1	1			1		1
19	本轮最多的进球数：		3										

实训项目图 29.1

用 Excel 的 IF 函数处理中超足球联赛的积分以及作胜、负、平场累计数的快速统计。

本实训知识点涉及条件函数和最大值函数。

1．新建工作簿

在工作表 Sheet1 第 1 行输入表名“中超第二轮战况和积分表”，在第 2 行输入各项目名称，并填入相关数据，如实训项目图 29.2 所示。

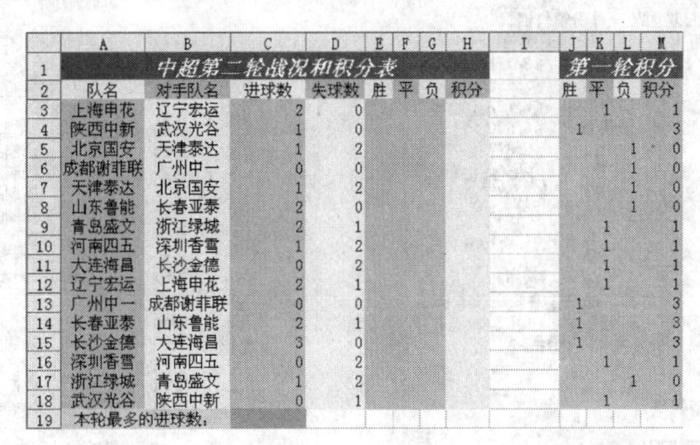

	A	B	C	D	E	F	G	H	I	J	K	L	M
1	中超第二轮战况和积分表									第一轮积分			
2	队名	对手队名	进球数	失球数	胜	平	负	积分		胜	平	负	积分
3	上海申花	辽宁宏运	2	0							1		1
4	陕西中新	武汉光谷	1	0						1			3
5	北京国安	天津泰达	1	2								1	0
6	成都谢菲联	广州中一	0	0								1	0
7	天津泰达	北京国安	1	2								1	0
8	山东鲁能	长春亚泰	2	0								1	0
9	青岛盛文	浙江绿城	2	1							1		1
10	河南四五	深圳香雪	1	2							1		1
11	大连海昌	长沙金德	0	2							1		1
12	辽宁宏运	上海申花	2	1							1		1
13	广州中一	成都谢菲联	0	0						1			3
14	长春亚泰	山东鲁能	2	1						1			3
15	长沙金德	大连海昌	3	0						1			3
16	深圳香雪	河南四五	0	2							1		1
17	浙江绿城	青岛盛文	1	2								1	0
18	武汉光谷	陕西中新	0	1							1		1
19	本轮最多的进球数：												

实训项目图 29.2

2．计算胜场、平场、负场数

胜场数：选择单元格 E3，输入公式“=IF(C3>D3,J3+1,J3)”，按 Enter 键结束公式的输入，其他各队用公式填充完成。

平场数：选择单元格 F3，输入公式“=IF(C3=D3,K3+1,K3)”，按 Enter 键结束公式的输入，其他各队用公式填充完成。

负场数：选择单元格 G3，输入公式“=IF(C3<D3,L3+1,L3)”，按 Enter 键结束公式的输入，其他各队用公式填充完成。

3．计算积分

选择单元格 H3，输入公式“=IF(C3>D3,M3+3, IF(C3=D3,M3+1,M3))”，按 Enter 键结束公式的输入，其他各队用公式填充完成。

4．求最多进球数

选择单元格 C19，输入公式“=MAX(C3:C18)”，即可求出最多进球数。

实训项目 30　某公司部分销售情况统计——DSUM 函数的使用

实训说明

本实训介绍满足某种条件的求和，其效果如实训项目图 30.1 所示。

分类求和可以实现很快地对同类产品求和，便于查询。但是在很多情况下其条件是基于其他单元格的复杂条件，这是一般的求和函数难以完成的。以 SUM 和 IF 函数嵌套使用，虽然可以完成，但实现起来十分复杂。而 DSUM 函数是专门为这种情况量身定做的。

本实训知识点涉及 DSUM 函数的用法及语法。

1. 新建工作簿

按照实训项目图 30.2 输入项目名称和数据。

	A	B	C	D
1	方欣公司西北地区一月份销售情况			
2	地区	销售人员	类型	销售
3	陕西	1	奶制品	￥3,751
4	甘肃	2	奶制品	￥3,338
5	宁夏	3	奶制品	￥5,122
6	新疆	4	奶制品	￥6,239
7	青海	3	农产品	￥8,677
8	青海	2	肉类	￥450
9	青海	1	肉类	￥7,673
10	新疆	1	农产品	￥664
11	新疆	2	农产品	￥1,500
12	陕西	3	奶制品	￥9,100
13	甘肃	4	农产品	￥4,500
14	陕西	3	农产品	￥850
15	陕西	3	肉类	￥6,596
16	地区	销售人员	类型	销售
17	陕西		肉类	
18			奶制品	
19	销售情况统计			34146

实训项目图 30.1

	A	B	C	D
1	方欣公司西北地区一月份销售情况			
2	地区	销售人员	类型	销售
3	陕西	1	奶制品	￥3,751
4	甘肃	2	奶制品	￥3,338
5	宁夏	3	奶制品	￥5,122
6	新疆	4	奶制品	￥6,239
7	青海	3	农产品	￥8,677
8	青海	2	肉类	￥450
9	青海	1	肉类	￥7,673
10	新疆	1	农产品	￥664
11	新疆	2	农产品	￥1,500
12	陕西	3	奶制品	￥9,100
13	甘肃	4	农产品	￥4,500
14	陕西	3	农产品	￥850
15	陕西	3	肉类	￥6,596

实训项目图 30.2

设置 D3～D15 单元格格式：选择 D3～D15 单元格区域，右击鼠标，在弹出的快捷菜单中选择执行“设置单元格格式”命令，弹出如实训项目图 30.3 所示的“单元格格式”对话框。

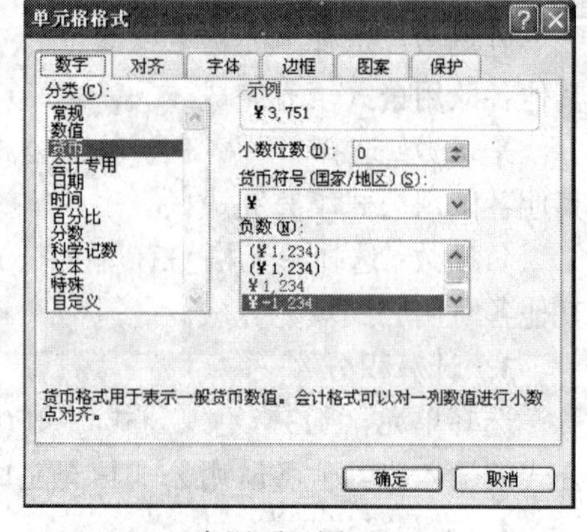

实训项目图 30.3

选择“分类”列表框中的“货币”项，在“小数位数”数值框中选择 0，在“示例”区域中出现了格式的示例，单击“确定”按钮。

2. 条件求和

如果想统计陕西地区肉类和西北五省奶制品的销售总额，用一般的求和函数会很麻烦，可以用 DSUM 函数轻松地完成这件事。

DSUM 函数的语法格式是：

=DSUM(数据区域，列标志，条件区域)

其中，数据区域：包含字段名在内的数据区域；列标志：需要汇总的列标志，可用字段名或该字段在表中的序号来表示；条件区域：条件所在的区域，同行的多个条件存在“与”关系，不同行的条件之间存在“或”关系。

① 首先在 A16～D18 区域的相应位置上输入求和条件（见实训项目图 30.1）。

② 在 A19 单元格中输入“销售情况统计”，选择单元格 D19，执行菜单“插入”→“函数”命令，弹出“插入函数”对话框，如实训项目图 30.4 所示。

③ 在“或选择类别”下拉列表框中选择“数据库”后，在“选择函数”列表框中选择“DSUM”，单击“确定”按钮，弹出如实训项目图 30.5 所示的“函数参数”对话框。

④ 在 DSUM 区域的 3 个单元格引用框中分别选择“A2:D15”、“销售”、“A16:D18”。

其中第一个单元格引用框是要进行求和的数据清单；第二个单元格引用框是字段，即要进行求和的列的标志；第三个单元格引用框是求和条件，即包含求和条件的单元格区域（注意：此区域的项目格式一定要与第一项数据清单的格式相同）。

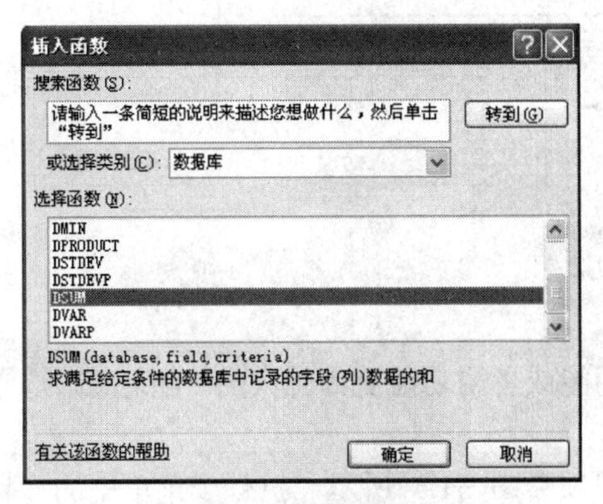

实训项目图 30.4

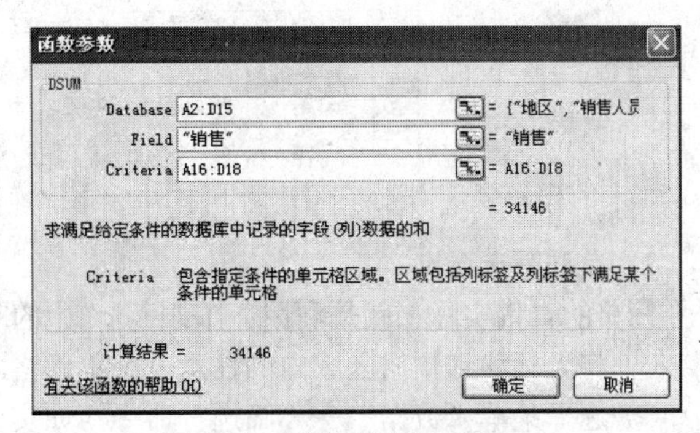

实训项目图 30.5

⑤ 单击“确定”按钮，其结果如实训项目图 30.1 所示。

DSUM 函数让人们对各种的条件求和都有了应对的方法。

实训项目 31　学生成绩查询——VLOOKUP 函数的使用

实训说明

本实训制作成绩查询表，其效果如实训项目图 31.1 所示。

	A	B	C	D	E	F
1			几何历次考试成绩			
2	姓名	第一次成	第二次成	第三次成	第四次成绩	第五次成
3	李博	90	80	83	58	73
4	刘平	98	91	93	73	84
5	马红军	66	78	95	80	59
6	吴一花	73	82	69	81	91
7	柳亚萍	91	90	78	81	95
8	查找区域					
9	请输入要查找的姓名		李博			
10	第一次成绩		90			
11	第二次成绩		80			
12	第三次成绩		83			
13	第四次成绩		58			
14	第五次成绩		73			

实训项目图 31.1

在大量数据中查找某个项目的详细情况时，例如，在学校的考试成绩数据库中，想查找某位学生的某次考试的情况，虽然数据库会提供查询工具，但 Excel 也提供了相应的工具，可供用户尝试 DIY 的感受。

本实训知识点涉及函数 VLOOKUP 的使用、自定义筛选。

实训步骤

1．新建工作簿

在工作表 Sheet1 的第 1 行输入表名“几何历次考试成绩”，然后按照实训项目图 31.2 填入项目和成绩。

	A	B	C	D	E	F
1	几何历次考试成绩					
2	姓名	第一次成绩	第二次成绩	第三次成绩	第四次成绩	第五次成绩
3	李博	90	80	83	58	73
4	刘平	98	91	93	73	84
5	马红军	66	78	95	80	59
6	吴一花	73	82	69	81	91
7	柳亚萍	91	90	78	81	95

实训项目图 31.2

2．自动筛选查询

简单的查询实际上就是利用“自动筛选”中的功能或者用功能更为强大的“自定义筛选”。

① 将光标移到数据区域内的任意一个单元格。

② 选择菜单“数据”→“筛选”命令，如实训项目图 31.3 所示，执行子菜单中的“自动筛选”命令，结果如实训项目图 31.4 所示，在每一个项目处都出现了一个可选菜单。

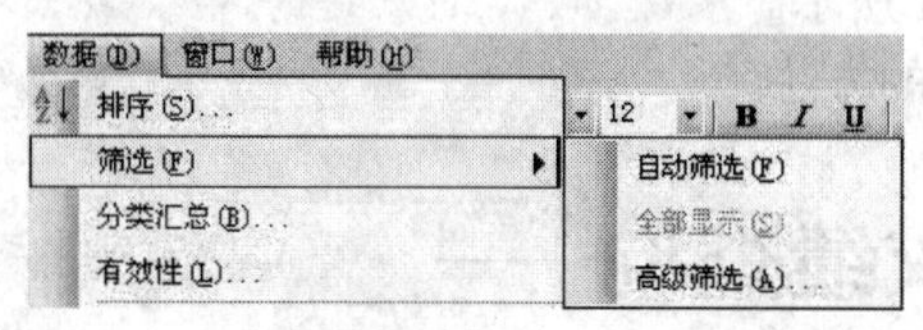

实训项目图 31.3

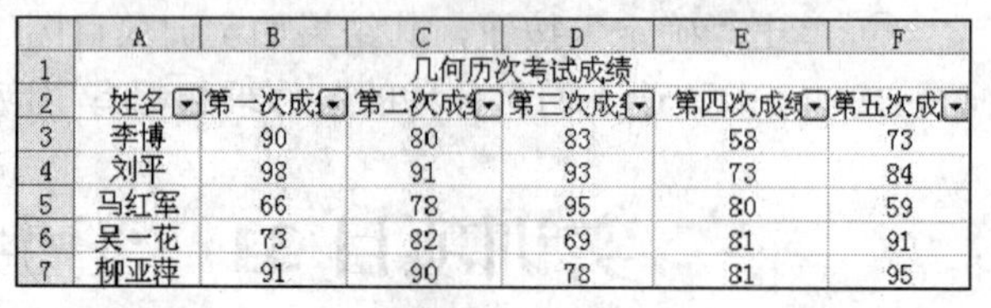

	A	B	C	D	E	F
1	几何历次考试成绩					
2	姓名	第一次成	第二次成绩	第三次成	第四次成绩	第五次成
3	李博	90	80	83	58	73
4	刘平	98	91	93	73	84
5	马红军	66	78	95	80	59
6	吴一花	73	82	69	81	91
7	柳亚萍	91	90	78	81	95

实训项目图 31.4

③ 自动筛选查询举例。如果想知道第五次考试成绩为 91 分的学生，就可以用这种方法加以查询。

在“第五次成绩”的可选下拉式菜单中执行“自定义”命令，弹出如实训项目图 31.5 所示的“自定义自动筛选方式”对话框。

在最左边的下拉式列表中有 12 种运算符可供选择使用，本实训选择“等于”，在相应的数值编辑栏里输入想要查询的成绩，本实训为 91，然后单击“确定”按钮，结果如实训项目图 31.6 所示。可得第五次考试成绩为 91 分的学生的姓名和历次考试成绩。

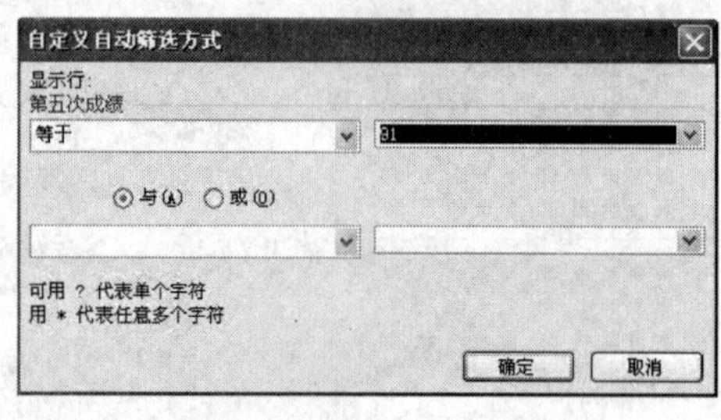

实训项目图 31.5

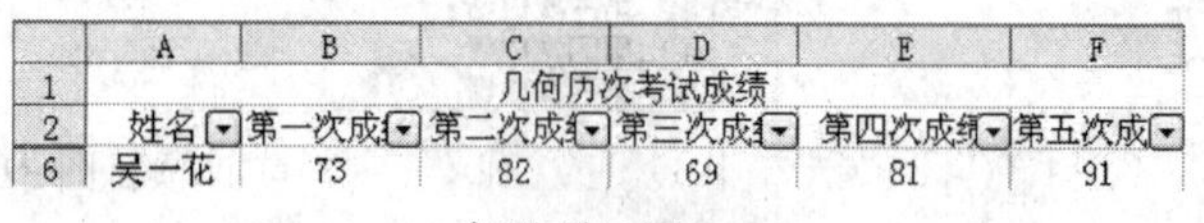

	A	B	C	D	E	F
1	几何历次考试成绩					
2	姓名	第一次成	第二次成绩	第三次成	第四次成绩	第五次成
6	吴一花	73	82	69	81	91

实训项目图 31.6

说明： 用此方法还可以对成绩进行筛选，只显示出大于 80 分小于 90 分的学生及其历次考试成绩。

3．函数查询

如果只知道学生姓名，而不知道任何考试成绩，那么上述方法不再有效，必须要用到函数查询。

在 A9～A14 区域内，输入如实训项目图 31.7 所示的文字。

	A	B
9	请输入要查找的姓名李博	
10	第一次成绩	
11	第二次成绩	
12	第三次成绩	
13	第四次成绩	
14	第五次成绩	

实训项目图 31.7

① 选择单元格 C10，执行菜单“插入”→“函数”命令，出现“插入函数”对话框，如实训项目图 31.8 所示。在“或选择

类别”下拉式列表中选择“查找与引用”函数，在“选择函数”列表框中选择 VLOOKUP，然后单击“确定”按钮，弹出如实训项目图 31.9 所示的“函数参数”对话框。

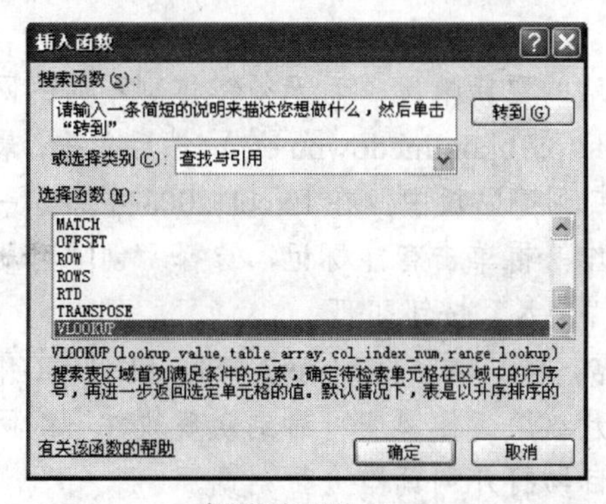

实训项目图 31.8

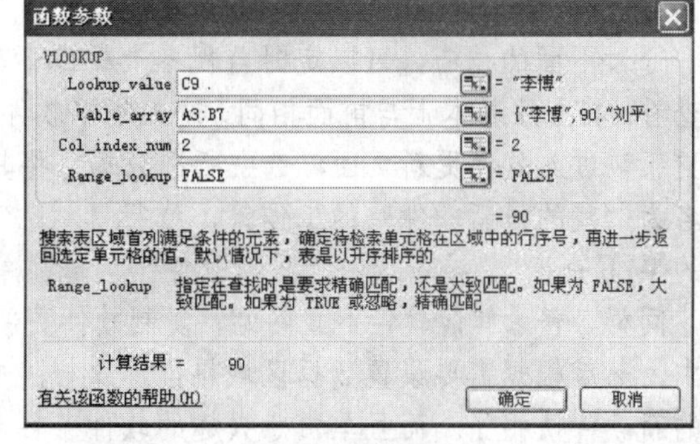

实训项目图 31.9

② 在 Lookup_value 单元格引用框中选择单元格“C9”，确定姓名的输入地址。只有在此输入学生姓名，函数才可识别。在 Table_array 单元格引用框中选择单元格“A3:B7”，这是包含学生姓名和第一次成绩的数据区域，函数将在此区域内寻求匹配。在 Col_index_num 单元格引用框中输入“2”，因为第一次考试成绩位于第 2 列数。在 Range_lookup 单元格引用框中输入“FALSE”，表示大致匹配。如果此单元格引用框为空或者为“TRUE”，则为精确匹配，单击“确定”按钮，原工作表并未发生任何变化。

③ 在单元格 C11～C14 区域内分别输入函数：

=VLOOKUP(C9,A3:C7,3,FALSE)

=VLOOKUP(C9,A3:D7,4,FALSE)

=VLOOKUP(C9,A3:E7,5,FALSE)

=VLOOKUP(C9,A3:F7,6,FALSE)

其参数含义同上所述。单击“确定”按钮，原工作表仍未发生任何变化，Excel 等待输入查询对象的姓名。

④ 如本实训，输入学生姓名“李博”，按 Enter 键结束输入，其结果如实训项目图 31.10 所示。在单元格 C10～C14 区域内列出了这名学生 5 次考试的成绩。依此类推，只要知道学生姓名或者任意一次成绩，就可得知该学生的详细信息。

9	请输入要查找的姓名	李博
10	第一次成绩	90
11	第二次成绩	80
12	第三次成绩	83
13	第四次成绩	58
14	第五次成绩	73

实训项目图 31.10

可见 Excel 具有十分强大的数据查询功能，只要善加利用，定是威力无穷!

经验技巧

Excel 网络技巧一

1．快速保存为网页

执行菜单“文件”→“另存为网页”命令，出现“另存为”对话框，单击其中的“发布”按钮，弹出“发布为网页”对话框，通过“浏览”按钮选择保存在网页上的路径，再在对话框中选择“在每次保存工作簿时自动重新发布”和“在浏览器中打开已发布网页”两个复选项，最后将其发布即可。

2．自动更新网页上的数据

虽然旧版本的 Excel 也能够以 HTML 格式保存工作表，并将其发布到 Internet 上，但麻烦的是每次更新数据后，都必须重新发布一次。现在，Excel 2003 将这些工作全部自动化，每次保存先前已经发布到 Internet 上的文件时，程序会自动完成全部发布工作，无须用户操心。

3．下载最新软件的便捷方法

通过下面的技巧，可以定时监视各大软件下载网站的更新情况，而无须链接到不同的网站查看。其方法基本上与前面相同，进入华军软件园（http://bj.onlinedown.net/），然后单击“最近更新”进入软件更新页面，选中所选数据，将其复制到剪贴板中。在 Excel 2003 中新建一个名为“我的最新软件”的工作簿，执行“粘贴”操作，再单击智能标记，选择“创建可刷新的 Web 查询”。接着选中“最新软件”区域，单击“导入”按钮即可。

同样，登录其他软件下载网站，复制软件更新数据，将其粘贴至 Sheet2、Sheet3、…工作表中，然后根据需要设置数据区域属性，这样随时打开这个工作簿即可看到众多软件下载网站的新软件快报了。而且单击感兴趣的软件条目，可自动打开浏览器进行浏览。

4．用 Excel 管理下载软件

随着软件数量的增多，管理越来越无章可循，而且由于软件名称的不规则性，使用时会遭遇不便。其实，完全可以通过 Excel 实现对下载软件的方便管理：启动 Excel，新建一个工作簿，将其命名为“下载软件管理簿”。然后依次把工作表 Sheet1、Sheet2、Sheet3 分别命名为“网络工具”、“多媒体工具”和“迷你小游戏”，这样可以大体划定软件的一个范围。之后，依次在工作表首行的单元格中输入序号、软件名称、软件大小、软件性质、下载网址、软件功能、安装须知等内容。这样，当一个软件下载到本地硬盘后，便可用 Excel 对这款软件的各个项目进行注释。

还可以通过 Excel 对软件直接进行安装。选中该软件所对应的“安装”单元格，选择菜单“插入”→“超链接”项，出现“插入超链接”对话框，在“要显示的文字”文本框中输入文字“安装”，在“查找范围”下拉式列表中选择软件，单击“确定”按钮。这样，当准备安装这款软件时，只需将鼠标指针移至“安装”单元格，单击相应的文字即可开始安装该软件，非常方便。

实训项目 32　等级评定——LOOKUP 函数的使用

实训说明

本实训将不同的成绩进行分级或分类，其效果如实训项目图 32.1 所示。

将大量数据按照某一标准分类时，例如，将某次数学考试成绩界定 90～100 分为优秀、80～89 分为良好、70～79 分为中、60～69 分为及格、0～59 分为不及格，可以用 IF 函数完成，但公式较为复杂。若用 Excel 提供的 LOOKUP 函数，就可较简单地解决这个问题。

本实训是给某单位参加长跑锻炼的人按照最近一次 3000 米长跑竞赛成绩进行等级评定，以便根据长跑成绩分组加强锻炼。同时还要为每个参赛者打分，以便计算各部门的总分，评比长跑优秀部门。

	A	B	C	D	E	F
1	3000米长跑成绩和等级表					
2	序号	姓名	部门	成绩	等级	分数
3	2	李迅	财务科	15.10	B	90
4	8	郭序	财务科	15.80	B	90
5	9	黎平	财务科	13.30	A	100
6	15	孙佳	财务科	23.00	E	60
7	3	宋立平	供销科	16.00	C	80
8	6	赵美娜	供销科	14.50	B	90
9	7	许树林	设计科	16.00	C	80
10	4	张国华	设计科	13.40	A	100
11	5	张萍	设计科	21.00	D	70
12	12	吴非	设计科	20.80	D	70
13	13	任明	设计科	19.30	D	70
14	14	钱雨平	设计科	25.00	E	60
15	1	王起	生产科	20.20	D	70
16	10	朱丹丹	生产科	17.00	C	80
17	11	李大朋	生产科	18.20	D	70

实训项目图 32.1

本实训知识点涉及函数 LOOKUP 的用法。

实训步骤

（1）新建工作簿。在工作表 Sheet1 中，按照实训项目图 32.2 输入标题、各个项目和成绩等数据，并将表名改为“汇总结果”；在工作表 Sheet2 中，按照实训项目图 32.3 输入标题、各个项目内容，并将表名改为“等级与分数评级标准”。

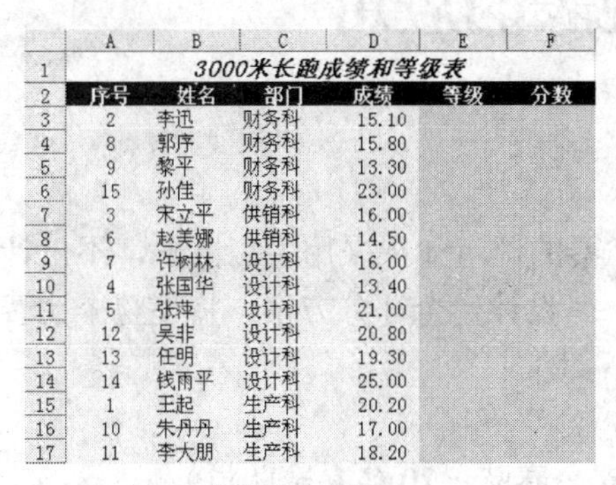

	A	B	C	D	E	F
1	3000米长跑成绩和等级表					
2	序号	姓名	部门	成绩	等级	分数
3	2	李迅	财务科	15.10		
4	8	郭序	财务科	15.80		
5	9	黎平	财务科	13.30		
6	15	孙佳	财务科	23.00		
7	3	宋立平	供销科	16.00		
8	6	赵美娜	供销科	14.50		
9	7	许树林	设计科	16.00		
10	4	张国华	设计科	13.40		
11	5	张萍	设计科	21.00		
12	12	吴非	设计科	20.80		
13	13	任明	设计科	19.30		
14	14	钱雨平	设计科	25.00		
15	1	王起	生产科	20.20		
16	10	朱丹丹	生产科	17.00		
17	11	李大朋	生产科	18.20		

实训项目图 32.2

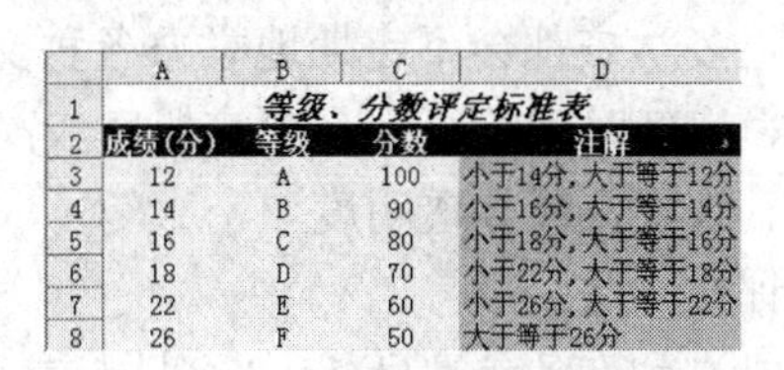

	A	B	C	D
1	等级、分数评定标准表			
2	成绩(分)	等级	分数	注解
3	12	A	100	小于14分，大于等于12分
4	14	B	90	小于16分，大于等于14分
5	16	C	80	小于18分，大于等于16分
6	18	D	70	小于22分，大于等于18分
7	22	E	60	小于26分，大于等于22分
8	26	F	50	大于等于26分

实训项目图 32.3

（2）设置参数在“汇总结果”工作表中选择单元格 E3，执行菜单“插入”→“函数”命令，出现“插入函数”对话框，在“或选择类别”下拉式列表中选择“查找与引用”函数，在“选择函数”列表框中选择 LOOKUP，然后单击“确定”按钮，弹出如实训项目图 32.4 所示的“选定参数”对话框，选择第一种参数方式，弹出如实训项目图 32.5 所示的“函数参数”对话框。

（3）设置变量。在实训项目图 32.5 所示的“函数参数”对话框中，分别输入 LOOKUP 函数的 3 个变量：

在 Lookup_value 单元格引用框中输入“D4”，该参数为要查找的数值；

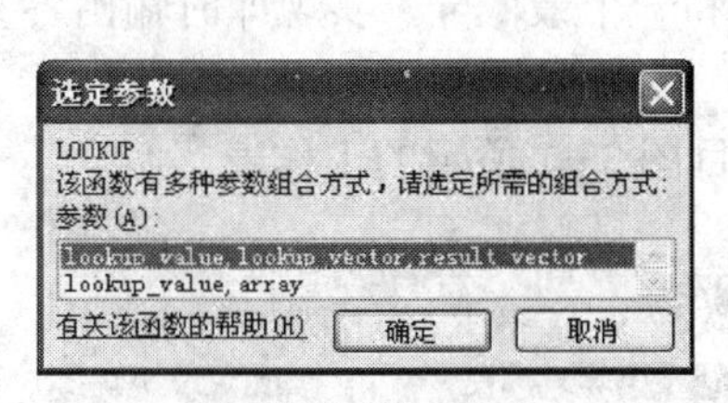

实训项目图 32.4

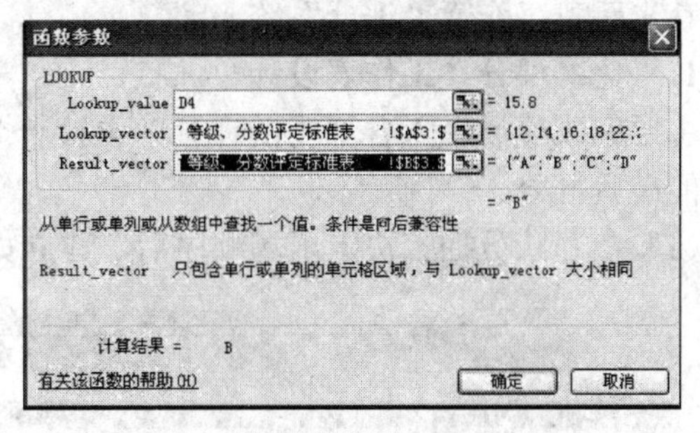

实训项目图 32.5

在 Lookup_vector 单元格引用框中选择单元格“'等级、分数评定标准表'!$A$3:$A$8”，该参数为要查找的单元格数据区域；

在 Result_vector 单元格引用框中选择“'等级、分数评定标准表'!$B$3:$B$8”，该参数为返回值所对应的单元格数据区域。

（4）结束函数输入。其他人的数据用填充方法完成。

（5）同理完成分数等级的计算。

注意：在使用 LOOKUP 函数时，查找区域应按升序排序，否则将无法正确实现查找要求。

实训项目 33　设计文体比赛的评分系统——Excel 数据透视表的应用

实训说明

很多学校都会不定期地举办各种文体比赛，比赛的评审如果采用手工方式，不仅计算速度慢、拖延时间长，而且出错概率较高。应用 Excel 设计一个评分方案，将使整个比赛过程公平、客观，极具透明度。

评比方法：

（1）允许各参赛队 1～3 名队员参赛（设有 8 支参赛队、20 名参赛队员）。

（2）比赛开始之前，各参赛队队员以抽签方式确定出场顺序。

（3）10 名评委参与评分，以去掉一个最高分和一个最低分后的平均分数作为参赛队员的最后得分，评委打分保留一位小数，参赛队员的最后得分保留两位小数。

（4）各参赛队队员的最后得分的平均分作为各参赛队的成绩，并按递减顺序排列，取前 3 名作为优胜队，设团体一等奖 1 名，二等奖 2 名。

（5）参赛队员的最后得分按递减顺序排列，取前 6 名作为优胜队员，设个人一等奖 2 名，二等奖 4 名。

实训步骤

首先新建工作簿“评分系统.xls”。

1.“比赛评分”工作表设计

主要完成现场录入各评委的评分，去掉一个最高分和一个最低分，实现即时输出各参赛队员的最后得分。

（1）参赛队员抽签决定出场顺序后，建立如实训项目图 33.1 所示的工作表。

A	B	C	D	E	F	G	H	I	J	K	L	M	N	O	P
2011年"挑战杯"大学生演讲比赛成绩															
序号	参赛队员	代表队	评委1	评委2	评委3	评委4	评委5	评委6	评委7	评委8	评委9	评委10	最高分	最低分	最后得分
1	郭序	机械系	9.2	8.8	9.1	8.9	8.8	8.7	8.7	8.6	8.5	8.4	9.2	8.4	8.76
2	黎平	机械系	9.5	8.9	9.2	8.9	8.8	8.6	8.5	8.4	8.2	8.1	9.5	8.1	8.69
3	李大朋	工商系	9.2	8.8	9.8	9.0	9.8	9.0	8.2	8.8	9.8	9.0	9.8	8.2	9.18
4	李大伟	物流系	8.5	8.5	9.2	8.8	8.4	7.9	7.5	7.1	9.0	8.7	9.2	7.1	8.41
5	李迅	机械系	9.8	9.0	8.2	8.8	9.2	9.5	9.1	9.5	9.6	9.0	9.8	8.2	9.21
6	吕萧	物流系	8.7	8.6	9.5	8.9	8.3	7.7	7.1	6.5	9.2	8.8	9.5	6.5	8.41
7	马小勤	人文系	8.8	8.6	9.2	8.8	8.4	8.0	7.6	7.2	9.5	8.9	9.5	7.2	8.54
8	钱雨平	材料系	7.9	8.2	8.5	8.5	8.5	8.5	8.5	8.4	8.8	8.6	8.8	7.9	8.46
9	邱大同	土木系	9.0	8.7	9.8	9.0	8.2	7.4	6.6	5.8	9.2	8.8	9.8	5.8	8.36
10	任明	材料系	8.0	8.3	8.7	8.6	8.5	9.3	8.2	8.1	8.5	8.5	9.3	8.0	8.43
11	宋立平	电气系	9.0	8.7	9.8	9.0	8.2	7.4	6.6	5.8	9.2	8.8	9.8	5.8	8.36

实训项目图 33.1

（2）最高分、最低分、最后得分取值的设定。最高分列：在 N4 单元格中输入“=MAX(D4:M4)”，然后单击 N4 单元格，把鼠标指向该单元格右下角的填充句柄，这时鼠标变成黑色的“十”字形，按住鼠标左键，向下拖动至单元格 N14，放开鼠标，即可完成填充。

最低分列：在 O4 单元格中输入“=MIN(D4:M4)”，采用同上的方法，向下拖动鼠标填充至单元格 O14。

最后得分列：在 P4 单元格中输入“=(SUM(D4:M4)−N4−O4)/8”，然后向下拖动鼠标填充至单元格 P14。

（3）区域设定。区域“D4:O14”单元格格式设定小数位数为 1 位，区域“P4:P14”设定小数位数为 2 位，区域“A3:C14”和“N4:P14”建议设置区域保护，以防止发生误录。

余下的工作就是现场实时录入各评委的实际打分，最高分、最低分、最后得分会即时显示出来。

2．“代表队成绩”工作表设计

主要计算各代表队的平均成绩，并及时进行数据更新，同时按照由高到低的顺序排名，选出优胜代表队。

（1）建立数据透视表。单击“比赛评分”工作表，选择菜单“数据”→“数据透视表和数据透视图”命令，打开“数据透视表和数据透视图向导—3 步骤之 1”对话框，直接单击“下一步”按钮，打开“数据透视表和数据透视图向导—3 步骤之 2”对话框，选定建立数据透视表的数据源区域为“比赛评分!$A$3:$P$14”。单击“下一步”按钮，打开“数据透视表和数据透视图向导—3 步骤之 3”对话框，单击“布局”按钮，进行如实训项目图 33.2 所示的版式设置。数据项的数据源为“最后得分”的平均值。单击“选项”按钮，取消“行总计”选项，其他保留为默认设置，数据透视表显示位置选择“新建工作表”选项，单击“完成”按钮，完成数据透视表的设置。然后将新建的工作表改名为“代表队成绩”，如实训项目图 33.3 所示。

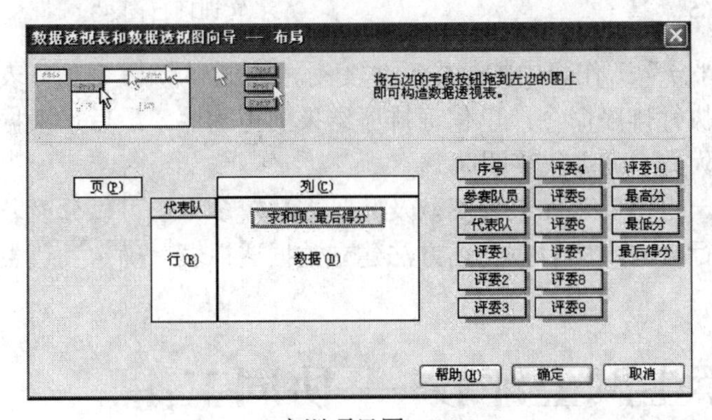

实训项目图 33.2

3	平均值项:最后得分	
4	代表队	汇总
5	材料系	8.48
6	电气系	8.36
7	工商系	9.18
8	机械系	8.89
9	人文系	8.54
10	土木系	8.36
11	物流系	8.41

实训项目图 33.3

（2）代表队成绩排名。选定区域“A4:B11”，选择菜单“数据”→“排序”命令，打开“排序”对话框，选择“降序”、“数值”选项，如实训项目图 33.4 所示。

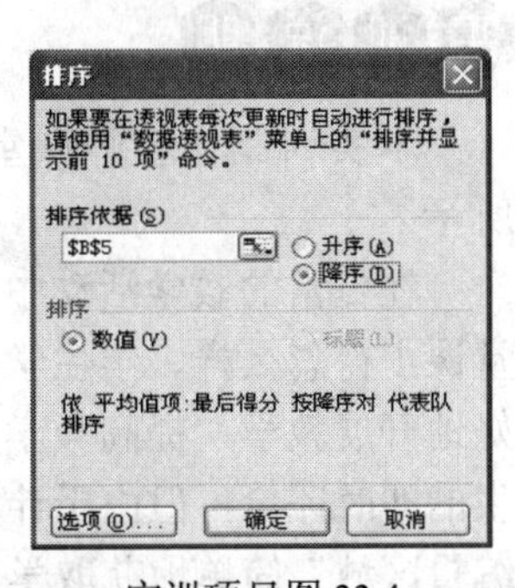

实训项目图 33.4

单击“排序依据”输入框右侧的折叠对话框小按钮，把对话框折叠为一个输入框，在工作表中单击 B5 单元格，输入框内显示“$B$5”，再次单击折叠对话框小按钮恢复对话框。单击“确定”按钮，则各代表队按照平均成绩的递减顺序排序。

（3）刷新数据。当“比赛评分”工作表中的数据发生变动时，可使用菜单“数据”→“刷新数据”命令及时进行数据的更新。

（4）重新排序。数据的更新并不会自动改变原排序结果，所以当“比赛评分”工作表中的数据发生变动时，在执行“刷新数据”命令后，需要重新排序，以保证排序结果的正确性。最后，根据代表队排序结果，选出优胜代表队，即可确定获奖团队名单。

3.“个人成绩”工作表设计

主要完成对各参赛队员的成绩按由高到低的顺序排名，选出优胜参赛队员。

（1）版式设置。如实训项目图 33.5 所示，行字段为“参赛队员”，数据项的数据源为“最后得分”的求和项。数据透视表显示位置选择“新建工作表”选项，单击“完成”按钮，完成数据透视表的设置。然后将新建的工作表改名为“个人成绩”。

（2）个人成绩排序。选择区域“A5:B15”，单击工具栏中的“递减”排列按钮，即按“成绩”排序，如实训项目图 33.6 所示。

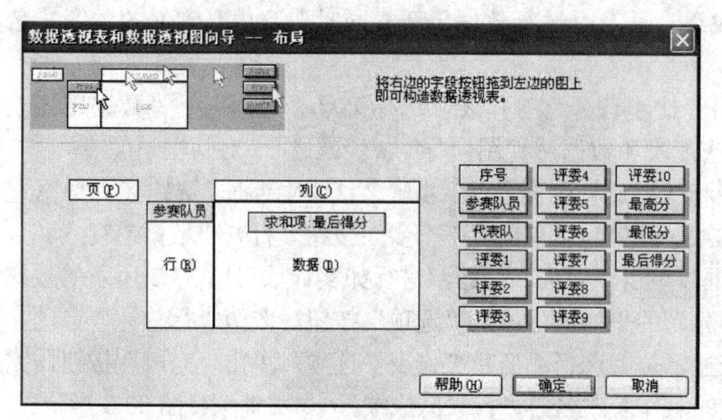

实训项目图 33.5

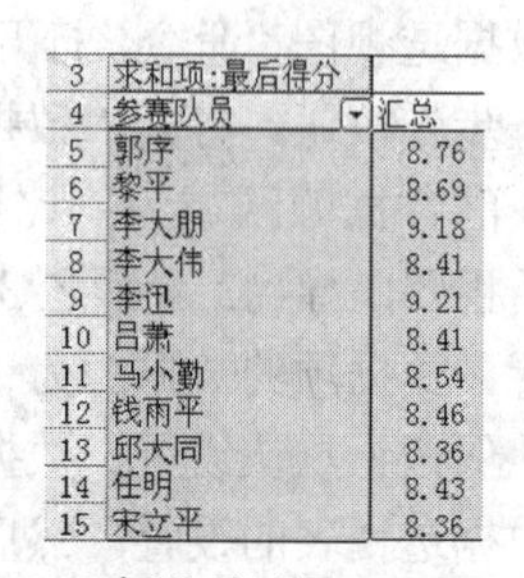

3	求和项:最后得分	
4	参赛队员	汇总
5	郭序	8.76
6	黎平	8.69
7	李大朋	9.18
8	李大伟	8.41
9	李迅	9.21
10	吕萧	8.41
11	马小勤	8.54
12	钱雨平	8.46
13	邱大同	8.36
14	任明	8.43
15	宋立平	8.36

实训项目图 33.6

（3）重新排序。同理，当“比赛评分”工作表中的数据发生变动时，“个人成绩”工作表中的数据会自动更新，所以，应重新执行排序命令，以保证排序结果的正确性。最后，根据参赛队员成绩排名的次序，选出优胜队员，确定获奖团队。

以上所设计的评分系统主要针对一组比赛，如果参赛队及队员人数较多，还可以分设若干组同时进行，最后将几组工作表进行合并，然后按上述方法建立数据透视表，确定各代表队的名次以及个人成绩排名。

实训项目 34　学生网上评教——协同工作

实训说明

本实训制作教师课堂教学网上评估表，并进行现场评估，其效果如实训项目图 34.1 所示。

在日常的教学活动中，教师常常需要知道学生对课堂教学的即时评价，以便获知自己这堂课上得怎么样、学生学得怎么样。通过这些反馈信息使上课教师知道学生的情况，以便更好地开展教学，提高教学质量。由于受教学条件的限制，不可能所有学科的教师都能得到学生的即时评价，但由于计算机类的课程是在计算机房讲授的，可以利用 Excel 的“允许用户编辑区域”简单地获取学生的网上即时评价。

本实训知识点涉及批注、工作表保护、工作簿共享等。

	A	B	C	D	E	F	G
1	感谢你对本节课的评价						
2	学生姓名	备课是否充分	知识点有无错误	本节课是否听懂	本节内容操作是否熟练	你对本节课是否满意	建议与意见
3	方志龙	A	A	B	A	B	
4	王建国	B	A	A	C	C	
5	令巧玲	C	C	B	A	A	
6	任剑侠	B	B	B	C	A	加强练习
7	朱淩杉	C	A	A	A	C	
8	江文汉	B	C	B	A	A	
9	孟志汉	A	A	A	A	B	多上机
10	岳佩珊	A	B	B	A	C	
11	林沛华	A	C	B	C	A	
12	风山水	A	C	A	C	A	
13	陈怡萱	A	A	B	A	B	
14	陈重谋	A	B	C	C	C	多举例子
15	陆伟荟	B	B	C	B	B	多练习
16	赵维心	A	A	B	C	B	上机时间少
17	赵灵燕	B	A	B	B	C	
18	缪可儿	C	A	B	B	A	
19	苏巧丽	C	A	B	A	C	

实训项目图 34.1

1．制作评估表

启动 Excel，新建工作簿。在工作表 Sheet1 中，按照实训项目图 34.2 输入标题、各项目等数据，并将表名改为“计应基础课程网上评教”；

	A	B	C	D	E	F	G
1	感谢你对本节课的评价						
2	学生姓名	备课是否充分	知识点有无错误	本节课是否听懂	本节内容操作是否熟练	你对本节课是否满意	建议与意见
3	方志龙						
4	王建国						
5	令巧玲						
6	任剑侠						
7	朱淩杉						
8	江文汉						
9	孟志汉						
10	岳佩珊						
11	林沛华						
12	风山水						
13	陈怡萱						
14	陈重谋						
15	陆伟荟						
16	赵维心						
17	赵灵燕						
18	缪可儿						
19	苏巧丽						

实训项目图 34.2

2．批注功能

为了给“备课是否充分”这个单元格加入补充说明文字，且不影响单元格的大小，可运用 Excel 的批注功能。

① 选取 B2 单元格。

② 执行菜单“插入”→“批注”命令。

③ 在“批注”文本框内输入批注文字，即可完成批注文字的设定。此时在单元格的右上角会出现一个红色三角形，即“批注”标识，如实训项目图 34.3 所示。

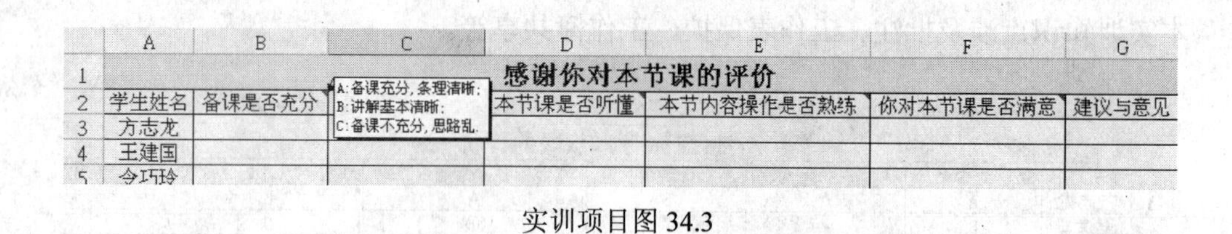

实训项目图 34.3

依据同样的原理，给 C2、D2、E2、F2 单元格添加不同内容的批注文字，如实训项目图 34.4 所示。

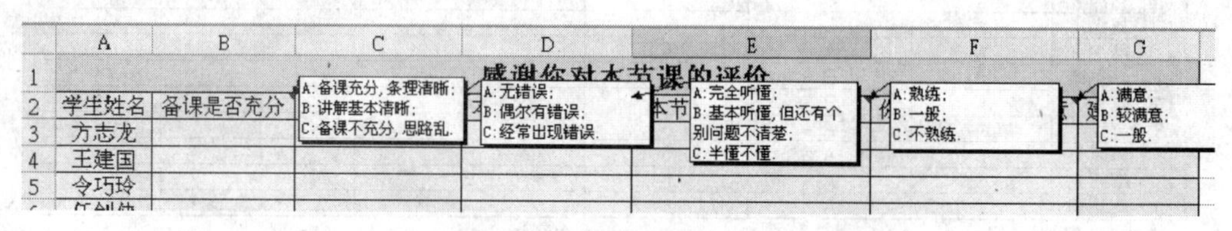

实训项目图 34.4

提示：当鼠标指针停留在有批注的单元格上方时，就可以看到单元格的批注内容，若执行菜单“视图”→“批注”命令可同时查看所有的批注；若想清除单元格的批注，只需先选定单元格，再执行菜单“编辑”→“清除”→“批注”命令即可。此外，若要编辑批注，可在选取单元格后，单击“审阅”工具栏上的“编辑批注”图标按钮，或右击鼠标，选取快捷菜单中的“编辑批注”命令。

注意：当选取带有批注的单元格，按 Backspace 键或 Delete 键时，只会删除该单元格中的内容，但不会删除任何批注或单元格格式。

3．设置用户编辑区域

设置此区域的目的是让学生不能更改其他学生的评估，以保证数据的正确性、可信性。设置方法如下：选择菜单“工具”→“保护”→“允许用户编辑区域”命令，出现“允许用户编辑区域”对话框，在其中单击“新建”按钮，在弹出的“新区域”对话框中输入某个学生的可操作的单元格区域，再输入区域密码，并确认密码，然后单击“确定”按钮，返回“允许用户编辑区域”对话框，再对其余学生的编辑区域依次进行设置，每位学生的区域密码不同，如实训项目图 34.5 所示。

4．保护评估表

执行菜单“工具”→“保护”→“保护工作表”命令，在弹出的“保护工作表”对话框中，输入“取消工作表保护时使用的密码”并确认密码。因为只有这样，“允许用户编辑区域”才会起作用，如实训项目图 34.6 所示。

5．设置评估表为共享

执行菜单“工具”→“共享工作簿”命令，在弹出的“共享工作簿”对话框中选择“允许多用户同时编辑，同时允许工作簿合并”复选项，然后单击“确定”按钮，保存评估表，如实训项目图 34.7 所示。

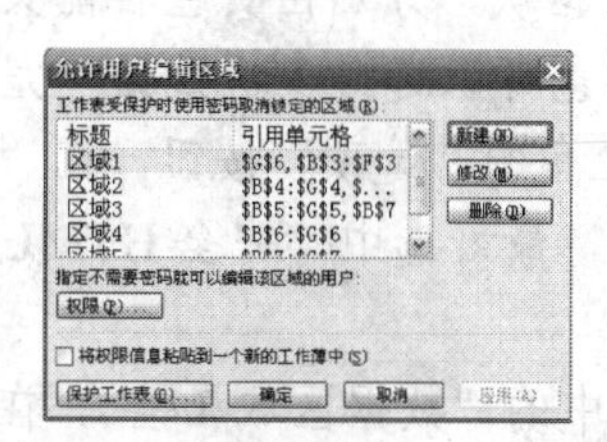
实训项目图 34.5

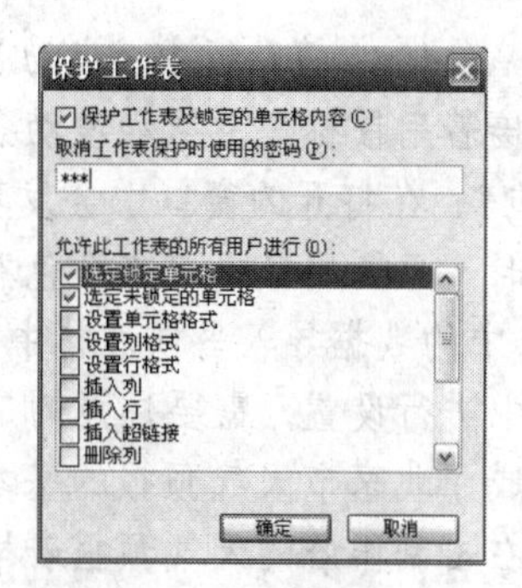
实训项目图 34.6

6．在网上进行评估

首先，告诉每位学生的区域密码，要求学生自己保管好密码。

然后，把装有评估表的一台计算机作为服务器，在此计算机上建立一个共享文件夹，把文件复制到此共享文件夹下。然后让学生在自己的计算机上打开"网上邻居"，打开文件，双击自己要输入的单元格，此时会要求输入密码，密码校验通过后，就可以在自己的区域内输入数据了。评价完成后，单击"保存"按钮。

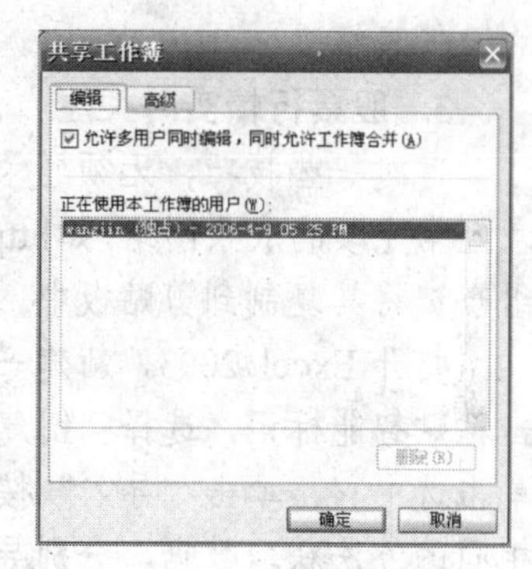
实训项目图 34.7

7．查看评估表

在所有学生的评估活动结束后，只要打开文件，即可知道授课效果。

经验技巧

Excel 网络技巧二

1．天下新闻尽收眼底

通过一些技巧，可以将多家新闻网站集成在一起，无须登录多家网站，即可了解天下大事。利用 Excel 2003 的 Web 查询功能，还能让它自动定时读取新闻。比如，分别登录 http://news.fm365.com/等新闻网站，选中每天查看的新闻栏目内容，将其复制到 Excel 中，并"创建可刷新的 Web 查询"，在打开的窗口中选中新闻栏目，单击"导入"后即可将其导入当前 Excel 窗口中。

当然，不是每一个新闻网站上的内容通过上述方法就可以加到当前页面中来的，现在不少网站的结构并不是基于表格和单元格的。对于那样的网站，可以在打开"新建 Web 查询"窗口后，单击"显示/隐藏图标"按钮，即可把整个页面导入当前 Excel 表格中了。

另外，利用 Excel 2003 的 Web 查询功能，再加上个人的想象力与 Internet 丰富的服务和内容，还可以实现更多的功能，比如将经常需要访问的论坛导入一个 Excel 工作簿中，可以随时查看新帖子或者关注某个帖子。

2．天气预报随时知道

通过一些技巧，不用看电视、上网、下载软件，就能随时查看当地或任意城市未来几天的天气预报。先进入 http://www.tq121.com.cn/forecast/fc06024.php，选择城市（比如：北京市），单击"检索"按钮，在打开的窗口中选中相关数据，右击，选择快捷菜单中的"复制"命令将其复制到 Windows 剪贴板中。启动 Excel 2003，新建一个工作簿，选择菜单“编辑”→“粘贴”命令，接着用鼠标向下拖动滚动条，会发现一个智能标记。单击它，选择“创建可刷新的 Web 查询”。在打开的窗口中会发现该网页有很多数据块，分别由黄色右箭头标识。需要哪一块数据时，只要用鼠标单击黄色右箭头即可。当然也可以选择多块数据，完成后，单击“导入”把选中的数据导入当前表格中。再单击窗口右上角的“选项”按钮，在“Web 查询选项”对话框中进行设置。需要注意的是，在一般情况下，最好选中“完全 HTML 格式”项。至此，就完成了北京市天气预报的基本导入工作。

用鼠标右击制作好的天气预报表格，选择快捷菜单中的“数据区域属性”，在打开的“外部数据区域属性”对话框中进行设置，并选中所有复选项。最后，将其保存为“天气预报.xls”，为了方便查询，可将其放置在桌面上。这样只要当前在线，一旦打开该文件，即可看到最新的天气预报。

3．股票行情实时关注

通过一些技巧，无须登录股票网站就能得到最新股票行情，股市风云尽在掌握。首先登录经常光顾的股票网站，如 http://stock.21cn.com/today.asp，选中自己关心的股票数据，按 Ctrl+C 组合键将其复制到剪贴板中。

打开 Excel 2003，新建一个名为“股市更新”的 Excel 表格。按 Ctrl+V 组合键，然后单击粘贴智能标记，选择“创建可刷新的 Web 查询”，在打开的窗口中选择需要的股票信息，单击选中它，单击“导入”按钮即可将其导入 Excel 表格。接着再登录其他股票网站，采用相同的方法获取数据，分别导入 Excel 表格的 Sheet2、Sheet3 工作表。

如果工作表不够用，可右击底部的工作表名称标签，选择快捷菜单中的“插入”命令，出现“插入”对话框，选择其中的“工作表”，以此添加新的工作表。

分别右击所创建的工作表，选择“数据区域属性”，将刷新时间设置得小一些，同时选择“打开工作簿时，自动刷新”复选项。

以后在线工作时，可将其打开，这样该工作簿即可随时更新股票数据，让用户时刻掌握股市动向。

第 4 部分

演示文稿软件实训项目

实训项目 35　方案论证会——PowerPoint 的使用

实训说明

本实训制作一个“网络综合实验室可行性方案”电子演示文稿汇报材料，其效果如实训项目图 35.1 所示。

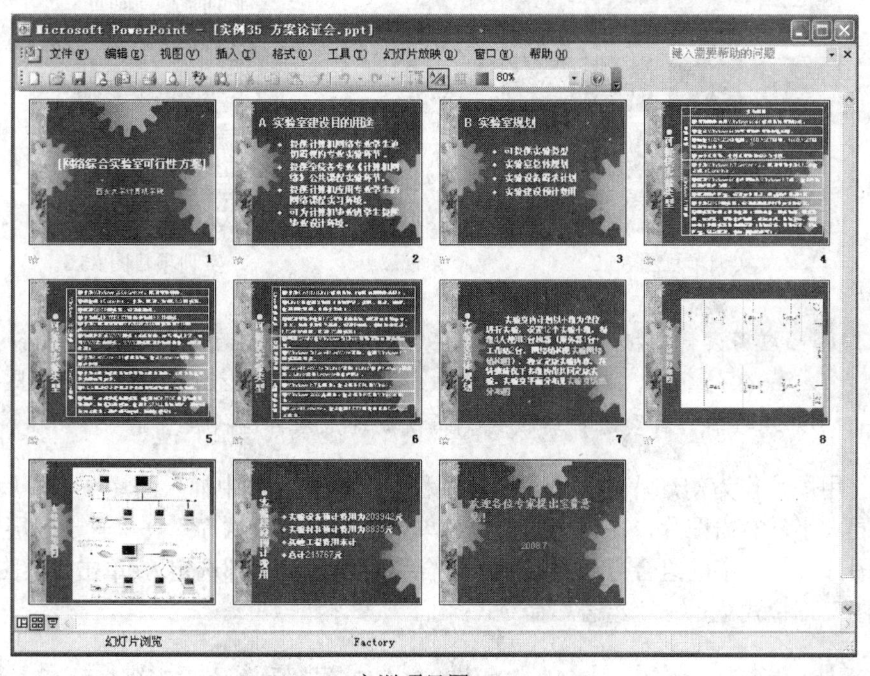

实训项目图 35.1

本实训为某校“网络综合实验室可行性方案”论证会上的电子演示文稿汇报材料，共制作了 11 张幻灯片。在工作中经常要用 PowerPoint 设计和制作广告宣传、新产品演示、汇报材料、会议报告、教学演示、学术论文等电子版幻灯片，借助计算机显示器及投影设备进行演讲，效果是非常理想的。用 PowerPoint 制作形象生动、图文并茂、主次分明的幻灯片是非常方便的。

本实训知识点涉及演示文稿的建立、模板的使用。

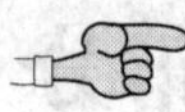

演示文稿的建立方法

（1）幻灯片中的文字均由文本框形式输入，故要插入文字，就必须先插入文本框。

（2）幻灯片的模板和版式可以在“新建演示文稿”子窗格中选择，也可以在幻灯片的制作过程中，如实训项目图 35.2 所示的“幻灯片设计”子窗格或单击菜单“格式”→“幻灯片版式”命令，此时出现“幻灯片版式”子窗格，如实训项目图 35.3 所示，从相应的列表框中选择所需要的应用设计模板（或幻灯片版式）。

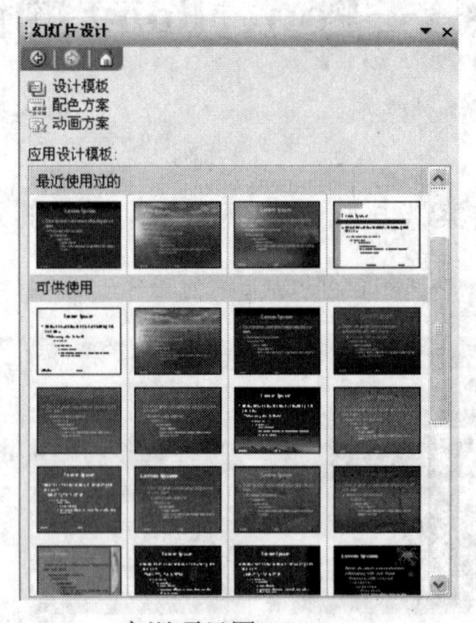

实训项目图 35.2

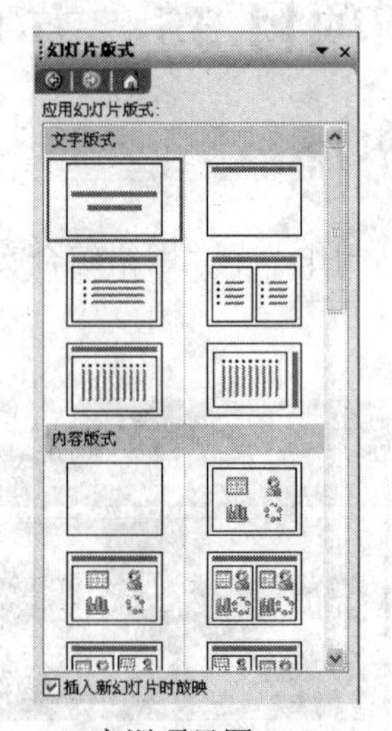

实训项目图 35.3

说明： 应用设计模板与幻灯片版式不同。当选择了应用设计模板后，将应用于每一张幻灯片，而幻灯片版式仅对当前幻灯片有效。因此，在新建一张幻灯片之前，都要选择其版式，而模板却无须再进行设置了。

（3）使用图片作为幻灯片的背景，具体过程为：在幻灯片中插入图片→将图片调整至与幻灯片相同大小，右击图片，在弹出的快捷菜单中选择“叠放次序”→“置于底层”。

（4）图片及艺术字的组合方法为：使用组合键 Ctrl+A（全部选定），单击“绘图”工具栏上的“绘图”下拉式菜单→“组合”命令。

说明： 无论在 Word、Excel 还是 PowerPoint 中，在插入图形对象之后，即使是摆放在一起，仍然是单独的个体，对其进行移动或复制等操作十分不便。将选定对象进行组合后，这些对象就成为一个整体，可以很方便地进行各种操作。当需要对组合后的对象进行改动时，可以右击组合对象，在弹出的快捷菜单中选择“组合”→“取消组合”命令，即可进行改动。

（5）幻灯片的背景设置：单击菜单“格式”→“背景”项，弹出如实训项目图 35.4 所示的“背景”对话框，在其中进行所需要的设定。

说明：（1）背景的色彩可以在“背景填充”下拉式菜单中进行设置。

（2）单击“背景”对话框中的“应用”按钮，则所设置背景仅对当前幻灯片的编辑区产生作用。

（3）单击“背景”对话框中的“全部应用”按钮，则所设置背景对所有幻灯片的编辑区均有效。

（4）选择“忽略母版的背景图形”复选项，则所做的设置将布满整个幻灯片。

（6）要在幻灯片中插入表格，可以在选择版式时就选择表格版式，也可以单击菜单“插入”→“表格”项，此时，将弹出如实训项目图 35.5 所示的“插入表格”对话框，根据要求对表格进行设置即可。

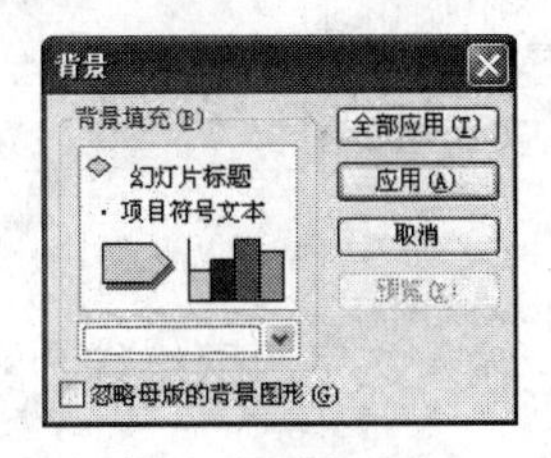

实训项目图 35.4

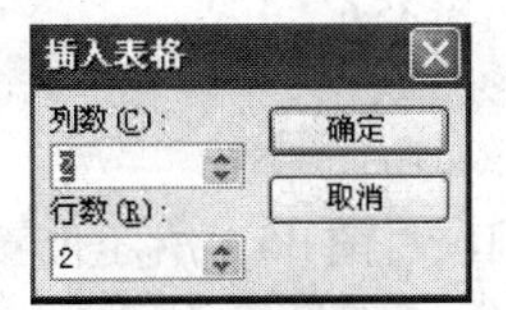

实训项目图 35.5

（7）在幻灯片中插入图表的过程为：

① 选择“标题，文本与图表”版式，或单击菜单“插入”→“图表”项，弹出样本工作表和样本图表。

② 选择样本工作表中的所有数据，将其删除，此时，样本图表变为空白效果。

③ 将窗口切换到表格数据所在的幻灯片，选定所需要的数据进行复制。

④ 将窗口切换回要建立图表的幻灯片，将数据粘贴至样本工作表中（如果没有该幻灯片，可以直接在样本工作表中输入数据），样本图表建立成功。

⑤ 当样本图表建立完成后，双击图表，可以切换回图表编辑状态，对图表格式的设置（包括坐标轴颜色、坐标轴标尺格式、字体和字号、背景效果、图例效果及数据标志格式等）可以在图表编辑状态下进行，右击对象，在弹出的快捷菜单中选择所需要设置的项即可。

本实训的制作要求和过程

（1）启动 PowerPoint，在实训项目图 35.6 的“新建演示文稿”子窗格中，选择空演示文稿。

（2）在弹出的“幻灯片版式”子窗格中，选择“空白”版式，如实训项目图 35.7 所示。

（3）选择普通视图或幻灯片浏览视图，开始编辑幻灯片，单击菜单“格式”→“幻灯片设计”命令，在弹出的如实训项目图 35.2 所示的“幻灯片设计”子窗格中选择 Factory.pot 模板。

（4）在制作其他幻灯片时，单击菜单“插入”→“新幻灯片”命令，选择“空白”版式，然后按照以下要求制作其余的幻灯片。

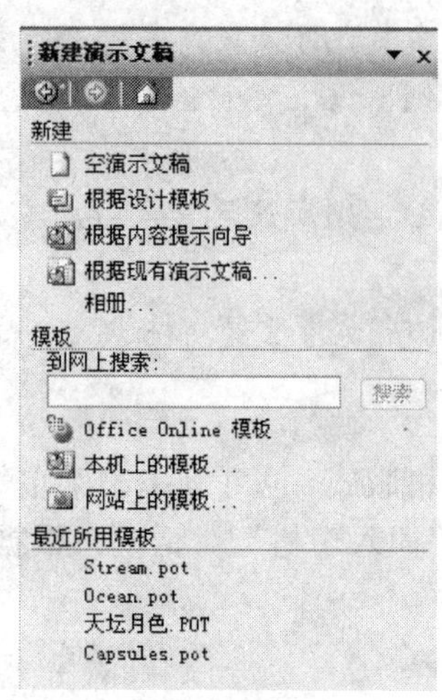

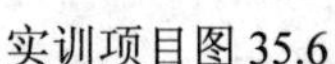
实训项目图 35.6

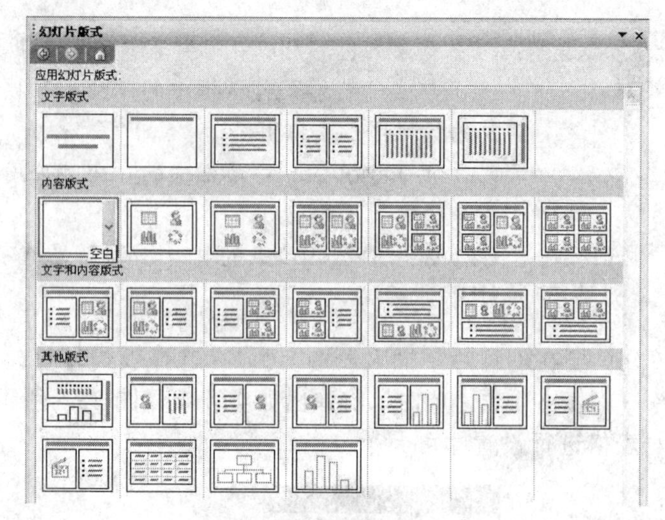

实训项目图 35.7

① 第 1 张幻灯片

(a) 在实训项目图 35.1 所示位置插入横排文本框，输入文字“网络综合实验室可行性方案”，设置为宋体，48 号白色字。

(b) 在实训项目图 35.1 所示位置插入横排文本框，输入文字“西安大学计算机学院”，设置为黑体，30 号橙色字。

② 第 2 张幻灯片

(a) 在实训项目图 35.1 所示位置插入横排文本框，输入“A　实验室建设目的用途”，设置为宋体，44 号字，黄色，加粗。

(b) 在实训项目图 35.1 所示位置插入横排文本框，输入以下内容并设置项目符号：

● 提供计算机网络专业学生迫切需要的专业实验环节。

● 提供全院各专业《计算机网络》公共课程实验环节。

● 提供计算机应用专业学生的网络课程实习环境。

● 可为计算机毕业班学生提供毕业设计环境。

设置为宋体，36 号字，白色，加粗。

③ 第 3 张幻灯片

其制作方法与第 2 张幻灯片基本相同。

④ 第 4 张幻灯片

(a) 在实训项目图 35.1 所示位置插入竖排文本框，输入“●可提供实验类型”，设置为宋体，40 号字，橙色，加粗。

(b) 在实训项目图 35.1 所示位置单击菜单“插入”→“表格”项，出现“插入表格”对话框，插入 2 列 10 行的表格，并对表格的部分单元格进行合并，然后输入文字，文字设置为宋体，20 号字，白色，加粗。

⑤ 第 5、6 张幻灯片

其制作方法与第 4 张幻灯片基本相同。

⑥ 第 7、10、11 张幻灯片

其制作方法与前几张幻灯片基本相同。

⑦ 第 8 张幻灯片

（a）在实训项目图 35.1 所示位置插入竖排文本框，输入“实验室场地分布图”，设置为宋体，30 号字，蓝色，加粗。

（b）幻灯片中的图形制作

先在 Word 中用绘图工具绘制好图形，然后进行屏幕复制（按 PrintScreen 键），打开 Windows 的画图工具，粘贴图形，将含有图形的屏幕内容裁剪并复制，转到第 8 张幻灯片，粘贴图形并调整好其大小。

⑧ 第 9 张幻灯片

（a）在实训项目图 35.1 所示位置插入竖排文本框，输入“实验网络结构图”，设置为宋体，30 号字，蓝色，加粗。

（b）在实训项目图 35.1 所示位置单击菜单“插入”→“图片”→“来自文件”命令，在弹出的“插入图片”对话框中，选定网络结构图，单击“插入”按钮，调整好图片大小和位置。

（c）幻灯片中的图形制作。先在 Word 中用绘图工具绘制好图形，然后进行屏幕复制（按 PrintScreen 键），打开 Windows 的画图工具，粘贴图形，将含有图形的屏幕内容裁剪并复制，转到第 9 张幻灯片，粘贴图形并调整好其大小。

至此，幻灯片的制作基本完成。

（5）调整幻灯片的位置。

方法一：在幻灯片浏览视图下，单击要移动的幻灯片，将其拖动到目标位置。在拖动过程中，将有一根细小的竖线随着鼠标移动，表示所拖动的幻灯片将移至的新位置。

方法二：在大纲视图下，单击所要移动的幻灯片标记并拖动至目标位置。在拖动过程中，在大纲窗口中有一根细横线，表示幻灯片将移至的新位置。

（6）为了更好地表现幻灯片的演示效果，可以设置幻灯片中对象的动画和声音以及设置幻灯片的切换方式等，设置幻灯片的切换效果一般在幻灯片浏览视图中完成。具体过程如下：

单击工具栏中的“幻灯片切换”按钮，出现如实训项目图 35.8 所示“幻灯片切换”子窗格。在此对幻灯片的切换效果进行设置。

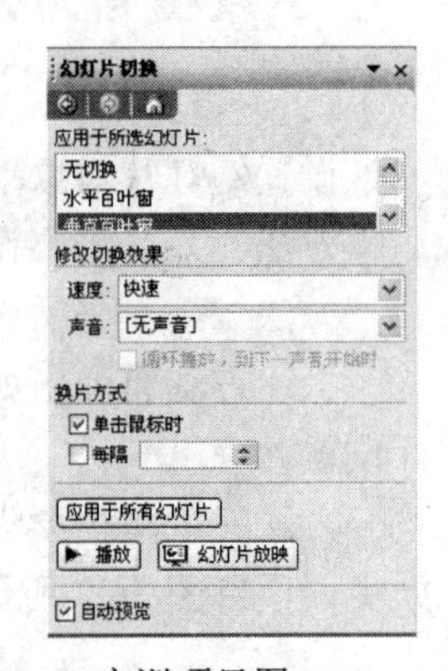

实训项目图 35.8

设置幻灯片的切换效果：将所有幻灯片的切换效果设置为“随机”、“中速”切换，并在单击鼠标时进行切换。再次预览重新设置后的播放效果。

动画和声音的具体设置方法参考实训项目 36。

实训项目 36　礼花绽放与生日贺卡——幻灯片的动画技术

实训说明

本实训制作一个电子“生日贺卡”，其效果如实训项目图 36.1 所示。

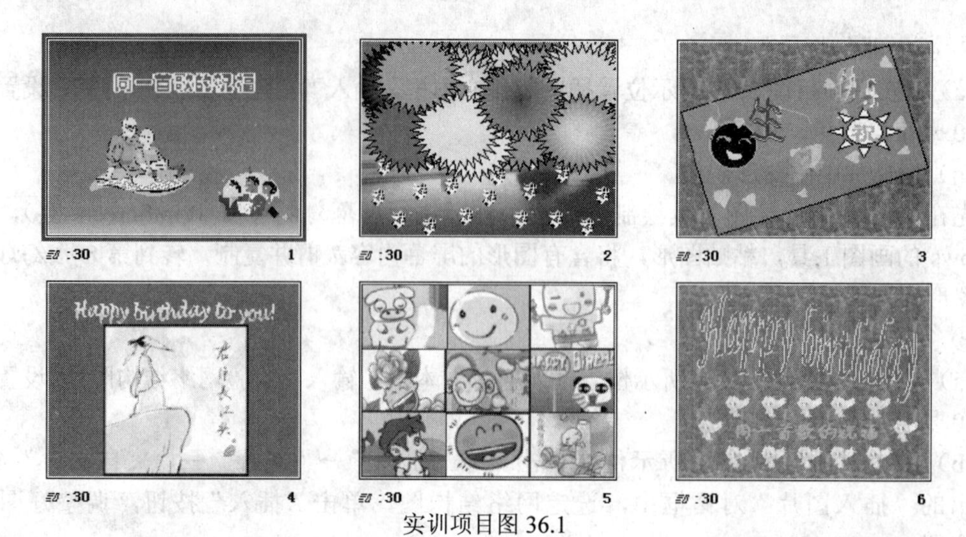

实训项目图 36.1

本实训是用 PowerPoint 设计制作电子“生日贺卡”，共制作 6 张幻灯片。当你的亲人、朋友过生日时，如果送上一幅自己制作的电子“生日贺卡”，对方一定非常欣喜，你也会感觉非常满意。因为你可以用优美的图画表达你的心意，并写上你的心里话，准确、真切地表达你的祝福。

本实训知识点涉及幻灯片动画的设置、幻灯片声音及影片的插入。

实训步骤

设置幻灯片的动画

1．设置方法

设置幻灯片对象动画和声音的方法有以下三种。

方法一：选定要设置的对象，单击“幻灯片放映”菜单下的“自定义动画”命令。

方法二：右击需设置效果的对象，在弹出的快捷菜单中选择“自定义动画”。

上述方法将弹出如实训项目图 36.2 所示的“自定义动画”子窗格，在其中对动画效果进行设置。

方法三：单击要设置的对象，在菜单“幻灯片放映”中选择“自定义动画”命令，弹出如实训项目图 36.3 所示的“添加效果”子菜单。注意：“删除”按钮此时不可用。

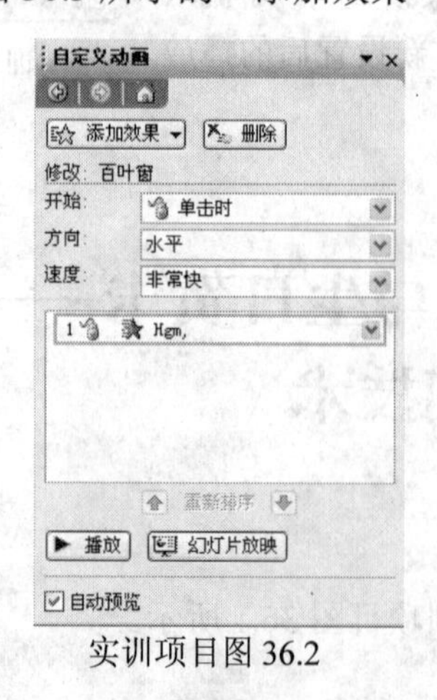

实训项目图 36.2

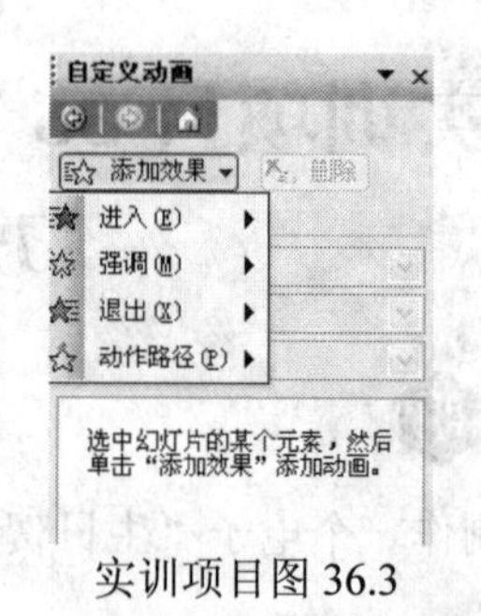

实训项目图 36.3

2．在幻灯片中插入声音

执行菜单“插入”→“影片和声音”→“剪辑管理器中的声音”（或“文件中的声音”），指定声音存放位置，单击“插入”按钮。幻灯片中插入声音后，在幻灯片中增加了一个声音标志。

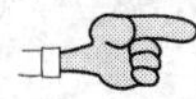

本实训的制作要求和过程

（1）启动 PowerPoint，选择空演示文稿。

（2）在制作幻灯片时，单击菜单“插入”→“新幻灯片”命令，出现“幻灯片版式”子窗格，选择“空白”版式，按照以下要求制作幻灯片。

① 第 1 张幻灯片（按播放顺序）

（a）幻灯片背景设置成“填充色”，夕阳斜照效果，横向底纹样式。

（b）插入音乐“生日快乐曲.mp3”，将其设置成在幻灯片播放的同时播放，直到第 3 张幻灯片结束。

（c）在幻灯片标题位置插入文字“同一首歌的祝福”，华文彩云字体，60 号字，黄色，加粗，动画要求回旋。

（d）在幻灯片中插入如实训项目图 36.1 所示剪贴画框，第一个剪贴画动画要求放大效果，第二个剪贴画要求螺旋飞入，顺时针效果。

（e）在幻灯片的左边插入“man-s.gif”图片，要求从右侧缓慢移入，动画播放后隐藏。

（f）在幻灯片的上边插入“man-s.gif”图片，要求从下部缓慢移入，动画播放后隐藏。

（g）在幻灯片的下边插入“man-s.gif”图片，要求从上部缓慢移入，动画播放后隐藏。

（h）在幻灯片的右边插入“man-s.gif”图片，要求从左侧缓慢移入，动画播放后隐藏。

预览幻灯片效果并进行适当的调节，直至满意为止。

② 第 2 张幻灯片（按播放顺序）

（a）插入图片文件“ocean.jpg”，并使其作为整张幻灯片的背景。

（b）在幻灯片中插入多个“Angel6”图片，并摆放成如实训项目图 36.1 所示的效果，要求从左侧飞入，动画播放后不变暗。

（c）利用绘图工具绘制图中的五角星，复制、粘贴为多个，要求从上部缓慢移入，动画播放后不变暗。

（d）利用绘图工具绘制图中的 32 角星，复制、粘贴为多个（填充不同的颜色），要求呈现放大效果，动画播放后隐藏，并伴随声音“爆炸”。

预览幻灯片效果并进行适当的调节，直至满意为止。

提示： 在本张幻灯片中，要制作多个相同的对象，可先制作好一个对象（如插入一个“Angel6”图片或五角星、32 角星），并设置好动画效果，再复制、粘贴为多个，最后摆放成如实训项目图 36.1 所示效果。

③ 第 3 张幻灯片（按播放顺序）

（a）将贺卡背景设置成“棕色大理石”纹理。

（b）在幻灯片中插入如实训项目图 36.1 所示有一定旋转角度的文本框，并要求其在显示时颜色能够由浅入深。

（c）利用绘图工具绘制笑脸，并能够在实训项目图 36.4 中的子图（a）和（b）之间变化两次。

(d) 在文本框中插入多个心形图案，设置图案动画为“出现”，且每个心形图案在动画播放后变为其他颜色。

(e) 在如实训项目图 36.1 所示位置插入太阳形自选图形，动画要求为随机的水平线条。

(f) 在太阳形图案中插入文字“祝”，红色，华文隶书，加粗，80 号字。

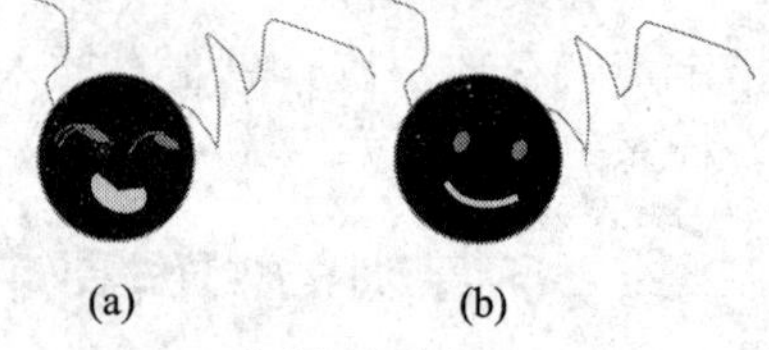

实训项目图 36.4

(g) 插入艺术字“生”，“艺术字库”4 行 4 列样式，双波形，从底部飞入，动画播放后不变暗。

(h) 插入艺术字“日”，螺旋飞入，“艺术字库”5 行 4 列样式，顺时针效果。

(i) 插入艺术字“快乐”，队梯状向下展开，“艺术字库”5 行 3 列样式，正 V 字形。

(j) 插入音乐“生日快乐歌.mp3”，将其设置成在幻灯片播放的同时播放，直到第 3 张幻灯片结束。

预览幻灯片效果并进行适当的调节，直至满意为止。

④ 第 4 张幻灯片（按播放顺序）

(a) 将贺卡背景设置成“紫色网格”纹理。

(b) 插入艺术字“Happy birthday to you!”，“艺术字库”4 行 4 列，Lucida Handwriting 字体，44 号字，双波形，动画要求为随机的水平线条。

(c) 插入图片文件“shanshui.gif”和“shou.gif”，重叠摆放在如实训项目图 36.1 所示位置，动画要求为“出现”。

⑤ 第 5 张幻灯片

(a) 将贺卡背景设置成“粉色砂纸”纹理。

(b) 按照实训项目图 36.1 所示位置插入 9 张图片的文件“chou-s.gif”、“dao-s.gif”等，动画要求为从右侧缓慢移入、从下部缓慢移入、从上部缓慢移入，从左侧缓慢移入等。

⑥ 第 6 张幻灯片

(a) 将贺卡背景设置成“绿色大理石”纹理。

(b) 插入艺术字“Happy birthday”，“艺术字库”4 行 4 列，Monotype Corsiva 字体，96 号字，双波形，动画要求为放大效果。

(c) 将该艺术字复制 2 个，设置不同的颜色，并与前一个艺术字的位置设为一致（方法：选中 3 个艺术字→绘图→对齐或分布→水平居中/垂直居中），即可制作闪烁的艺术字。

(d) 插入文本框，输入文字“同一首歌的祝福”，字体为方正舒体，60 号字，黄色，加粗，动画要求为“溶解”，引入文本方式为“按字”。

(e) 插入图片文件“P44.gif”，并复制 11 个，按实训项目图 36.1 位置摆放，最后将这 12 幅图片组合起来，使其同时出现及动作。

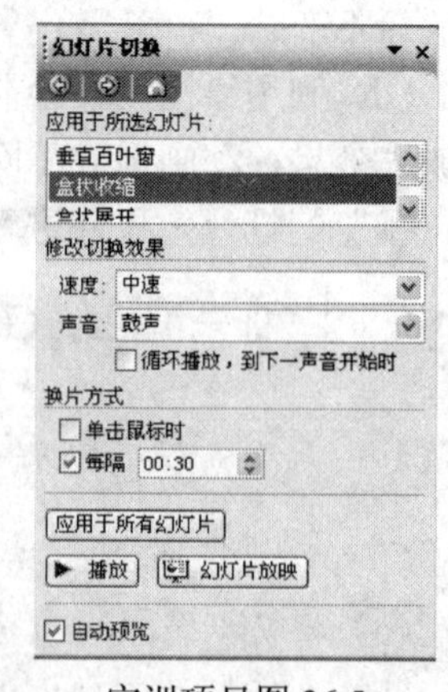

实训项目图 36.5

(3) 单击工具栏中的“幻灯片切换”按钮，出现如实训项目图 36.5 所示的“幻灯片切换”子窗格，在其中将幻灯片的换片方式设置为每隔 30 秒自动换页。

实训项目 37 “学院介绍”——PowerPoint 的综合应用

实训说明

本实训制作一个介绍“学院情况”的演示文稿汇报材料，其效果如实训项目图 37.1 所示。

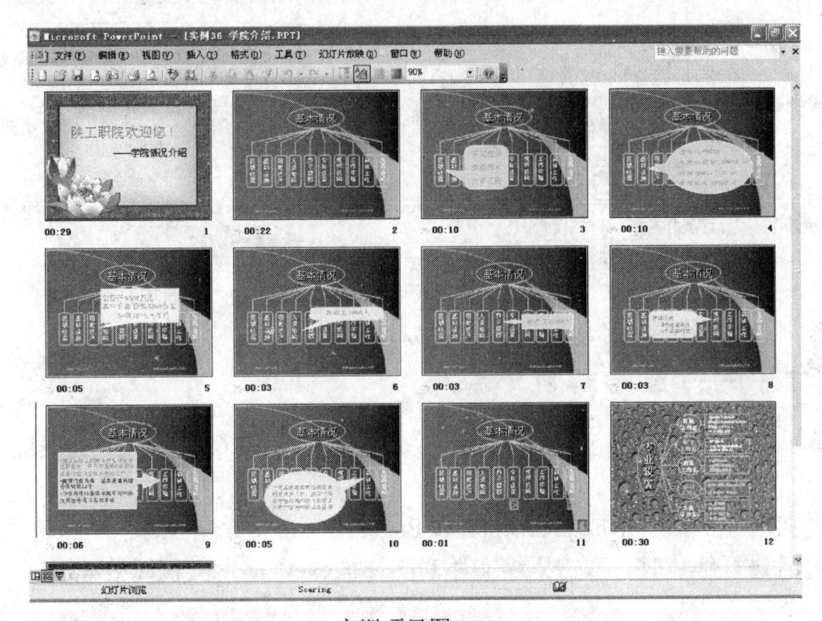

实训项目图 37.1

本实训为介绍某校基本情况的演示文稿汇报材料，共制作 13 张幻灯片。通过在演示文稿中创建超链接，可以跳转到演示文稿内的某个自定义放映、特定的幻灯片、另一个演示文稿、某个 Word 文档、某个文件夹或某个网址上，以助阐明观点。

本实训知识点涉及幻灯片超链接、母版、幻灯片打包和解包的方法、直接放映的方法。

实训步骤

设置幻灯片的超链接

（1）为幻灯片建立超链接可以通过动作按钮来实现，也可以在幻灯片中插入普通图片，再为图片设置超链接。现仅介绍前者。

（2）PowerPoint 系统提供了一些标准的动作按钮，单击“绘图”工具栏中的“自选图形”下拉式菜单→“动作按钮”，选择合适的动作按钮。

如果不清楚某动作按钮的功能，可将鼠标指向该动作按钮，停顿片刻后，关于该动作按钮的功能将以标注形式自动显示出来，如实训项目图 37.2 所示。

（3）设置超链接分为以下两步：

① 在幻灯片中插入动作按钮。

② 为动作按钮设置超链接：右击要作为超链接按钮的动作按钮，在弹出的快捷菜单中选择“编辑超链接”命令，弹出如实训项目图 37.3 所示的“动作设置”对话框，打开此对话框中的“超链接到”单选项的下拉列表框，选择要链接到的幻灯片，单击“确定”按钮，链接成功。

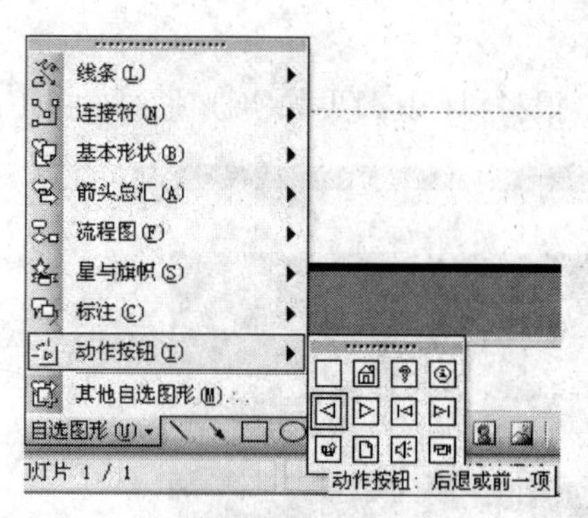

实训项目图 37.2

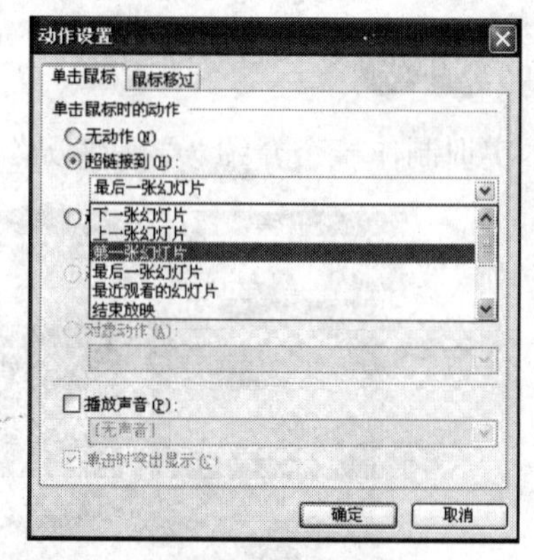

实训项目图 37.3

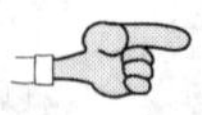

幻灯片的打包与解包

单击菜单“文件”→“打包成 CD”命令，弹出“打包成 CD”对话框，根据提示信息，完成打包过程。

当幻灯片打包完毕后，形成 presO.ppz 和 Pngsetup.exe 两个文件。

当对幻灯片进行解包时，双击压缩文件 Pngsetup.exe，演示文稿即被解压。

说明：打包和解包是压缩和解压缩的过程。当演示文稿较长、需要安装到其他计算机上运行时，往往需要打包。特别是当有些计算机尚未安装 PowerPoint 软件时，必须连同播放器一同打包。请在打包时注意这一点。

本实训的制作要求和过程

（1）插入图片文件“ltu.jpg”，并使其作为第一张幻灯片的背景。

（2）第 2 张和第 12 张幻灯片中的线条、圆角矩形、椭圆、文本框等动画设置为“向下擦除”和“向右擦除”。

（3）在第 11 张幻灯片中添加 2 个动作按钮。当单击中间的动作按钮时，自动切换到第 12 张幻灯片播放；当单击右边的动作按钮时，自动切换到第 13 张幻灯片播放。

（4）给每一张幻灯片都插入页脚和日期——编辑母版：

如实训项目图 37.4 所示，执行菜单“视图”→“母版”→“幻灯片母版”命令，在如实训项目图 37.5 所示母版的日期区和页脚区中分别输入日期和文字“陕西工业职业技术学院”，并设置字体为隶书，红色字；然后，单击“幻灯片母版视图”工具栏中的“关闭母版视图”按钮，如实训项目图 37.6 所示，退出母版的编辑，这时为每一张幻灯片都插入了页脚和日期。

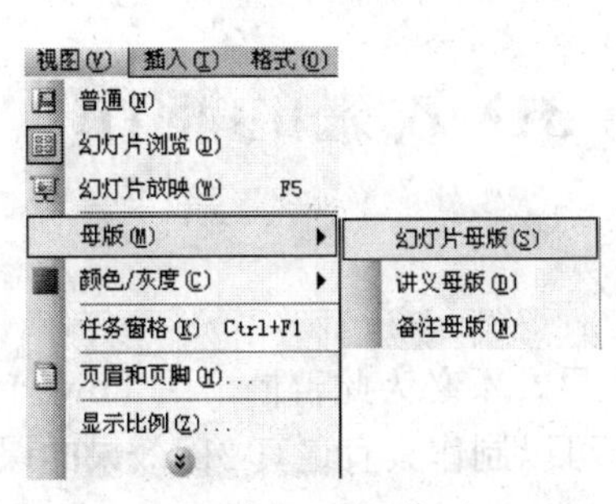

实训项目图 37.4

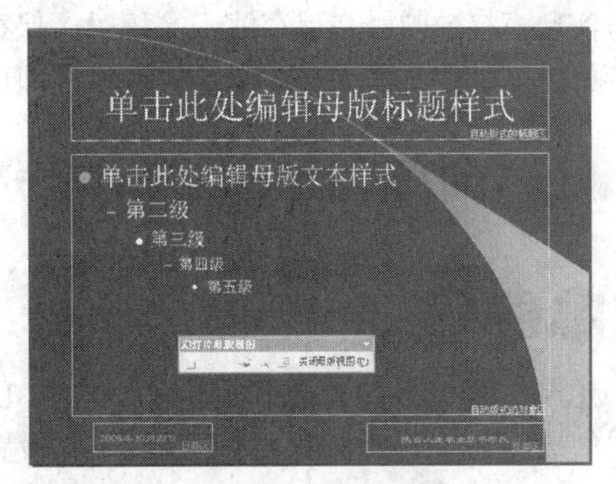

实训项目图 37.5

（5）幻灯片的排练计时设置过程如下：执行菜单“幻灯片放映”→“排练计时”命令，此时，系统进入全屏幕播放状态，并弹出如实训项目图 37.7 所示的“预演”工具栏。在其正中显示的是对象播放的时间。单击鼠标或单击“下一项”图标按钮可以切换到下一项播放。

实训项目图 37.6

实训项目图 37.7

说明： 如果对幻灯片进行排练计时，则必须在设置放映方式时选定换片方式“如果存在排练时间，则使用它”，才能使设置生效。

（6）设置幻灯片的放映方式：可以通过执行菜单“幻灯片放映”→“设置放映方式”命令来实现。此时弹出如实训项目图 37.8 所示的“设置放映方式”对话框，在其中进行相应的设置即可。

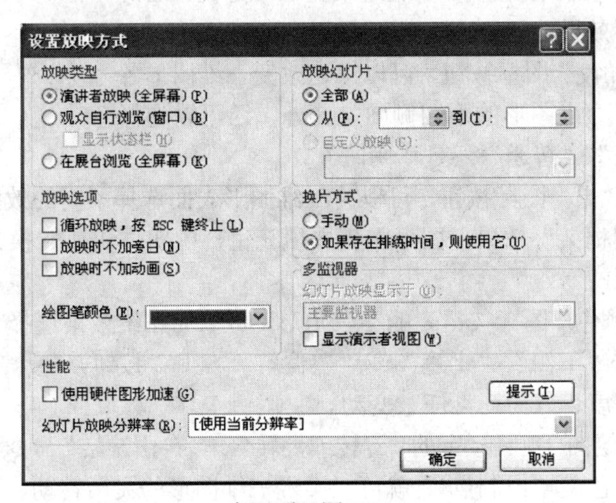

实训项目图 37.8

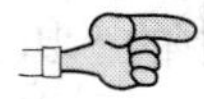 双击即可运行的 PowerPoint 演示文稿

对于用 PowerPoint 制作好的演示文稿，虽然可以在桌面上建立其快捷方式，可是在使用时，双击文件名后还要先启动 PowerPoint，然后再放映幻灯片。采用下述方法，双击文件名

即可实现直接放映：在保存演示文稿时，保存类型选择“PowerPoint 放映”（*.pps），然后把保存好的文件在桌面上建立一个快捷方式即可。

实训项目 38　PowerPoint 中 3D 效果的制作

实训说明

想制作简单的 3D 课件，却对专业的 3D 软件望而生畏？不必为此苦恼，用 PowerPoint 可以解燃眉之急。只要巧妙地利用其三维设置功能，同样可以制作具有逼真 3D 效果的课件。

实训步骤

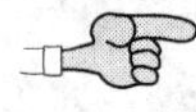

制作三维立体图

（1）插入平面自选图形，如矩形、圆形等。

（2）单击“绘图”工具栏上的“三维效果样式”图标按钮，为自选图形选择一种合适的三维效果。

（3）打开“三维设置”工具栏。单击“绘图”工具栏上的“三维效果样式”图标按钮，选择下拉式菜单中的“三维设置”命令，即可打开“三维设置”工具栏，其上的每个按钮都有特定的功能，如实训项目图 38.1 所示。

① 单击“设置/取消三维效果”图标按钮，可以实现平面图形和立体图形之间的快速切换。

② 单击“深度”图标按钮，可以选择不同的深度值，从而快速改变三维深度（如果选择子菜单中的“无穷”，还可以制作出锥体效果）。

③ 单击“方向”图标按钮，可以快速改变三维方向，还可以在透视效果和平行效果之间快速切换。

④ 单击“照明角度”图标按钮，可以快速改变三维图形各表面的光照强度，以突出图形的不同侧面。此外，还可以选择照明的亮度是“明亮”、“普通”还是“阴暗”。

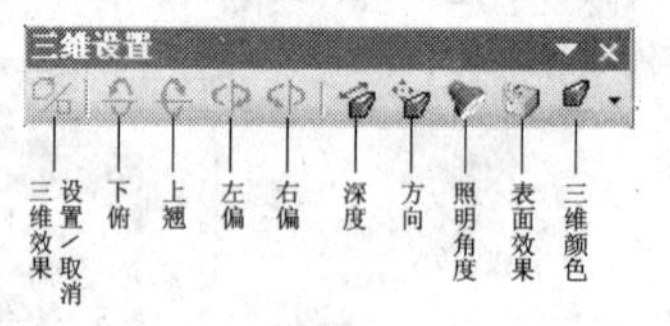

实训项目图 38.1

⑤ 单击“表面效果”图标按钮，可以为三维图形表面选择不同的效果。特别需要指出的是，如果选择“透明框架”效果，图形将失去填充色，由实体快速转换为透明框架，这在几何教学中是非常实用的。

⑥ 单击“三维颜色”图标按钮旁的小三角形，可以为三维效果选择一种与前表面不同的填充颜色。连续单击“下俯”、“上翘”或“左偏”、“右偏”按钮，整个三维图形就会随着控制要求动起来，其角度、方向均可任意变动。

如果配合使用“绘图”工具栏上的“旋转或翻转”→“自由旋转”命令（在 PowerPoint 2003 版中则为图形上的绿色旋转控制点），就可以实现三维图形的灵活转动，几乎可以达到随心所欲的效果（见实训项目图 38.2）。

（4）单击“绘图”工具栏上的“填充颜色”图标按钮旁的小三角形，选择子菜单中的“其他填充颜色”项，在随后弹出的“颜色”对话框中可以调节颜色和透明度，调节后的三维图形就会呈现前表面半透明的特殊效果，如实训项目图 38.3 所示。

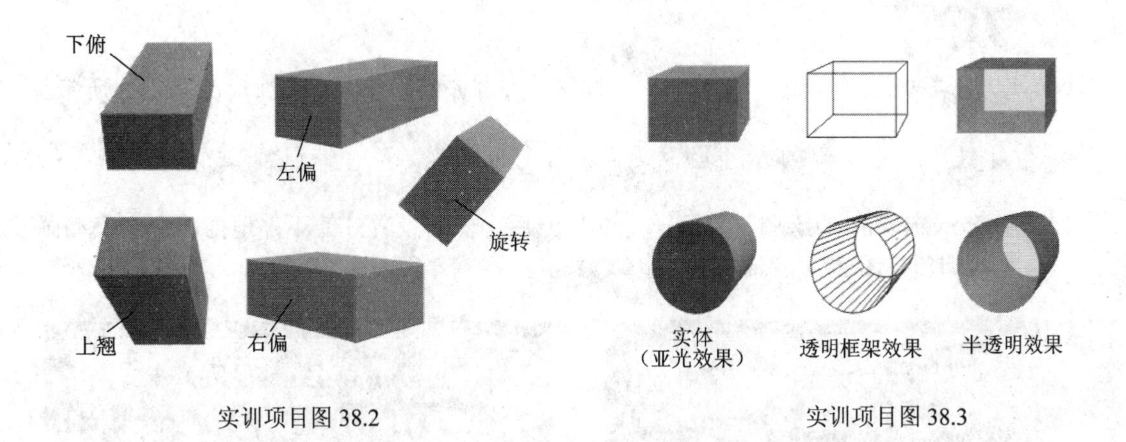

实训项目图 38.2　　　　实训项目图 38.3

实训项目 39　“灯笼摇雪花飘”——自定义动画和幻灯片放映

实训说明

本例主要介绍自定义动画和幻灯片放映等操作的应用，通过制作“灯笼摇雪花飘”动画来体会制作一个比较复杂的自定义动画过程，如实训项目图 39.1 和实训项目图 39.2 所示。

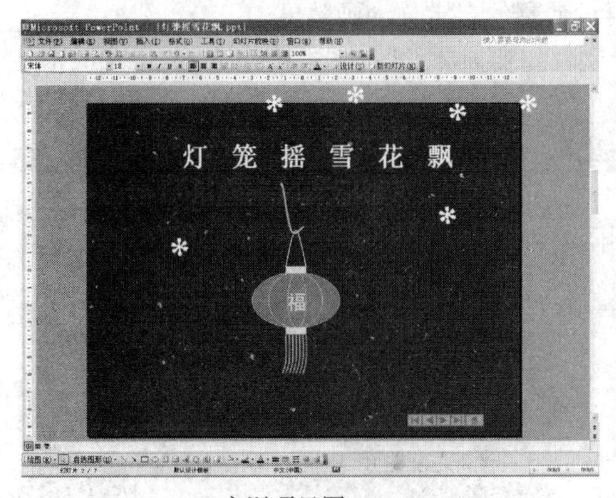

实训项目图 39.1

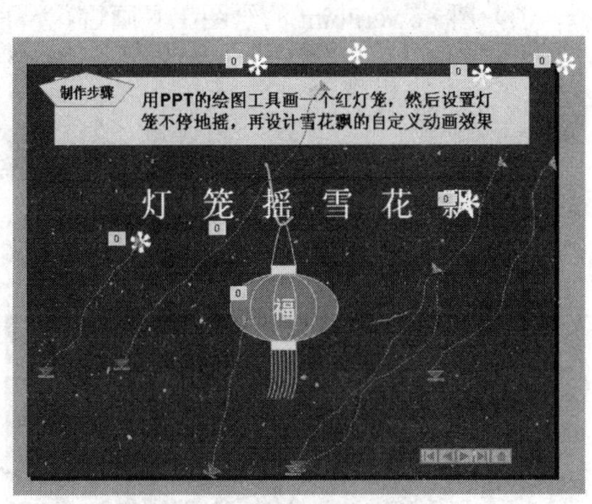

实训项目图 39.2

“灯笼摇雪花飘”动画特色：

（1）用形状画出了红灯笼和雪花。

（2）灯笼在挂钩上不停地摇摆，集多种技巧设计而成。

（3）应用了循环放映。

（4）雪花飘的动画效果，应用了自定义路径动画。

实训步骤

（1）用 PowerPoint 的绘图工具画一个红灯笼。红灯笼的绘制参见实训项目图 39.3 所示。

小技巧：用 3 个椭圆可很方便地画出灯笼的主体。

（2）用 PowerPoint 的绘图工具画一个红灯笼后，然后设置灯笼不停地摇的自定义动画效果，参见实训项目图 39.4 所示。

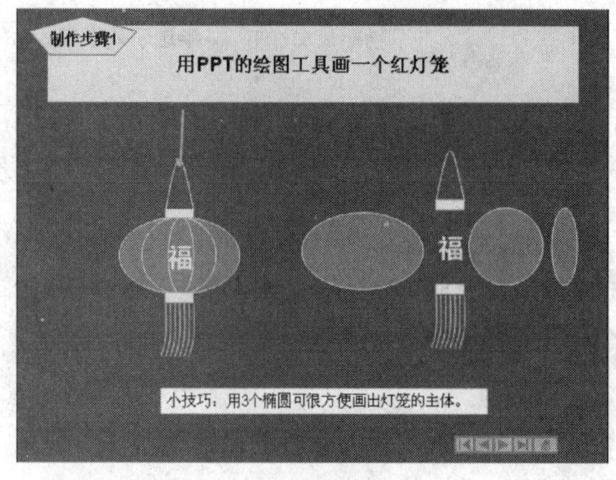

实训项目图 39.3

实训项目图 39.4

给组合后的灯笼设置动画效果：选择菜单栏上的“幻灯片放映→自定义动画→添加效果→强调→跷跷板”。

（3）用 PowerPoint 的绘图工具画雪花，再设计飘的自定义动画效果。

雪花的绘制：用直线工具按雪花的形状绘制，如实训项目图 39.5 中放大后的雪花的形状所示。

给组合后雪花设置动画效果：选择菜单栏上的“幻灯片放映→自定义动画→添加效果→动作路径→绘制自定义路径→曲线”。

（4）将设置好的雪花再复制若干，放到不同的位置，如实训项目图 39.6 所示。

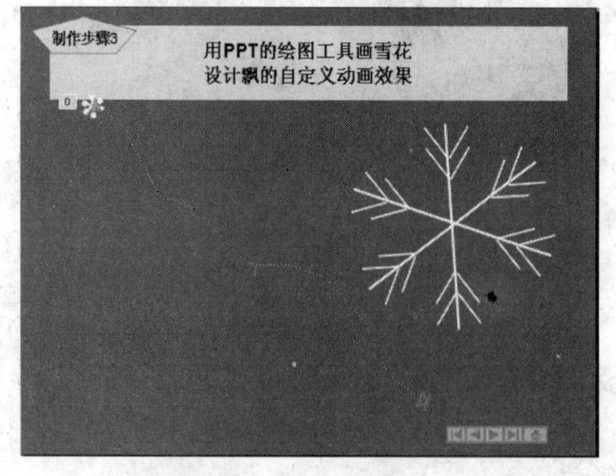

实训项目图 39.5

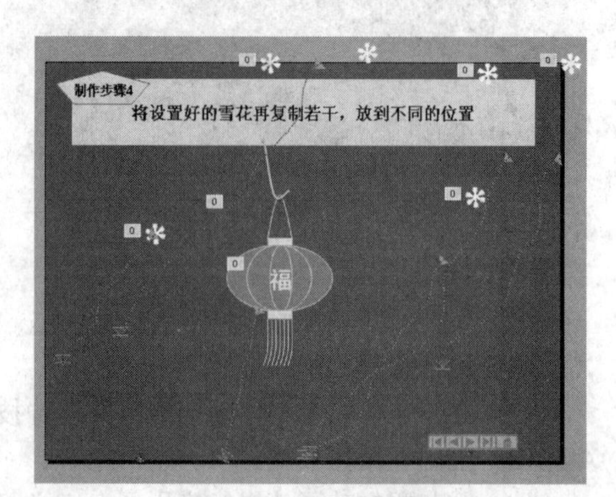

实训项目图 39.6

实训项目 40 “星星闪烁和彗星飘曳”——自定义动画

实训说明

本例主要介绍自定义动画的应用，“星星闪烁和彗星飘曳”动画综合应用了 PowerPoint 多种动画功能。

“星星闪烁和彗星飘曳”动画特色（如实训项目图 40.1 所示）：

（1）用“图片”工具栏处理图片，利用层和补丁技巧。

（2）应用自定义动画效果展示了星星 4 种不同的闪烁效果。

（3）彗星的动画效果，应用自定义路径和计时设置。

实训步骤

1．星星闪烁的制作如实训项目图 40.2 所示

（1）根据实训项目图 40.3 所示画三颗五角星。

（2）闪烁效果：选取一个五角星→单击“添加效果”→“强调”→“其他效果”在打开的“添加强调效果”对话框中向下翻页，单击“闪烁”→“确定”。

（3）单击“自定义动画”窗格中的闪烁动画右侧下拉箭头→“效果选项”，在打开的“闪烁”对话框中，单击“效果”→“动面播放后”右侧下拉箭头→“播放动画后隐藏”→“计时”→“重复”右侧下拉箭头→“5”→“确定”。该动画闪烁 5 次后隐藏。

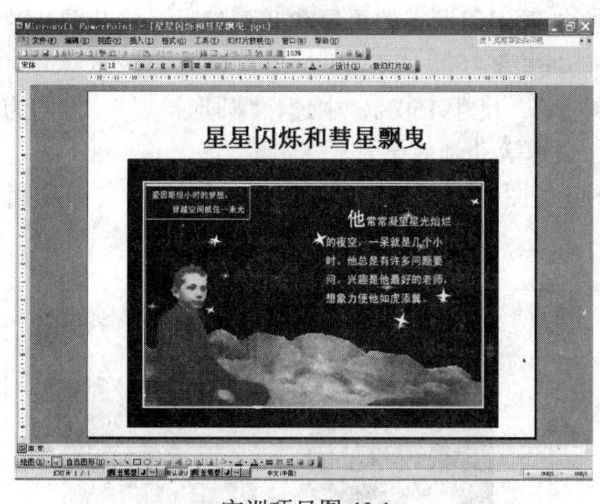

实训项目图 40.1

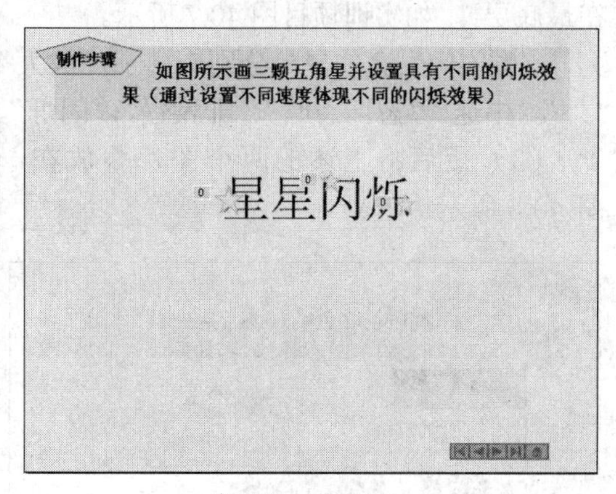

实训项目图 40.2

（4）星星几种不同闪烁效果的制作：通过设置不同速度体现不同的闪烁效果，如实训项目图 40.3 所示。

2．彗星飘曳的制作，参见实训项目图 40.4 所示

（1）彗星的动画效果：插入一个彗星图形→添加自定义路径→打开“效果选项”对话框→设置“效果”为自右上部、播放动画后隐藏，如图 40.4 所示，设置“计时”为中速、重复 1

次或 2 次，如实训项目图 40.5 所示。

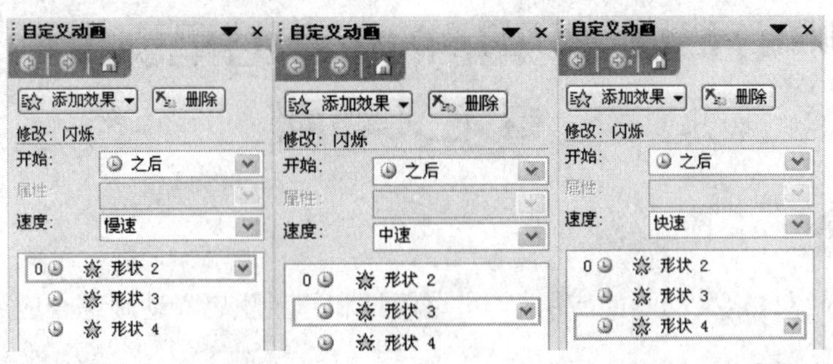

实训项目图 40.3

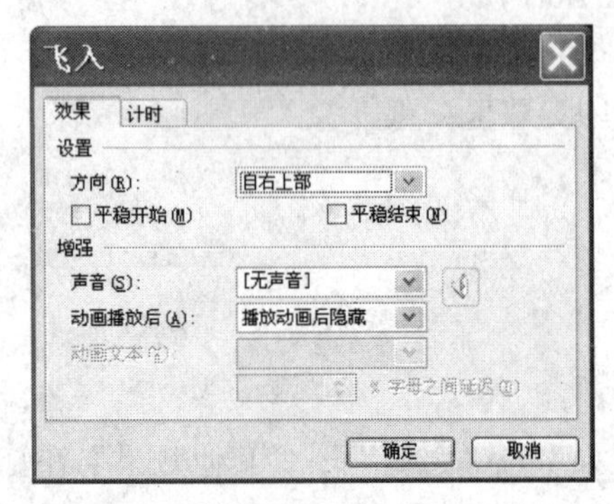

实训项目图 40.4

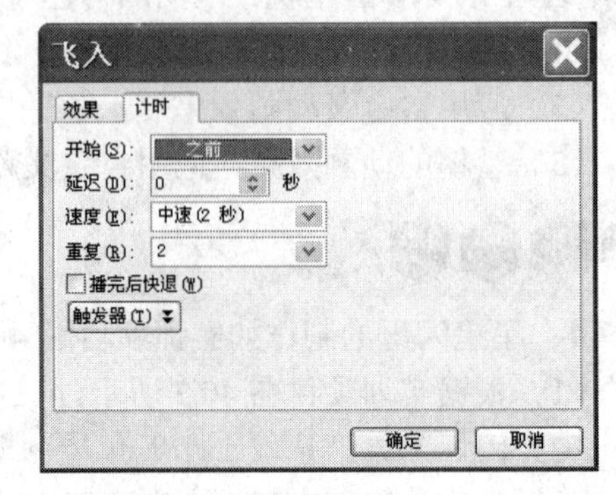

实训项目图 40.5

（2）将设置好动画效果的彗星图片再复制 2 份放在不同的位置即可。

3．“星星闪烁和彗星飘曳”动画案例的制作

（1）插入如实训项目图 40.6 所示的图片（此图片是上层）。

（2）插入如下所示的图片，并在天空中加 4 颗闪闪发亮的星星和几颗彗星（将此图片放在最底层），如实训项目图 40.7 所示。

4 颗闪闪发亮的星星分别应用了“放大/缩小”、尺寸 150%、中速，“圆形扩展”、方向为“外”、中速，“忽明忽暗”、非常慢，“闪烁”、快速等动画效果。

（3）最后将上述的两个图片叠放在一起（图片是两层）即完成制作，如实训项目图 40.8 所示。

实训项目图 40.6

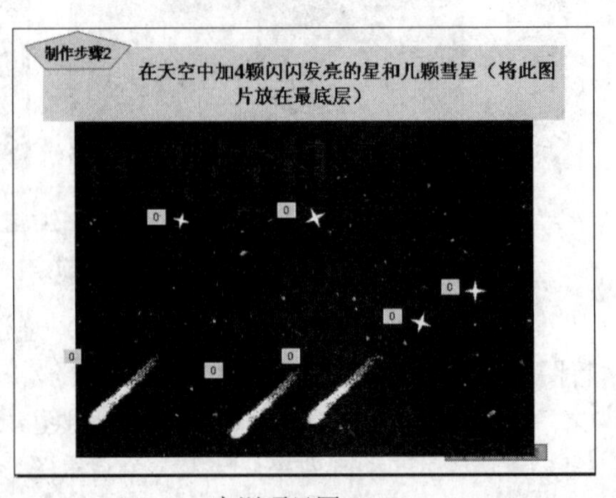

实训项目图 40.7

实训项目图 40.8

经验技巧

PowerPoint 中的使用技巧

1．让剪贴画灵活改变颜色

在演示文稿中插入剪贴画后，若觉得颜色搭配不合理，肯定会选择“图片”工具栏中的“图片重新着色”图标按钮。初看挺好，但一改动问题就来了。比如要把该剪贴画中的一部分黑色改成红色，它却把全部黑色都改成了红色，太呆板了。怎么办？没关系，可以这样做：

（1）选中该剪贴画。

（2）单击“绘图”工具栏中的“绘图”按钮，打开其菜单。

（3）单击“取消组合”命令，这时会出现一个提示信息框“这是一张导入的图片，而不是组合。是否将其转换为 Microsoft Office 图形对象？”。

（4）单击“是”按钮，会看到一个选定变成多个选定。

（5）在选定区域外的空白处单击。

（6）选中要改变的那一部分对象（有些可以再分解）。

（7）单击“绘图”工具栏中的“填充颜色”图标按钮，选择所需要的颜色。这样一来，改变颜色就灵活多了。

2．让剪贴画旋转或翻转

在演示文稿中插入剪贴画后，若觉得角度不对，想旋转，或方向不对而想翻转时，PowerPoint 的相关指令却不能被激活，无法使用。莫心急，告诉你一个小技巧，保证让你满意。

前面的 4 个步骤与“1”中的步骤相同。单击“绘图”工具栏中的“绘图”→“组合”命令。经过这 5 个步骤的处理，就可以随心所欲地使用相关指令了。

3．使两幅图片同时动作

PowerPoint 的动画效果比较有趣，选项也颇多，但限于动画的顺序，插入的图片只能一幅一幅地动作。如果有两幅图片需要一左一右或一上一下地向中间同时动作，这可不易实现。可以这样解决问题：

（1）排好两幅图片的最终位置，按住 Shift 键，选中两幅图片。

（2）单击“绘图”工具栏中的“绘图”按钮。

（3）选择“组合”命令，这样使两幅图片变成了一个选定。

（4）再到“动画效果”中的“时间”里选择“播放动画”。

（5）在“效果”里选择“左右向中间收缩”（或另外3项），就可以满足要求了。

4．插入MP3音乐

PowerPoint中的插入声音文件不支持MP3格式，但若需要用MP3格式的话，可以另辟蹊径：

（1）执行菜单“插入”→“对象”命令。

（2）在弹出的“插入对象”对话框中选择“由文件创建”单选按钮。

（3）单击“浏览”按钮，指出MP3文件的存放路径。

（4）插入文件后，在“动画效果”设置中除“时间”和“效果”外，再选择“播放设置”→“对象动作”→“激活内容”即可（系统内必须有MP3播放器）。

5．长时间闪烁字体的制作

在PowerPoint中也可以制作闪烁字，但闪烁效果只是流星般地闪一次罢了。要做一个引人注目的连续闪烁字，可以这样做：在文本框中填入所需文字，处理好字的格式和效果，并做成快速或中速闪烁的图画效果，复制这个文本框，根据想要闪烁的时间来确定粘贴的文本框的个数，将这些文本框的位置设置为一致，处理这些文本框为每隔1秒动作1次，设置文本框在动作之后消失，这样就成功了。

测 试 篇

第1章 计算机基础知识测试题及参考答案

测 试 题 1

一、单选题（共20小题，每题2分，共40分）

1. 计算机能够直接执行的程序是________。
   A）应用软件　B）机器语言程序　C）源程序　D）汇编语言程序
2. 操作系统的英文名称是________。
   A）DOS　B）Windows　C）UNIX　D）Operating System
3. 要使高级语言编写的程序能够被计算机运行，必须由________将其处理成机器语言。
   A）系统软件和应用软件　B）内部程序和外部程序
   C）解释程序或编译程序　D）源程序或目标程序
4. ________属于面向对象的程序设计语言。
   A）C　B）FORTRAN　C）Pascal　D）Java
5. 解释程序的功能是________。
   A）解释执行高级语言程序　B）将高级语言程序翻译成目标程序
   C）解释执行汇编语言程序　D）将汇编语言程序翻译成目标程序
6. 操作系统是________的接口。
   A）主机和外围设备　B）用户和计算机
   C）系统软件和应用软件　D）高级语言和机器语言
7. 操作系统的主要功能是________。
   A）实现软、硬件转换　B）管理系统中所有的软、硬件资源
   C）把源程序转换为目标程序　D）进行数据处理
8. 之所以有“高级语言”这样的称呼，是因为它们________。
   A）必须在高度复杂的计算机上运行　B）“距离”机器硬件更远
   C）开发所用的时间较长　D）必须由经过良好训练的程序员使用
9. ________是控制和管理计算机硬件和软件资源、合理地组织计算机工作流程、方便用户使用的程序集合。
   A）操作系统　B）监控程序　C）应用程序　D）编译系统
10. 冯·诺依曼为现代计算机的体系结构奠定了基础，他的主要设计思想是______。
    A）采用电子元件　B）数据存储
    C）虚拟存储　D）程序存储

11. 世界上第一台电子计算机是在________年诞生的。

A）1927　B）1946　C）1943　D）1952

12. 第4代计算机是由________构成的。

A）大规模和超大规模集成电路　B）中、小规模集成电路

C）晶体管　D）电子管

13. 计算机在运行时，把程序和数据一并存放在内存中，这是1946年由________所领导的研究小组正式提出并加以论证的。

A）图灵　B）布尔　C）冯·诺依曼　D）爱因斯坦

14. CPU每执行一个________，就完成一步基本数学运算或逻辑判断。

A）语句　B）指令　C）程序　D）软件

15. 微型计算机的CPU是________。

A）控制器和内存　B）运算器和控制器　C）运算器和内存　D）控制器和寄存器

16. CPU的主要性能指标是________。

A）主频、内存、外存储器　B）价格、字长、字节

C）主频、字长、内存容量　D）价格、字长、可靠性

17. 在计算机中，指令主要存放在________中。

A）CPU　B）内存　C）键盘　D）磁盘

18. 静态图像压缩标准是________。

A）MPEG　B）JPEG　C）JPG　D）MPG

19. 计算机中的USB接口是一种________。

A）统一系列块　B）美国商用标准

C）通用串行总线接口　D）通用并行总线接口

20. 多媒体计算机系统的两大组成部分是________。

A）多媒体功能卡

B）多媒体通信软件和多媒体开发工具

C）多媒体输入设备和多媒体输出设备

D）多媒体计算机硬件系统和多媒体计算机软件系统

二、多选题（共2小题，每题5分，共10分）

1. 下列叙述中，正确的是________。

A）功能键代表的功能是由硬件确定的

B）关闭显示器的电源，正在运行的程序将立即停止运行

C）软盘驱动器既可作为输入设备，也可作为输出设备

D）Office是一种应用软件

E）微型计算机开机时应先接通主机电源，然后接通外围设备电源

F）把软盘写保护口打开是防止软盘感染病毒的有力措施之一

G）软盘在读写时不能从软盘驱动器中取出，否则可能会损伤磁盘

2. 下列各种设备中，属于外存储设备的有________。

A）软盘　B）硬盘　C）显示器　D）RAM

E）ROM　F）光盘

三、判断题（共 15 小题，每题 2 分，共 30 分）

1．在第二代计算机中，以晶体管取代电子管作为其主要的逻辑元件。（　）
2．ENIAC 计算机是第一台使用内部存储程序的计算机。（　）
3．一般而言，中央处理器是由控制器、外围设备和存储器所组成的。（　）
4．裸机是指未安装机箱盖的主机。（　）
5．程序必须送到主存储器内，计算机才能执行相应的命令。（　）
6．计算机中的所有计算都是在内存中进行的。（　）
7．计算机的存储器可分为主存储器和辅助存储器两种。（　）
8．输入大写字母之前要先按下 Shift 键。（　）
9．显示器既是输入设备又是输出设备。（　）
10．显示控制器（适配器）是系统总线与显示器之间的接口。（　）
11．键盘上按键的功能可以由程序设计人员改变。（　）
12．系统软件又称为系统程序。（　）
13．即使计算机断电，RAM 中的程序和数据仍然不会丢失。（　）
14．计算机的字长位数越多，其计算结果的精度就越高。（　）
15．计算机的内存容量不仅反映计算机可用存储空间的大小，同时也会影响大型软件的运行速度。（　）

四、填空题（共 10 小题，每题 2 分，共 20 分）

1. 1 MB 的含义是________，1 KB 的含义是________。
2. 存储器容量 1 GB、1 KB、1 MB 分别表示 2 的_______次方、_______次方、_______次方字节。
3. 通常用显示器水平方向上显示的点数乘以垂直方向上显示的点数来表示显示器的清晰程度，该指标称为________。
4．________是用户与计算机之间的接口。
5．计算机的指令由操作码和________组成。
6．程序在被执行之前，必须先转换成________语言。
7．计算机能够直接执行的程序，在机器内部是以________编码形式来表示的。
8．根据软件的用途，一般可将其分为系统软件和________两大类。
9. 用高级语言编写的程序称为_______，该程序必须被转换成_______，计算机才能执行。
10．CPU 由运算器和控制器组成，负责指挥和控制计算机各个部分自动、协调一致地进行工作的部件是________。

参考答案

一、单选题

1．B　2．D　3．C　4．D　5．B　6．B　7．B　8．B　9．A　10．D
11．B　12．A　13．C　14．B　15．B　16．C　17．B　18．C　19．C　20．D

二、多选题

1. CDFG　2. ABF

三、判断题

1. √　2. ×　3. ×　4. ×　5. √　6. ×　7. √　8. ×　9. ×
10. √　11. √　12. √　13. ×　14. √　15. √

四、填空题

1. 1 024 KB，1 024 B　2. 30，10，20　3. 分辨率　4. 操作系统　5. 操作数
6. 机器　7. 二进制　8. 应用软件　9. 源程序，目标程序　10. 控制器

测 试 题 2

一、单选题（共 20 小题，每题 2 分，共 40 分）

1. 在 ASCII 码表中，按照 ASCII 值从大到小的顺序排列是________。
   A）数字、英文大写字母、英文小写字母
   B）数字、英文小写字母、英文大写字母
   C）英文大写字母、英文小写字母、数字
   D）英文小写字母、英文大写字母、数字
2. 在计算机中，bit 的含义是________。
   A）字　B）字长　C）字节　D）二进制位
3. 键盘上的 Ctrl 键是控制键，它________其他键配合使用。
   A）总是与　B）无须与　C）有时与　D）和 Alt 键一起再与
4. ________是上档键，主要用于辅助输入键盘中的上档字符。
   A）Shift　B）Ctrl　C）Alt　D）Tab
5. 按________键之后，可删除光标位置前面的一个字符。
   A）Insert　B）Ctrl　C）Backspace　D）Delete
6. 目前在台式计算机上最常用的 I/O 总线是________。
   A）ISA　B）PCI　C）EISA　D）VL-BUS
7. ________不是硬盘驱动器接口电路。
   A）IDE　B）EIDE　C）SCSI　D）USB
8. 在微型计算机系统中，数据存取速度最快的是________。
   A）硬盘　B）内存　C）软盘　D）只读型光盘
9. 微型计算机在工作过程中突然遇到电源中断，则计算机________中的信息将全部丢失，再次接通电源后也不能恢复数据。
   A）ROM　B）CD-ROM　C）RAM　D）硬盘
10. 下列有关存储器依读写速度所做的排列，正确的是________。
    A）RAM>Cache>硬盘>软盘　B）Cache>RAM>硬盘>软盘
    C）Cache>硬盘>RAM>软盘　D）RAM>硬盘>软盘>Cache
11. 内存中的每个存储单元被赋予唯一的序号，该序号称为________。
    A）容量　B）内容　C）标号　D）地址

12．只读型光盘简称为________。

A）MO B）WORM C）WO D）CD-ROM

13．硬盘在工作时，应特别注意避免________。

A）光线直射 B）噪声 C）强烈震动 D）环境卫生不好

14．标准 VGA 显示控制卡的图形分辨率为________像素。

A）420×300 B）640×200 C）640×480 D）1 024×768

15．EPROM 是指________。

A）可擦写可编程只读存储器 B）电擦除只读存储器

C）只读存储器 D）可擦写只读存储器

16．当软盘驱动器指示灯亮时，不能将软盘取出，这是因为________。

A）内存中的数据将会丢失

B）会影响计算机的使用寿命

C）会损坏主板的 CPU

D）可能破坏磁盘中的数据

17．存储器分为内存和外存储器两类，________。

A）它们中的数据均可被 CPU 直接调用

B）只有外存储器中的数据可被 CPU 直接调用

C）它们中的数据均不能被 CPU 直接调用

D）只有内存中的数据可被 CPU 直接调用

18．“死机”是指________。

A）计算机读数状态 B）计算机运行异常状态

C）计算机自检状态 D）计算机处于运行状态

19．以下说法中，正确的是________。

A）由于存在着多种输入法，所以也存在着多种汉字内码

B）在多种输入法中，五笔字型是最好的

C）一个汉字的内码由两个字节组成

D）拼音输入法是一种音型码输入法

20．输入汉字必须是________。

A）大写字母状态 B）小写字母状态

C）用数字键输入 D）大写字母和小写字母均可

二、多选题（共 4 小题，每题 2.5 分，共 10 分）

1．计算机可直接执行的指令通常包含____________两个部分，它们在机器内部是以________表示的，由这种指令构成的语言也叫做________。

A）源操作数和目的操作数 B）操作码和操作数

C）ASCII 码的形式 D）二进制码的形式

E）汇编语言 F）机器语言

2．微型计算机软盘与硬盘相比较，硬盘的特点是________。

A）存取速度较慢 B）存储容量大 C）便于随身携带

D）存取速度快 E）存储容量小

3．下列叙述中，正确的是________。

A）计算机系统的资源是数据

B）计算机系统由 CPU、存储器和输入输出设备所组成

C）16 位字长的计算机是指能够计算最大为 16 位十进制数的计算机

D）计算机区别于其他计算工具的本质特点是能够存储程序和数据

E）运算器是完成算术和逻辑运算的核心部件，通常称为 CPU

4．下列叙述中，正确的是________。

A）计算机高级语言是与计算机具体型号无关的程序设计语言

B）汇编语言程序在计算机中无须经过编译，就能直接执行

C）机器语言程序是计算机能够直接运行的程序

D）低级语言学习、使用起来都很难，运行效率也低，目前已完全被淘汰

E）程序必须先调入内存才能运行

F）汇编语言是最早出现的高级语言

三、判断题（共 15 小题，每题 2 分，共 30 分）

1．只读存储器（ROM）内所存储的数据是固定不变的。 （ ）

2．软盘驱动器兼具输入和输出功能。 （ ）

3．软盘在被读写时不能由软盘驱动器中取出，否则有可能损坏软盘和软盘驱动器。 （ ）

4．软盘驱动器属于主机的组成部分，软盘属于外围设备。 （ ）

5．磁盘上的磁道是由多个同心圆组成的。 （ ）

6．一般不应擅自打开硬盘。 （ ）

7．编译程序的执行效率与速度不如直译程序高。 （ ）

8．总线是一种通信标准。 （ ）

9．计算机处理数据的基本单位是文件。 （ ）

10．任何程序均可被视为计算机软件。 （ ）

11．计算机的主频越高，计算机的运行速度就越快。 （ ）

12．C 语言编写的程序要变成目标程序，必须经过解释程序。 （ ）

13．如果没有软件，计算机将无法工作。 （ ）

14．字长是指计算机能同时处理的二进制数据的位数。 （ ）

15．编译程序的功能是将源程序翻译成目标程序。 （ ）

四、填空题（共 10 小题，每题 2 分，共 20 分）

1．微型计算机可以配置不同的显示系统，在 CGA、EGA 和 VGA 标准中，显示性能最好的是________。

2．________设备是人与计算机相互联系的接口，用户通过它可以与计算机交换信息。

3．只读碟的英文缩写是________。

4．打印机可以分为击打式打印机和非击打式打印机，激光打印机属于________。

5．计算机是由主机和________组成的。

6．在计算机显示器的参数中，640 × 480 像素、1 024 × 768 像素等表示显示器的________。

7. 能够与控制器直接交换信息的存储器是________。

8. 微处理器是指把________和________作为一个整体，采用大规模集成电路工艺在一块或多块芯片上制成的中央处理器。

9. 计算机总线有________、________、________三种。

10. Cache 是由________存储器组成的。

参考答案

一、单选题

1. D　2. D　3. A　4. A　5. C　6. B　7. D　8. B　9. C　10. B
11. D　12. D　13. C　14. C　15. A　16. D　17. D　18. B　19. C　20. B

二、多选题

1. BDF　2. BD　3. BD　4. ACE

三、判断题

1. √　2. √　3. √　4. ×　5. √　6. √　7. ×　8. ×　9. ×
10. ×　11. √　12. ×　13. √　14. √　15. ×

四、填空题

1. VGA　2. 输入/输出　3. CD-ROM　4. 非击打式打印机　5. 外围设备
6. 分辨率　7. 内存　8. 运算器，控制器　9. 控制总线，数据总线，地址总线
10. 随机

测 试 题 3

一、单选题（共 20 小题，每题 2 分，共 40 分）

1. 主存储器与外存储器之间的主要区别是________。
   A）主存储器容量小，速度快，价格高，而外存储器容量大，速度慢，价格低
   B）主存储器容量小，速度慢，价格低，而外存储器容量大，速度快，价格高
   C）主存储器容量大，速度快，价格高，而外存储器容量小，速度慢，价格低
   D）仅仅因为主存储器在计算机内部，外存储器在计算机外部

2. 1.44 MB 软盘的所有磁道中，最内圈的是________道，是编号最大的磁道。
   A）80　B）79　C）1　D）0

3. 软盘写保护功能启用后，________。
   A）可将其他软盘中的文件复制到该软盘
   B）可在该软盘上建立新文件
   C）可将该软盘中的文件复制到其他软盘
   D）可对该软盘进行格式化

4. CD-ROM 存储信息的主要优势在于________。
   A）价格便宜　B）外观漂亮　C）存储容量大　D）易于保管

5. 软盘写保护功能启用后，可以对它进行的操作是________。

A）只能读盘，不能写盘　　B）既能读盘，又能写盘
C）只能写盘，不能读盘　　D）既不能写盘，也不能读盘

6. 常用的软盘有________。
A）1.44 MB 高密度双面软盘　　B）1.44 MB 高密度单面软盘
C）1.44 MB 低密度双面软盘　　D）1.44 MB 低密度单面软盘

7. 下列说法中，正确的是________。
A）软盘的数据存储量远远小于硬盘
B）软盘可以是多张磁盘合成的一个磁盘组
C）软盘的体积比硬盘大
D）读取硬盘中数据所需要的时间比读取软盘数据多

8. 将二进制数 101101101.111101 转换成十六进制数是________。
A）16A.F2　　B）16D.F4
C）16E.F2　　D）16B.F2

9. 下列设备中，________不能作为微型计算机的输出设备。
A）打印机　　B）显示器　　C）键盘和鼠标　　D）绘图仪

10. CGA、EGA、VGA 是________的性能指标。
A）存储器　　B）显示器　　C）总线　　D）打印机

11. CRT display 是指阴极射线管________。
A）终端　　B）显示器　　C）控制器　　D）键盘

12. 决定显示器分辨率的主要因素是________。
A）显示器的尺寸　　B）显示器的种类
C）显示器适配器　　D）操作系统

13. 在下列设备中，________既属于输入设备又属于输出设备。
A）鼠标　　B）键盘　　C）打印机　　D）显示器

14. 速度快、分辨率高的打印机是________打印机。
A）非击打式　　B）击打式　　C）激光　　D）点阵式

15. 下列各种因素中，对微型计算机工作影响最小的是________。
A）温度　　B）湿度　　C）磁场　　D）噪声

16. 在计算机应用领域中，媒体是指________。
A）各种信息的编码　　B）计算机的输入输出信息
C）计算机显示器所显示的信息　　D）表示和传播信息的载体

17. 在下列设备中，属于输出设备的有________。
A）键盘　　B）绘图仪　　C）鼠标　　D）扫描仪

18. 下面关于多媒体系统的描述中，不正确的是________。
A）多媒体系统是对文字、图形、声音等信息及资源进行管理的系统
B）数据压缩是多媒体信息处理的关键技术
C）多媒体系统可以在微型计算机上运行
D）多媒体系统只能在微型计算机上运行

19. 多媒体信息不包括________。
A）文字、图形　　B）音频、视频　　C）影像、动画　　D）光盘、声卡

20．多媒体计算机硬件系统主要包括主机、I/O 设备、光盘驱动器、存储器、声卡和________。

A）话筒　　B）扬声器　　C）视频卡　　D）加法器

二、多选题（共 2 小题，每题 5 分，共 10 分）

1．保护软盘应做到________。

A）软盘放置在通风、干燥、有光照的地方

B）软盘不能弯折，不能被重物挤压

C）不要用手触摸读写槽和任何裸露的盘面

D）在软盘驱动器指示灯亮时，不能直接取出软盘

E）要尽量少对软盘进行格式化操作

F）不能让软盘感染病毒，因为软盘一旦感染病毒，就不能再使用了

2．格式化磁盘的作用是________。

A）为磁盘划分磁道和扇区

B）便于用户保存文件到已完成格式化的磁盘中

C）在磁盘上建立文件系统

D）将磁盘中原有的所有数据删除

E）将磁盘中已损坏的扇区标记成坏块

三、判断题（共 15 小题，每题 2 分，共 30 分）

1．开机时，先开显示器电源后开主机电源，关机时应先关主机后关显示器。（　）

2．计算机采用二进制方式处理数据仅仅是为了计算简单。（　）

3．微型计算机的主要特点是体积小、价格低。（　）

4．指令是计算机用以控制各部件协调工作的命令。（　）

5．指令系统就是指令。（　）

6．系统软件就是软件系统。（　）

7．在计算机中，指令的长度通常是固定的。（　）

8．用以表示计算机运算速度的是每秒钟能执行指令的条数。（　）

9．硬盘通常安装在主机机箱内，因此它属于主机的组成部分。（　）

10．鼠标不能完全取代键盘。（　）

11．衡量微型计算机性能的主要技术指标是主频、字长、存储容量、存取周期和运算速度。（　）

12．任何计算机都具有记忆能力，其中存储的信息不会丢失。（　）

13．控制器的主要功能是自动生成控制命令。（　）

14．运算器只能运算，而不能存储信息。（　）

15．总线在主板上，而接口不一定在主板上。（　）

四、填空题（共 10 小题，每题 2 分，共 20 分）

1．存储 32×32 点阵的 200 个汉字的信息需要________ KB。

2．在计算机存储器中，保存一个汉字需要________字节。

3．数字 0 的 ASCII 码的十进制表示为 48，数字 9 的 ASCII 码的十进制表示为________。

4．一个 ASCII 码是用________字节表示的。

5．按照其所对应的 ASCII 码值进行比较，“a”比“b”________。

6．大写字母、小写字母和数字这 3 种字符的 ASCII 码从小到大的排列顺序是________、________、________。

7．123.45=________H。

8．254.28=________B。

9．ABCD.EFH=________B。

10．11101111101.1B=________H=________D。

参考答案

一、单选题

1. A　2. B　3. C　4. C　5. A　6. A　7. A　8. B　9. C　10. B
11. B　12. C　13. D　14. C　15. D　16. D　17. B　18. D　19. D　20. B

二、多选题

1．BCD　2．ACDE

三、判断题

1. √　2. ×　3. √　4. √　5. ×　6. ×　7. ×　8. ×　9. ×
10. √　11. √　12. ×　13. ×　14. √　15. ×

四、填空题

1. 25　2. 2　3. 57　4. 1　5. 小　6. 数字，大写字母，小写字母　7. 7B.78
8．11111110.01　9．1010101111001101.11101111　10．77D.8　1917.5

测 试 题 4

一、单选题（共 20 小题，每题 2 分，共 40 分）

1．Caps Lock 键的功能是________。

A）暂停　B）大写锁定
C）上档键　D）数字/光标控制转换

2．为了允许不同用户的文件拥有相同的文件名，通常在指定文件时使用________来唯一指定。

A）多级目录　B）路径　C）约定　D）重名翻译

3．准确地说，文件是存储在________。

A）存储介质上的一组相关数据的集合　B）内存中的数据的集合
C）光盘中的数据的集合　D）辅助存储器中的一组相关数据的集合

4．计算机中最小的存储单元是________。

A）字节　B）字　C）字长　D）地址

5. 十进制数 625.25 对应的二进制数是________。

A）1011110001.01　B）100011101.10

C）1001110001.01　D）1000111001.001

6. 将八进制数 154 转换成二进制数是________。

A）1101100　B）111011　C）1110100　D）111101

7. 将十进制数 215 转换成八进制数是________。

A）327　B）268.75　C）352　D）326

8. 下列各种进制的数中，最小数是________。

A）001011B　B）52O　C）2BH　D）44D

9. 二进制数 10101 与 11101 之和为________。

A）110100　B）110110　C）110010　D）100110

10. 在下面关于计算机的说法中，正确的是________。

A）微型计算机内存容量的基本计量单位是字符

B）1 GB=1 024 KB

C）二进制数中，右起第 10 位的权是 2^{10}

D）1 TB=1 024 GB

11. 某微型计算机的内存容量是 128 MB，这里的 MB 是指________。

A）1 024 个二进制位　B）1 024×1 024 字节

C）1 000 字节　D）1 000×1 000 字节

12. 五笔字型属于________。

A）数字编码法　B）字音编码法　C）字形编码法　D）形音编码法

13. 存储 24×24 点阵的一个汉字，需要________字节的存储空间。

A）9　B）24　C）72　D）256

14. 在计算机存储器中，一个字节可以保存________。

A）一个汉字

B）ASCII 码表中的一个字符

C）0～256 之间的一个整数

D）一个英文句子

15. 在下面关于字符大小关系的说法中，正确的是________。

A）空格符>i>I　B）空格符>I>i　C）i>I>空格符　D）I>i>空格符

16. 把十进制数 121 转化为二进制数是________。

A）1111001　B）111001　C）1001111　D）100111

17. 二进制数 01011011 转化为十进制数是________。

A）103　B）91　C）171　D）71

18. 光盘驱动器的倍速越高，________。

A）数据传输速度越快　B）纠错能力越强

C）播放 VCD 的效果越好　D）所能读取的光盘的容量越大

19. 硬盘是________。

A）内存（主存储器）　B）大容量内存

C）辅助存储器　　　　　　　　　　　D）CPU 的一部分

20．运行应用程序时，如果内存空间不够用，只能通过________来解决。

A）扩充硬盘容量

B）增加内存容量

C）把软盘由单面高密度换为双面高密度

D）把软盘换为光盘

二、多选题（共 2 小题，每题 5 分，共 10 分）

1．启用软盘写保护功能后，正确的叙述是________。

A）可在该软盘上建立新文件

B）不能对该软盘进行格式化

C）可以运行该软盘中的程序

D）可以删除该软盘中的文件

E）可以将其他磁盘中的文件复制到该软盘上

F）可以将该软盘中的文件复制到其他磁盘上

2．下列叙述中，正确的是________。

A）外存储器上的信息可直接进入 CPU 处理

B）磁盘必须经格式化后才能使用，凡已格式化的磁盘都能在微型计算机中使用

C）键盘和显示器都是计算机的 I/O 设备，键盘是输入设备，显示器是输出设备

D）个人计算机键盘上的 Ctrl 键是起控制作用的，它与其他键同时按下时才起作用

E）键盘是输入设备，但显示器上所显示的内容既有输出结果，又有用户通过键盘输入的内容，故显示器既是输入设备又是输出设备

F）微型计算机在使用过程中突然断电，RAM 中保存的信息会全部丢失，ROM 中保存的信息不受任何影响

G）软盘驱动器属于主机的组成部分，软盘属于外围设备

三、判断题（共 15 小题，每题 2 分，共 30 分）

1．光盘不可代替磁盘。（　）

2．主机是指所有安装于主机机箱中的部件。（　）

3．显示器的主要技术指标是像素。（　）

4．软件是程序和文档的集合，而程序是由某种程序设计语言编写的，语言的最终形式是指令。（　）

5．操作系统是计算机系统中最外层的软件。（　）

6．计算机是一种机器，只能根据人的批示工作，不会思考、推理、自学习和再创造。（　）

7．计算机系统包括硬件系统和操作系统两大部分。（　）

8．所有汉字都只能在小写字母状态下输入。（　）

9．汉字输入码是指系统内部的汉字代码。（　）

10．开机的顺序通常是先开主机，后开外围设备。（　）

11．对于暂时不用的程序和数据，微型计算机将其存放在 Cache 中。（　）

12．磁场可以破坏存储器中的数据。（　）
13．处理器的字长单位是字节。（　）
14．微型计算机显示器的质量越好，其显示效果就越好。（　）
15．五笔字型是一种无须记忆就能快速掌握的汉字输入方法。（　）

四、填空题（共 10 小题，每题 2 分，共 20 分）

1．与八进制小数 0.1 等值的十六进制小数为＿＿＿＿＿。
2．十进制数 112.375 转换成十六进制数是＿＿＿＿＿。
3．八进制数 615 所对应的二进制数是＿＿＿＿。
4．十六进制数 4B5.6C 所对应的二进制数是 10010110101．＿＿＿＿。
5．二进制数 1101.101 的十进制数表示形式为＿＿＿＿。
6．二进制数运算 1011+1101 的结果等于＿＿＿＿。
7．二进制数运算 11101011-10010 的结果等于＿＿＿＿。
8．二进制数 00010101 与 01000111 相加，其运算结果的十进制数表示为＿＿＿＿。
9．二进制数 1110101 的 2 倍为＿＿＿＿。
10．二进制数 11011101 的 1/2 为＿＿＿＿。

参考答案

一、单选题

1．B　2．B　3．A　4．A　5．C　6．A　7．A　8．A　9．C　10．D
11．B　12．C　13．C　14．B　15．C　16．A　17．B　18．A　19．C　20．B

二、多选题

1．BCF　2．CDE

三、判断题

1．√　2．×　3．×　4．√　5．×　6．√　7．×　8．√　9．×
10．×　11．×　12．√　13．√　14．√　15．×

四、填空题

1．0.2H　2．70.6H　3．110001101B　4．01101100B
5．13.625D　6．11000B　7．11011001B　8．92D
9．11101010B　10．1101110.1B

计算机常识

双核处理器

2005 年 12 月上旬，英特尔公司总裁来华访问，称 AMD 公司转让给我国的处理器技术已经过时。那么 AMD 公司先前倡导的双核处理器到底是怎么回事呢？

双核处理器是指基于单个半导体的一个处理器上拥有两个功能相同的处理器核心。换句话说，将两个物理处理器核心整合在同一个核中。企业管理者们也一直在寻求增进处理器性能而无须提高实际硬件覆盖区的方法。多核处理器解决方案针对这些实际需求，提供更高的性能而不需要增大能量或实际占用空间。

目前，X86双核处理器的应用环境已经颇为成熟，大多数操作系统都支持并行处理，很多新的或即将发布的应用软件也对并行技术提供了支持，因此双核处理器一经面市，系统的性能就得到迅速提升。整个软件市场已经为多核心处理器架构做好了充分的准备。

X86多核处理器标志着计算技术的一次重大飞跃。多核处理器，较之单核处理器，带来更多的高性能和生产力优势，最终将成为一种普及的计算模式。多核处理器还将在推动计算机运行环境安全性和虚拟技术方面起到至关重要的作用，虚拟技术的发展能够提供更好的保护、更高的资源使用率和商业计算更可观的市场价值。普通消费者将比以往拥有更多的途径获得更高的性能，从而为家用计算机和数字媒体计算机系统提供更多的便利。

需要指出的是，双核处理器面临的最大挑战就是处理器能耗的极限：处理器的性能增强了，能量消耗却在不能增加。例如，Smithfield CPU的热设计功能高达130 W，比已有的Prescott处理器的功耗提升13%。由于当前处理器的能耗已经处于一个相当高的水平，必须避免将CPU做成一个“小型核电厂”，所以双核甚至多核处理器的能耗问题将是考验AMD与Intel处理器的重要问题之一。

第2章 Windows XP的使用测试题及参考答案

测 试 题 1

一、单选题（共20小题，每题2分，共40分）

1. 以下4项操作中，________不是鼠标的基本操作方式。

A）单击　　B）拖放

C）连续交替按下鼠标左、右键　　D）双击

2. 当鼠标指针移到一个窗口的边缘时会变成一个________，表明可改变窗口的大小。

A）指向左上方的箭头　　B）伸出手指的手

C）垂直短线　　D）双向箭头

3. 在Windows XP中，打开某个菜单后，其中某菜单项会出现与之对应的级联菜单的标识是________。

A）菜单项右侧有一组英文提示　　B）菜单项右侧有一个黑色三角

C）菜单项左侧有一个黑色圆点　　D）菜单项左侧有一个“√”号

4. 在某窗口中打开“文件”菜单，在其中的“打开”命令项的右侧括弧中有一个带下画线的字母“O”，此时要想执行打开操作，可以在键盘上按________。

A）O键　　B）Ctrl+O组合键

C）Alt+O组合键　　D）Shift+O组合键

5. 在菜单的各个命令项中，有一类命令项的右侧标有省略号（…），这类命令项的执行特点是________。

A）被选中执行时会要求用户加以确认　　B）被选中执行时会弹出子菜单

C）被选中执行时会弹出对话框　　D）当前情况下不能执行

6. 在Windows XP的某些窗口中，在隐藏工具栏的状态下，若要完成“剪切”/“复制”→“粘贴”功能，可以通过________菜单中的“剪切”/“复制”和“粘贴”命令。

A）“查看”　　B）“文件”　　C）“编辑”　　D）“帮助”

7. 对话框允许用户________。

A）最大化　　B）最小化

C）移动其位置　　D）改变其大小

8. 在Windows的各种窗口中，有一种形式叫做“对话框（会话窗口）”。在这种窗口中，有些项目在文字说明的左边标有一个小圆形框，当该框内有“・”符号时表明________。

A）这是一个多选（复选）项，而且未被选中

B）这是一个多选（复选）项，而且已被选中

C）这是一个单选按钮，而且未被选中

D）这是一个单选按钮，而且已被选中

9. 为了执行一个应用程序，可以在 Windows 资源管理器窗口内用鼠标________。

A）左键单击一个文档图标　　B）左键双击一个文档图标

C）左键单击相应的可执行程序　　D）右键单击相应的可执行程序

10. 用鼠标左键单击任务栏中的一个按钮，将________。

A）使一个应用程序处于前台运行　　B）使一个应用程序开始运行

C）使一个应用程序结束运行　　D）打开一个应用程序窗口

11. 在 Windows 环境中，可以同时打开若干窗口，但是________。

A）其中只能有一个是当前活动窗口，其图标在任务栏上的颜色与众不同

B）其中只能有一个窗口在工作，其余窗口都不能工作

C）它们都不能工作，只有其余窗口都关闭，留下一个窗口才能工作

D）它们都不能工作，只有其余窗口都最小化之后，留下一个窗口才能工作

12. 在 Windows 环境中，当启动（运行）一个程序时就打开一个应用程序窗口，关闭运行程序窗口就是________。

A）使该程序转入后台工作

B）暂时中断该程序的运行，但随时可以由用户对其加以恢复

C）结束该程序的运行

D）该程序仍然继续运行，不受任何影响

13. 在 Windows 资源管理器的窗口中，要选择多个相邻文件以便对其进行某些处理操作（如复制、移动等），选择文件的方法为________。

A）用鼠标逐一单击各文件图标

B）用鼠标单击第一个文件图标，再用鼠标右键逐一单击其余各文件图标

C）用鼠标单击第一个文件图标，按住 Ctrl 键的同时单击最后一个文件图标

D）用鼠标单击第一个文件图标，按住 Shift 键的同时单击最后一个文件图标

14. Windows 资源管理器的窗口分为左、右两个部分，________。

A）左边显示磁盘的树型目录结构，右边显示指定目录中的文件夹和文件信息

B）左边显示指定目录中的文件夹和文件信息，右边显示磁盘的树型目录结构

C）两边都可以显示磁盘的树型目录结构或指定目录中的文件夹和文件信息，由用户自行决定

D）左边显示磁盘的树型目录结构，右边显示指定文件的具体内容

15. 在 Windows 环境中，各个应用程序之间能够交换和共享信息，是通过________来实现的。

A）“我的电脑”窗口调度　　B）资源管理器

C）查看程序　　D）剪贴板这个公共数据通道

16. 在 Windows 环境中，许多应用程序内部或应用程序之间能够交换和共享信息。当用户选择某一部分信息（如一段文字、一个图形）后，要把它移动到其他位置，应当首先执行“编辑”菜单中的________命令。

A）复制　　B）粘贴　　C）剪切　　D）选择性粘贴

17．在 Windows 环境中，许多应用程序内部或应用程序之间能够交换和共享信息。当用户选择某一部分信息（如一段文字、一个图形）并把它存入剪贴板后，要在另一处复制该信息，应当把插入点定位到该处，执行“编辑”菜单中的________命令。

A）复制　　B）粘贴　　C）剪切　　D）复原编辑

18．在 Windows 资源管理器的右窗格中，显示着指定目录中的文件夹和文件信息，其显示方式是________。

A）可以只显示文件名，也可以显示文件的部分或全部信息，由用户做出选择

B）固定显示文件的全部信息

C）固定显示文件的部分信息

D）只显示文件名

19．Windows 是一个________的操作系统。

A）单任务　　B）多任务　　C）实时　　D）重复任务

20．用鼠标________桌面上的图标，可以把它的对应窗口打开。

A）左键单击　　B）左键双击　　C）右键单击　　D）右键双击

二、多选题（共 4 小题，每题 2 分，共 8 分）

1．窗口中的组件有________。

A）滚动条　　B）标题栏　　C）菜单栏　　D）任务栏

2．利用 Windows 的任务栏，可以________。

A）快速启动应用程序　　B）打开当前活动应用程序的控制菜单

C）改变所有窗口的排列方式　　D）切换当前活动应用程序

3．在 Windows 资源管理器中，在已经选定文件后，不能删除该文件的操作是________。

A）按 Delete 键

B）按 Ctrl+Delete 组合键

C）用鼠标右键单击该文件，在弹出的快捷菜单中选择“删除”命令

D）在“文件”菜单中选择“删除”命令

E）用鼠标左键单击该文件

4．在“控制面板”窗口中，双击“字体”图标后，可以实现________。

A）显示已安装的字体　　B）设置艺术字格式

C）删除已安装的字体　　D）安装新字体

三、判断题（共 10 小题，每题 1 分，共 10 分）

1．Windows XP 支持长文件名，也就是说在为文件命名时，最长允许 256 个字符，但是文件夹名的长度最长为 8 个字符。（　）

2．在 Windows XP 中，选择汉字输入方法时，可以使用状态栏中的“En”图标，也可以按 Ctrl+Shift 组合键进行选择。（　）

3．Windows XP 可运行多个任务，要进行任务间的切换，可以先将鼠标指针移到任务栏中该任务按钮上，然后单击鼠标左键。（　）

4．在 Windows XP 中，进行汉字和英文的切换时，可以按 Ctrl+Space 组合键。（　）

5．在 Windows XP 中，没有区位码汉字输入法。（　）

6．在同一个文件夹中，不能用鼠标对同一个文件进行复制。（ ）

7．在 Windows XP 中，只能创建快捷方式图标，而不能创建文件夹图标。（ ）

8．快捷方式图标与一般图标之间的区别在于它有一个箭头。（ ）

9．通过菜单方式执行的复制操作，只能将对象复制到软盘或“我的文档”文件夹中，不能复制到其他文件夹中。（ ）

10．在 Windows 资源管理器窗口中，文件夹左侧的“+”号表示该文件夹还包含子文件夹，而出现“–”号则表示该文件夹下无文件夹，而只有文件了。（ ）

四、填空题（共 10 小题，每题 2 分，共 20 分）

1．在 Windows 中，用户可以同时打开多个窗口，窗口的排列方式有________和________两种，但只有一个窗口处于激活状态，该窗口叫做________。窗口中的程序处于________运行状态，其他窗口的程序则在________运行。如果要改变窗口的排列方式，可以通过在________栏的空白处单击鼠标右键，在弹出的快捷菜单中选取窗口的排列方式。

2．在 Windows 中，有些菜单项的右端有一个向右的箭头，其含义是________，菜单中呈灰色的命令项代表________。

3．剪贴板是 Windows 中一个重要的概念，它的主要功能是________，它是 Windows 在________中开辟的一块临时存储区。当利用剪贴板将文档信息放到这个存储区中备用时，必须先对要剪切或复制的信息进行________。

4．Windows 中文件夹的概念相当于 DOS 中的________，一个文件夹中可以包含多个________和________。文件夹是用来组织磁盘文件的一种________数据结构。

5．当一个文件或文件夹被删除后，如果用户还没有执行其他操作，则可以在“________”菜单中选择“________”命令，将刚刚删除的文件恢复；如果用户已经执行了其他操作，则必须通过________选定被删除文件后再执行“________”菜单中的“________”命令才能将其恢复。

6．在 Windows 中，可以很方便、直观地使用鼠标拖放功能实现文件或文件夹的________或________。

7．要将整个桌面的内容存入剪贴板，应按________键。

8．当选定文件或文件夹后，若要改变其属性设置，可以单击鼠标________键，然后在弹出的快捷菜单中选择“________”命令。

9．在 Windows 中，被删除的文件或文件夹将存放在________中。

10．在 Windows 资源管理器窗口中，要想显示隐含文件，可以利用“________”菜单中的“________”命令中的“________”选项卡进行设置。

五、操作题（共 8 小题，第 1、2 题每题 2 分，第 3～8 题每题 3 分，共 22 分）

1．对 U 盘进行碎片整理。

2．在 D:\ABC\FILE 中为“记事本”建立快捷方式，命名为 Notepad。

3．设置文件夹选项：

（1）显示所有的文件和文件夹。

（2）在同一个文件夹内打开其所含有的全部文件夹。

（3）显示已知文件类型的扩展名。

4. 设置任务栏：

（1）自动隐藏任务栏。

（2）隐藏时钟。

（3）取消分组相似任务栏按钮功能（Windows XP 用户可以实现）。

5. 在 D 盘根目录中创建 ABC 和 XYZ 文件夹，再在 ABC 文件夹下创建文件夹 FILE，在 XYZ 文件夹下创建文件夹 DATA。

6. 将 Windows 主目录中的 Notepad.exe 文件复制到 D 盘根目录中，更名为“记事本.exe”，并设置“只读”属性。

7. 对上述名为“记事本.exe”的文件，设置隐藏属性，压缩内容以便节省磁盘空间。（通过其“属性”对话框进行设置）。

8. 搜索 Windows 主目录（包括各级子文件夹）中的所有文件长度小于 15 KB 的含有文字“Windows”的文本文件，并将其复制到 D:\XYZ\DATA 中。

参考答案

一、单选题

1. C　2. D　3. B　4. A　5. C　6. C　7. C　8. D　9. B　10. A
11. A　12. C　13. D　14. A　15. D　16. C　17. B　18. B　19. B　20. B

二、多选题

1. ABC　2. AD　3. BE　4. ACD

三、判断题

1. ×　2. √　3. √　4. √　5. √　6. ×　7. ×　8. √　9. ×　10. ×

四、填空题

1. 平铺式，层叠式，前台窗口。正在，后台。任务
2. 有下一级子目录，当前菜单暂不执行
3. 临时存储移动或复制的内容，内存。选中
4. 目录，文件夹，文件。树型　5. 编辑，撤销；回收站，文件，还原
6. 复制，移动　7. PrintScreen　8. 右，属性　9. 回收站
10. 工具，文件夹选项，查看

五、操作题（略）

测 试 题 2

一、单选题（共 20 小题，每题 2 分，共 40 分）

1. 用鼠标________菜单中的选项，可以把相应的对话框打开。

A）左键单击　B）左键双击　C）右键单击　D）右键双击

2. 快捷菜单是用鼠标________目标调出的。

A）左键单击　B）左键双击　C）右键单击　D）右键双击

3．在文档窗口中，要选择一批连续排列的文件，在选择第一个文件后按住________键，用鼠标左键单击最后一个文件。

A）Ctrl　　B）Alt　　C）Shift　　D）Insert

4．在文档窗口中，要选择一批不连续排列的文件，在选择第一个文件后按住________键，用鼠标左键单击下一个文件。

A）Ctrl　　B）Alt　　C）Shift　　D）Insert

5．用鼠标拖动的方法移动一个目标时，通常是按住________键，同时拖动鼠标左键。

A）Ctrl　　B）Alt　　C）Shift　　D）Insert

6．用鼠标拖动的方法复制一个目标时，通常是按住________键，同时拖动鼠标左键。

A）Ctrl　　B）Alt　　C）Shift　　D）Insert

7．在菜单或对话框中，含有子菜单的选项上有一个________标记。

A）黑三角形　　B）省略号　　C）钩形　　D）单圆点

8．误操作后可以按________组合键撤销。

A）Ctrl+X　　B）Ctrl+Z　　C）Ctrl+Y　　D）Ctrl+D

9．下列选项中，________符号在菜单命令项中不可能出现。

A）▶　　B）●　　C）▲　　D）√

10．下列叙述中，正确的是________。

A）对话框可以改变大小，也可以移动位置

B）对话框只能改变大小，不能移动位置

C）对话框只能移动位置，不能改变大小

D）对话框既不能移动位置，又不能改变大小

11．要关闭当前活动应用程序窗口，可以按快捷键________。

A）Alt+F4　　B）Ctrl+F4　　C）Alt+Esc　　D）Ctrl+Esc

12．在 Windows XP 中，________可释放一些内存空间。

A）从使用壁纸改为不用壁纸

B）使用 True Type 字体

C）将应用程序窗口最小化

D）以窗口代替全屏运行非 Windows 应用程序

13．关于 Windows XP 任务栏的功能，说法________是正确的。

A）启动或退出应用程序　　B）实现应用程序之间的切换

C）创建和管理桌面图标　　D）设置桌面外观

14．在经典模式下，单击“开始”菜单按钮，指向“设置”→“________”并单击，可用其中的项目进一步调整系统设置或添加/删除程序。

A）控制面板　　B）活动桌面　　C）任务栏　　D）文件夹选项

15．剪贴板是________中临时存放交换信息的一块区域。

A）内存　　B）ROM　　C）RAM　　D）应用程序

16．在 Windows 中，当运行多个应用程序时，显示器上显示的是________。

A）第一个程序的窗口　　B）最后一个程序的窗口

C）系统的当前活动程序窗口　　D）多个窗口的叠加

17．在 Windows 中，不能通过________启动应用程序。

A）资源管理器　B）我的电脑　C）“开始”菜单　D）任务列表

18．在不同的运行着的应用程序之间切换，可以利用快捷键________。

A）Alt+Esc　B）Ctrl+Esc　C）Alt+Tab　D）Ctrl+Tab

19．Windows 任务栏中的应用程序按钮是最小化的________窗口。

A）应用程序　B）对话框　C）文档　D）菜单

20．若显示器上同时显示多个窗口，可以根据窗口________栏的特殊颜色来判断其是否为当前活动窗口。

A）菜单　B）符号　C）状态　D）标题

二、多选题（共 4 小题，每题 5 分，共 20 分）

1．下列叙述中，属于 Windows 特点的是________。

A）行命令工作方式　B）支持多媒体功能

C）硬件设备即插即用功能　D）所见即所得

2．“附件”程序组中的系统工具包括________。

A）磁盘扫描程序　B）磁盘格式化程序

C）压缩磁盘空间程序　D）磁盘碎片整理程序

3．Windows 中的菜单类型有________。

A）快捷菜单　B）下拉式菜单　C）用户自定义菜单

D）固定菜单　E）压缩菜单

4．在 Windows 中，________操作可以新建文件夹。

A）执行“我的电脑”窗口中的菜单“文件”→“新建”命令

B）将回收站中的文件夹还原

C）右击桌面上的“我的电脑”图标，在弹出的快捷菜单中选择“打开”命令

D）在桌面空白处右击，选择快捷菜单中的“新建”→“文件夹”项

E）执行菜单“开始”→“搜索”项

三、判断题（共 10 小题，每题 1 分，共 10 分）

1．Windows XP 系统桌面中的图标、字体的大小是不能改变的。（　）

2．屏幕保护程序的图案只能从系统预设的几种图案中进行选择，用户不能自行设置。（　）

3．屏幕保护程序中的密码主要是为了保护运行程序中的数据不被他人修改而设置的。（　）

4．打印机只要正确地连接到主机板的接口上即可执行打印操作，不需要进行其他的设置。（　）

5．若有两台打印机同时与计算机相连，那么必须对其中的一台设置其默认值。（　）

6．移动当前窗口时，只要将鼠标指针移到该窗口的任意位置上，进行拖动即可。（　）

7．Windows XP 任务栏不仅可以移动到其他位置，而且还可以扩大其范围。（　）

8. 要创建一个文件夹，最简单的方法是单击鼠标右键，选择快捷菜单中的“创建”项。（ ）

9. 在“我的电脑”或 Windows 资源管理器中，利用软盘图标所对应的快捷菜单可以格式化软盘和复制软盘。（ ）

10. 窗口的最小化是指关闭该窗口。（ ）

四、填空题（共 10 小题，每题 2 分，共 20 分）

1. 利用“控制面板”窗口中的________向导，可以安装新硬件。

2. 利用________菜单中的“属性”选项，可以设置被选中文件的各项属性。

3. 在键盘操作方式中，按________键可以激活活动窗口的菜单条。

4. 单击在前台运行的应用程序的窗口的“最小化”按钮，这个应用程序在任务栏中仍有________。

5. 如果无意中误删除了文件或文件夹，可以在________里恢复它。

6. 在软盘“格式化”对话框中，提供了 3 种格式化类型，分别为：______（清除）、_____和仅复制系统文件。

7. 将一个文件（夹）复制到目标文件夹中，应选定要复制的文件（夹），单击工具栏上的________按钮，然后到目标文件中，单击工具栏上的________按钮。

8. 被删除的文件（夹）被临时存放在________中。

9. 当打印机正在打印某个文档时，如果要取消打印，应该用“________”菜单中的“取消打印”命令。

10. Windows 中的________可以播放 CD、VCD。

五、操作题（共 2 小题，每题 5 分，共 10 分）

1. 依次打开“我的电脑”、“资源管理器”、“写字板”和“画图”窗口，然后执行以下各项操作：

（1）使“我的电脑”窗口处于激活状态。

（2）最大化或最小化“我的电脑”窗口，然后将其还原。

（3）改变已打开的文件窗口的大小。

2. 在磁盘 C 中创建名为“个人文档”的文件夹，并在其中创建两个文件，分别是命名为“我的简历”的文本文件和命名为“肖像”的位图文件。

（1）将“个人文档”文件夹名改为“我的文档文件夹”，并将其隐藏。

（2）删除位图文件“肖像”，然后通过回收站将其恢复。

参考答案

一、单选题

1. A　2. C　3. C　4. A　5. C　6. A　7. A　8. B　9. C　10. C
11. A　12. D　13. B　14. A　15. A　16. C　17. D　18. C　19. A　20. D

二、多选题

1. BCD　2. AD　3. ABD　4. AD

三、判断题

1. ×　2. ×　3. ×　4. ×　5. √　6. ×　7. √　8. ×　9. √　10. ×

四、填空题

1. 添加新硬件　2. 快捷　3. Alt　4. 标题栏　5. 回收站

6. 快速格式化，全面格式化　7. 复制，粘贴　8. 回收站

9. 打印　10. 媒体播放器

五、操作题（略）

测 试 题 3

一、单选题（共 20 小题，每题 2 分，共 40 分）

1. Windows XP 主窗口提供了联机帮助功能，按下热键________即可查看与该窗口有关的帮助信息。

A）F1　B）F2　C）F3　D）F4

2. 下列有关关闭窗口的方法的叙述，错误的是________。

A）单击右上角的“×”按钮　B）单击右上角的“-”按钮

C）双击左上角的应用程序图标　D）选择“文件”菜单中的“关闭”项

3. 在执行菜单操作时，各菜单项后面有用方括号括起来的大写字母，表示该项可通过________实现。

A）Alt+字母　B）Ctrl+字母　C）Shift+字母　D）Space+字母

4. 在 Windows 中，文件夹是指________。

A）文档　B）程序　C）磁盘　D）目录

5. 在“画图”应用程序中，选用“矩形”工具后，移动鼠标到绘图区，拖动鼠标时按住________键可以绘制正方形。

A）Alt　B）Ctrl　C）Shift　D）Space

6. 在 Windows 中，桌面是指________。

A）活动窗口　B）电脑桌

C）资源管理器窗口　D）窗口、图标及对话框所在的屏幕背景

7. 在 Windows XP 的菜单命令中，浅色的菜单项表示________。

A）该命令的快捷方式　B）该命令正在起作用

C）将弹出相应的对话框　D）该命令当前不可用

8. 在 Windows XP 中，为了启动应用程序，正确的操作是________。

A）从键盘输入应用程序图标下的标识

B）用鼠标双击该应用程序图标

C）将该应用程序图标最大化成窗口

D）用鼠标将应用程序图标拖动到窗口的最上方

9. 在 Windows XP 下，对任务栏的描述错误的是________。
   A）任务栏的位置、大小均可改变
   B）任务栏不可隐藏
   C）任务栏的末端可以添加图标
   D）任务栏内显示的是已打开文档或已运行程序的标题
10. 在下列各项中，________不是 Windows 的特点。
   A）所见即所得
   B）链接与嵌入
   C）主文件名最多 8 个字符，扩展名最多 3 个字符
   D）硬件即插即用
11. “平铺”命令的功能是将窗口________。
   A）顺序编码　　B）层层嵌套　　C）折叠起来　　D）并列排列
12. 在 Windows 资源管理器中，不允许________。
   A）一次删除多个文件　　B）同时选择多个文件
   C）一次复制多个文件　　D）同时启动多个应用程序
13. 在桌面上要移动任何窗口，可用鼠标指针拖动该窗口的________。
   A）滚动条　　B）边框　　C）控制菜单项　　D）标题栏
14. 应用程序窗口和文档窗口之间的区别在于________。
   A）是否有系统菜单　　B）是否有菜单栏
   C）是否有标题栏　　D）是否有最小化按钮
15. 在 Windows XP 中，有扩展名________的文件不是程序文件。
   A）com　　B）wmp　　C）bat　　D）exe
16. 处于运行状态的 Windows 应用程序，列于桌面任务栏的________。
   A）地址工具栏　　B）系统区
   C）活动任务区　　D）快捷启动工具栏
17. Windows 任务栏中存放的是________。
   A）系统正在运行的所有程序　　B）系统已保存的所有程序
   C）系统前台运行的程序　　D）系统后台运行的程序
18. 在以下各项操作中，不能进行中英文输入法切换的操作是________。
   A）用鼠标左键单击中英文输入法切换按钮
   B）用语言指示器
   C）用 Shift+空格键
   D）用 Ctrl+空格键
19. 在 Windows XP 中，每一个应用程序或程序组都有一个可用于标识的________。
   A）编码　　B）编号　　C）图标　　D）缩写
20. 要在下拉式菜单中选择命令，错误的操作是________。
   A）同时按住 Ctrl 键和该命令选项后面括号中带有下画线的字母
   B）直接按住该命令选项后面括号中带有下画线的字母
   C）用鼠标双击该命令选项
   D）用鼠标单击该命令选项

二、多选题（共 4 小题，每题 2 分，共 8 分）

1. 实现文件（夹）复制的方法有________。
   A）选定目标，按 Ctrl+V 组合键
   B）选定目标，按住 Ctrl 键的同时拖动鼠标
   C）选定目标，单击工具栏中的“复制”图标按钮
   D）选定目标，按 Ctrl+X 组合键
   E）选定目标，按 Ctrl+C 组合键
2. 下列选项中，不属于对话框中的组件的是________。
   A）“关闭”按钮　B）“最小化”按钮　C）求助按钮　D）“还原”按钮
3. 在 Windows 资源管理器中，不能________。
   A）一次打开多个文件
   B）在复制文件夹时只复制其中的文件而不复制其下级文件夹
   C）在窗口中显示所有文件的属性
   D）一次复制或移动多个不连续排列的文件
   E）一次删除多个不连续的文件
   F）不按任何控制键，直接拖动鼠标在不同的磁盘之间移动文件
4. 下列各项操作中，可以实现删除功能的有________。
   A）选定文件→按 Backspace 键　B）选定文件→按空格键
   C）选定文件→按 Enter 键　D）选定文件→按 Delete 键
   E）选定文件→右击鼠标→选择快捷菜单中的“删除”命令

三、判断题（共 10 小题，每题 1 分，共 10 分）

1. 在 DOS 环境下，单击窗口右上角的“关闭”按钮可以退出 DOS。（　）
2. 平铺和层叠显示方式可以对所有对象生效，包括未打开的文件。（　）
3. Windows XP 可支持不同对象的链接与嵌入。（　）
4. 通过使用写字板可以对文本文件进行编辑。（　）
5. 所有运行中的应用程序在任务栏的活动区中都有一个对应的按钮。（　）
6. 删除一个应用程序的快捷方式就意味着删除了相应的应用程序。（　）
7. 在为某个应用程序创建快捷方式图标后，再将该应用程序移至另一个文件夹中，通过该快捷方式仍能启动该应用程序。（　）
8. 使用附件中的“画图”应用程序时，如果默认颜色不能满足用户要求，可以重新编辑颜色。（　）
9. 双击任务栏右端的时间显示区，可以对系统时间进行设置。（　）
10. 通过使用 Windows 资源管理器可以格式化软盘和硬盘。（　）

四、填空题（共 10 小题，每题 2 分，共 20 分）

1. 在 Windows 中，要进行不同任务之间的切换可以单击________上有关的窗口按钮。
2. 在“我的电脑”窗口中，右击空白处，选择快捷菜单中的“________”，可以重新排列图标。

3．剪贴板是________中一块存放临时数据的区域。

4．______________是改变系统配置的应用程序，通过它可以调整各软件和硬件的相关选项。

5．撤销操作对应的快捷键是________。

6．Windows 中的 OLE 技术是____________技术，可以实现多个文件之间的信息传递和共享。

7．在 Windows 窗口的滚动条和向上箭头之间的空白部分单击，可使窗口中的内容向上滚动________。

8．选定窗口中的全部文件（夹）的快捷键是________。

9．选定对象并按 Ctrl+X 组合键后，所选定的对象将被保存在________中。

10．创建一个 Windows 桌面图标后，在磁盘上会自动生成一个扩展名为______的快捷方式文件。

五、操作题（共 6 小题，第 1、2 题每题 3 分，第 3～6 题每题 4 分，共 22 分）

1．通过适当的设置，使 Windows 在启动时能够自动启动“计算器”。

2．通过“画图”应用程序，把“日期和时间属性”对话框保存在 D 盘根目录下，文件名为 date.gif。

3．将第 2 题中的 date.gif 文件作为背景平铺整个桌面。

4．自定义桌面，将桌面的颜色设置为一种新颜色：红 20，绿 118，蓝 10。

5．将主题为“Windows Media Player 概述”的帮助信息保存在 D：\XYZ 中，文件名为 wmp.txt。

6．设置贝塞尔曲线作为屏幕保护程序，20 个环，环中曲线 8 个，等待时间 2 分钟，在恢复 Windows 用户界面时返回到 Windows 欢迎界面。

参考答案

一、单选题

1．A　2．B　3．A　4．D　5．C　6．D　7．D　8．B　9．B　10．C

11．D　12．D　13．D　14．A　15．B　16．C　17．A　18．C　19．C　20．A

二、多选题

1．BCE　2．BD　3．BE　4．DE

三、判断题

1．×　2．×　3．√　4．√　5．√　6．×　7．×　8．√　9．√　10．×

四、填空题

1．任务栏　2．排列图标　3．内存　4．控制面板　5．Ctrl+Z

6．链接与嵌入　7．一个窗口大小　8．Ctrl+A　9．剪贴板　10．lnk

五、操作题（略）

测 试 题 4

一、单选题（共 20 小题，每题 2 分，共 40 分）

1. Windows XP 控制面板的颜色选项________。

A）只能改变桌面的颜色

B）能够改变许多屏幕元素的颜色

C）只能改变桌面和窗口边框的颜色

D）只能改变桌面、窗口和对话框的颜色

2. 在 Windows XP 资源管理器中，________可以实现在不同的驱动器之间移动文件或文件夹。

A）按住 Ctrl 键的同时拖动鼠标

B）不按任何控制键，直接拖动鼠标

C）使用“编辑”菜单中的“复制”和“粘贴”命令

D）使用“编辑”菜单中的“剪切”和“粘贴”命令

3. 在对话框中，复选项是指在所列的选项中________。

A）仅选择一项　　B）可以选择多项

C）必须选择多项　　D）必须选择全部项

4. 在对话框中，选择某一单选按钮后，被选中单选项的左侧将出现符号：________。

A）方框中的一个“√”　　B）方框中的一个“・”

C）圆圈中的一个“√”　　D）圆圈中的一个“・”

5. 要切换资源管理器的左、右子窗口，应使用功能键________。

A）F8　　B）Fl　　C）F4　　D）F6

6. Windows XP 是一个________位操作系统。

A）16　　B）32　　C）64　　D）128

7. 窗口中的“查看”菜单可以提供不同的显示方式，在下列选项中，不可以实现的是按________显示。

A）修改时间　　B）文件类型

C）文件大小　　D）文件创建者名称

8. 激活窗口控制菜单的方法是________。

A）单击窗口标题栏中的应用程序图标

B）双击窗口标题栏中的应用程序图标

C）单击窗口标题栏中的应用程序名称

D）双击窗口标题栏中的应用程序名称

9. 在“格式化磁盘”对话框中，选中“快速”单选按钮，被格式化的磁盘必须是________。

A）从未格式化过的新盘　　B）曾经格式化过的磁盘

C）无任何坏扇区的磁盘　　D）硬盘

10. 在 Windows XP 中，若鼠标指针变成“ I ”字形，表示________。

A）当前系统正忙　　B）可以改变窗口大小

C）可以在鼠标所在的位置输入文字　　D）还有对话框出现

11. 记事本是 Windows________中的应用程序。

A）“画图”程序　B）菜单　C）控制面板　D）附件

12. 下面关于 Windows XP 窗口的描述中，不正确的是________。

A）窗口中可以有工具栏，工具栏上的每个按钮都对应于一个命令

B）在 Windows XP 中启动一个应用程序，就打开了一个窗口

C）不一定每个应用程序窗口都能建立多个文档窗口

D）一个应用程序窗口只能显示一个文档窗口

13. 在 Windows XP 中，文件名可以________。

A）是任意长度　　B）用中文

C）用斜线　　D）用任意字符

14. 下列说法中，关于图标的错误描述是________。

A）图标可以表示被组合在一起的多个程序

B）图标既可以代表程序，也可以代表文件夹

C）图标可以代表仍然运行、但窗口已经最小化了的应用程序

D）图标只能代表一个应用程序

15. 在 Windows 资源管理器中，为文件重命名的操作是________。

A）用鼠标单击文件名，直接输入新的文件名后回车

B）用鼠标双击文件名，直接输入新的文件名后单击“确定”按钮

C）用鼠标先后单击文件名两次，直接输入新的文件名后回车

D）用鼠标先后单击文件名两次，直接输入新的文件名后单击“确定”按钮

16. 在 Windows 中，应用程序的管理应该在________中进行。

A）控制面板　B）我的电脑　C）桌面　D）剪贴板

17. 当鼠标指针指向窗口的两边时，鼠标形状变为________。

A）沙漏状　B）双向箭头　C）十字形状　D）问号状

18. Windows 剪贴板程序的扩展名为________。

A）.txt　B）.bmp　C）.clp　D）.pif

19. 下面关于 Windows XP 字体的说法中，正确的是________。

A）每一种字体都有相应的字体文件，它存放在文件夹 Fonts 中

B）在 Fonts 窗口中，使用菜单“文件”→“删除”命令可以删除字体和字体文件

C）通过使用控制面板中的“字体”选项，可以设置资源管理器窗口中的字体

D）TreeType 字体是一种可缩放字体，其打印效果与屏幕显示相比略差

20. 在 Windows 资源管理器左窗格中的树型目录上，有“+”号的表示________。

A）是一个可执行程序　　B）一定是空目录

C）该目录尚有子目录未展开　　D）一定是根目录

二、多选题（共 4 小题，每题 2 分，共 8 分）

1. 关闭应用程序的方法有________。

A）单击窗口右上角的“关闭”按钮

B）单击标题栏中的应用程序图标

C）双击标题栏中的应用程序图标

D）执行菜单“文件”→“关闭”命令

E）利用快捷键 Alt+F4

2．下列叙述中，正确的有________。

A）在安装 Windows 系统时，所有功能都必须安装，否则系统不能正常运行

B）Windows 系统允许同时建立多个文件（夹）

C）Windows 系统中的文件（夹）删除后，还可以通过回收站将其还原

D）从回收站中删除文件（夹）后，该程序仍存在于内存中

E）Windows 系统的功能非常强大，即使直接将电源切断，计算机仍能自动保存信息

F）一个窗口在最大化之后，就不能再移动了

3．下列关于即插即用技术的叙述中，正确的是________。

A）既然是即插即用，那么插上就可以使用，在插的时候不必切断电源

B）计算机的硬件和软件都可以实现即插即用

C）增加新硬件时，可以不必安装系统

D）增加新硬件时，可以不必安装驱动程序

4．Windows 窗口有________等几种。

A）应用程序窗口　　B）组窗口

C）对话框　　D）快捷方式窗口

E）对话框标签窗口　　F）文档窗口

三、判断题（共 10 小题，每题 1 分，共 10 分）

1．当文件放置在回收站中时，可以随时将其恢复，哪怕是已在回收站中删除。（　）

2．对话框可以移动位置或改变尺寸。（　）

3．在附件的“画图”应用程序中，如果使用“全屏”显示模式，就不能编辑图形。（　）

4．Windows 不允许删除正在打开的应用程序。（　）

5．Windows 的图标是在安装的同时就设置好了的，以后不能对其进行更改。（　）

6．Windows 具有电源管理功能，若达到一定时间仍未操作计算机，系统会自动关机。（　）

7．假设由于不小心，在回收站中删除了一个文件（夹），立即执行撤销操作可以避免损失。（　）

8．在控制面板的“声音”应用程序中，可以设置和改变 Windows 执行各种操作时的声音。（　）

9．Windows XP 部分依赖于 DOS。（　）

10．经常运行磁盘碎片整理程序有助于提高计算机的性能。（　）

四、填空题（共 10 小题，每题 2 分，共 20 分）

1．在 Windows XP 中，文件名的长度可达________个字符。

2．在 Windows XP 中，可以直接运行的程序文件有________种。

3．Windows XP 提供多种字体，字体文件被存放在________文件夹中。

4．长文件名“计算机文化基础.doc”所对应的短文件名是________。

5．运行中文版 Windows XP，至少需要________ MB 内存。

6．当某个应用程序不再响应用户的操作请求时，可以按________键，这时会弹出“Windows 任务管理器”对话框，然后选择所要关闭的应用程序，单击“结束任务”按钮退出该应用程序。

7．在 Windows 资源管理器中，如果要查看某个快捷方式的目标位置，应选择“文件”菜单中的“________”项。

8．在 Windows 资源管理器中，文件和文件夹的排列方式有________种。

9．创建和修改文件类型应使用“________”命令。

10．要查找所有的 BMP 文件，应在“搜索结果”窗口的“全部或部分文件名”文本框中输入“________”。

五、操作题（共 8 小题，第 1、2 题每题 2 分，第 3～8 题每题 3 分，共 22 分）

1．格式化 A 盘，并用自己的姓名设置卷标号。

2．将“搜索文件和文件夹”主题的内容复制到“记事本”程序中，并将其保存起来，文件命名为“help.txt”。

3．在 D 盘根目录上为“画图”应用程序创建快捷方式，命名为“MSPaint”。

4．在 D 盘根目录上为 C:\Office\Word 创建快捷方式，命名为“Word 快捷方式”。

5．在 C 盘上查找文件主名为 4 个字母的文本文件，将其复制到 A:\Data 中，属性设置为“只读”。

6．将“记事本”程序放入 Windows 启动组中。

7．将“录音机”窗口图像通过“画图”应用程序保存在 A 盘根目录中，文件命名为“Smtree32.jpg”。

8．将 Windows 桌面背景设置为“Coffee Bean”，居中。选择“字幕”作为屏幕保护程序，出现位置是随机的，文字内容为“屏幕保护程序”。

参考答案

一、单选题

1．B　2．D　3．B　4．D　5．D　6．B　7．D　8．A　9．B　10．C

11．D　12．D　13．B　14．D　15．C　16．A　17．B　18．C　19．A　20．C

二、多选题

1．ACDE　2．CF　3．CD　4．ACF

三、判断题

1.×　2.×　3.√　4.√　5.×　6.√　7.×　8.√　9.×　10.√

四、填空题

1．256　2．3　3．Fonts　4．计算机文化基础　5．64

6．Ctrl+Alt+Delete　7．属性　8．4　9．属性　10．*.bmp

五、操作题（略）

计算机常识

七种操作系统的发展史及其特点

1．CP/M 系统

CP/M 实际上是第一个微型计算机操作系统，享有指挥主机、内存、磁鼓、磁带、磁盘、打印机等硬件设备的特权。

主设计人：Gary Kildall

出现年月：1974 年

2．MS-DOS 系统

DOS 系统是 1981 年由微软公司为 IBM 个人计算机开发的，即 MS-DOS。它是一个单用户单任务操作系统。在 1985—1995 年间，DOS 占据操作系统的统治地位。

主设计人：Tim Paterson

出现年月：1981 年

系统特点：

（1）文件管理方便

（2）外围设备支持良好

（3）小巧灵活

（4）应用程序众多

3．Windows 系统

Windows 是一个为个人计算机和服务器用户设计的操作系统。它的第一个版本由微软公司于 1985 年发行，并最终获得了个人计算机操作系统的霸主地位。所有最近的 Windows 都是完全独立的操作系统。

主设计方：微软公司

出现年月：1985 年

系统特点：

（1）界面图形化

（2）多用户、多任务

（3）网络支持功能良好

（4）出色的多媒体功能

（5）硬件支持功能良好

（6）应用程序众多

4．UNIX 系统

UNIX 是一种分时计算机操作系统，于 1969 年在美国 AT&T 公司贝尔实验室诞生，从此以后其优越性不可阻挡地占据网络。大部分重要的网络环节都是由 UNIX 构造。

主设计方：美国 AT&T 公司贝尔实验室

出现年月：1969 年

系统特点：

（1）网络和系统管理

（2）高安全性

（3）通信便捷

（4）可连接性

（5）支持因特网功能

（6）数据安全性

（7）可管理性

（8）系统管理器

（9）Ignite/UX

（10）进程资源管理器

5. Linux 系统

简而言之，Linux 是由 UNIX 克隆的操作系统，在源代码上兼容绝大部分 UNIX 标准，是一个支持多用户、多进程、多线程、实时性较好且稳定的操作系统。

主设计人：Linus Torvalds

出现年月：1991 年

系统特点：

（1）完全免费

（2）完全兼容 POSIX 1.0 标准

（3）多用户、多任务

（4）良好的界面

（5）丰富的网络功能

（6）可靠的安全与稳定性能

（7）多进程、多线程、实时性较好

（8）支持多种平台

6. FreeBSD 系统

FreeBSD 是由许多人参与开发和维护的一种先进的 BSD UNIX 操作系统。其突出特点是提供先进的联网、负载能力，具备卓越的安全性和兼容性。

主设计方：美国加州大学伯克利分校

出现年月：1993 年

系统特点：

（1）多任务功能

（2）多用户系统

（3）强大的网络功能

（4）UNIX 兼容性强

（5）高效的虚拟存储管理

（6）便捷的开发功能

7. Mac OS 系统

Mac OS 是一套运行于苹果公司 Macintosh 系列计算机上的操作系统。Mac OS 是首个在商用领域取得成功的图形用户界面。现行的最新版本是 Mac OS X 10.3.x 版。

主设计人：Bill Atkinson,Jef Raskin,Andy Hertzfeld

出现年月：1984 年

系统特点：

（1）多平台兼容模式
（2）为安全和服务做好准备
（3）占用更少的内存空间
（4）多种开发工具

第3章 Word 2003的使用测试题及参考答案

测 试 题 1

一、单选题（共20小题，每题2分，共40分）

1．要在Word的文档编辑区中选取若干连续字符进行处理，正确的操作是________。

A）在此段文字的第一个字符处按下鼠标左键，拖动至要选取的最末字符处松开鼠标左键

B）在此段文字的第一个字符处单击鼠标左键，再移动光标至要选取的最末字符处单击鼠标左键。

C）在此段文字的第一个字符处按Home键，再移动光标至要选取的最末字符处按End键

D）在此段文字的第一个字符处单击鼠标左键，再移动光标至要选取的最末字符处，按住Ctrl键的同时单击鼠标左键

2．与普通文本的选择不同，单击艺术字时，选中________。

A）艺术字整体　　B）一行艺术字

C）部分艺术字　　D）文档中插入的所有艺术字

3．在Word的文档编辑区中，要将一段已被选定（以反白方式显示）的文字复制到同一文档的其他位置上，正确的操作是________。

A）将鼠标光标放到该段文字上单击，再移动到目标位置上单击

B）将鼠标光标放到该段文字上单击，再移动到目标位置上按Ctrl键并单击鼠标左键

C）将鼠标光标放到该段文字上，按住Ctrl键的同时单击鼠标左键，并拖动到目标位置上松开鼠标和Ctrl键

D）将鼠标光标放到该段文字上，按下鼠标左键，并拖动到目标位置上松开鼠标

4．在Word中执行菜单“编辑”→“替换”命令，在“查找和替换”对话框内指定“查找内容”，但在“替换为”编辑框内未输入任何内容，此时单击“全部替换”按钮，则执行结果是________。

A）能执行，显示错误

B）只作查找，不作任何替换

C）将所有查找到的内容全部删除

D）每查找到一个匹配项将询问用户，让用户指定替换内容

5．在Word的主窗口中，用户________。

A）只能在一个窗口中编辑一个文档

B）能够打开多个窗口，但它们只能编辑同一个文档

C）能够打开多个窗口并编辑多个文档，但不能有两个窗口编辑同一个文档

D）能够打开多个窗口并编辑多个文档，也能有多个窗口编辑同一个文档

6. 下列操作中，不能建立另一个文档窗口的是________。

A）选择“窗口”菜单中的“新建窗口”项

B）选择“插入”菜单中的“文件”项

C）选择“文件”菜单中的“新建”项

D）选择“文件”菜单中的“打开”项

7. 将鼠标指向菜单栏（或“常用”工具栏、“格式”工具栏），________，显示工具栏列表，选中“艺术字”项，出现“艺术字”工具栏。

A）单击鼠标左键　　B）单击鼠标右键

C）双击鼠标左键　　D）双击鼠标右键

8. 在未选中艺术字时，“艺术字”工具栏中仅________按钮有效。

A）插入艺术字　　B）编辑文字

C）艺术字库　　D）艺术字形状

9. 插入艺术字时，将自动切换到________视图。

A）大纲　　B）页面　　C）打印预览　　D）Web 版式

10. 编辑艺术字时，应先切换到_____视图选中艺术字。

A）大纲　　B）页面　　C）打印预览　　D）普通

11. 如果要重新设置艺术字的字体，执行快捷菜单中的“________”命令，打开“编辑‘艺术字’文字”对话框。

A）编辑文字　　B）艺术字格式　　C）艺术字库　　D）艺术字形状

12. 如果要将艺术字“学习中文版 Word”更改为“学习 MS-Office”，执行快捷菜单中的“________”命令，打开“编辑‘艺术字’文字”对话框。

A）编辑文字　　B）艺术字格式　　C）艺术字库　　D）艺术字形状

13. 如果要将艺术字对称于中心位置进行缩放，需在按住________键的同时拖动鼠标。

A）Enter　　B）Shift　　C）Ctrl　　D）Esc

14. 执行快捷菜单中的“________”命令，可为选中的艺术字填充颜色。

A）设置艺术字格式　　B）艺术字库

C）编辑文字　　D）艺术字形状

15. 对于已执行过存盘命令的文档，为了防止突然断电丢失新输入的文档内容，应经常执行“________”命令。

A）保存　　B）另存为　　C）关闭　　D）退出

16. 对于打开的文档，如果要作另外的保存，需执行“________”命令。

A）复制　　B）保存　　C）剪切　　D）另存为

17. 对于正在编辑的文档，执行“________”命令，输入文件名后，仍可继续编辑此文档。

A）退出　　B）关闭　　C）保存/另存为　　D）撤销

18. 对于新建的文档，执行“保存”命令并输入新文档名（如“LETTER”）后，标题栏显示________。

A）LETTER　　B）LETTER．doc 或 LETTER
C）文档 1　　D）DOC

19．Word 文档默认的扩展名为________。

A）txt　　B）doc　　C）wps　　D）bmp

20．对于已经保存的文档，又进行编辑后，再次执行“________”命令，不会出现“另存为”对话框。

A）保存　　B）关闭　　C）退出　　D）另存为

二、多选题（共 2 小题，每题 4 分，共 8 分）

1．要选定整个文档，应________。

A）鼠标左键三击文档的空白区域　　B）执行菜单“编辑”→“全选”命令
C）使用快捷键 Ctrl＋A　　D）用鼠标从文档的开头拖动到结尾

2．下列叙述中，正确的是________。

A）自动更正词条可用于所有模板的文档
B）凡是分页符都可以删除
C）在使用 Word 的过程中，随时按 F1 键，都可以获得帮助
D）在任何视图下都可以看到分栏效果
E）执行分栏操作前必须先选定欲分栏的段落

三、判断题（共 10 小题，每题 1 分，共 10 分）

1．Word 窗口和文档窗口可分为两个独立的窗口。（　）
2．移动、复制文本之前需先选定文本。（　）
3．选择矩形文本区域需要按 Shift+F8 键进行切换。（　）
4．删除文本后，单击“撤销”按钮，将恢复刚才被删除的内容。（　）
5．按 Delete 键只能删除插入点右边的字符。（　）
6．执行菜单“工具”→“自定义”命令，可显示/隐藏工具栏。（　）
7．为了防止因断电丢失新输入的文本内容，应经常执行“另存为”命令。（　）
8．在文档内移动文本一定要经过剪贴板。（　）
9．执行“保存”命令不会关闭文档窗口。（　）
10．执行菜单“格式”→“制表位”命令，打开“制表位”对话框，可在其中设置、消除制表位。（　）

四、填空题（共 8 小题，每题 4 分，共 32 分）

1．选定文本后，拖动鼠标到需要处即可实现文本块的移动；按住________键的同时拖动鼠标到需要处即可实现文本块的复制。

2．在 Word 文档编辑窗口中，设光标停留在某个字符之前，当选择某个样式时，该样式就会对当前________起作用。

3．设置页边距最快速的方法是在页面视图中拖动标尺。对于左、右边距，可以通过拖动水平标尺上的左右缩进滑块进行设置；要进行精确的设置，可以在按住________键的同时作上述拖动。

4. 在设置段落的对齐方式时，要使两端对齐，可使用工具栏上的________按钮；要左对齐，可使用工具栏上的________按钮；要右对齐，可使用工具栏上的________按钮；要居中对齐，可使用工具栏上的________按钮。

5. 要想自动生成目录，在文档中应包含________样式。

6. 要建立表格，可以单击工具栏上的“________”图标按钮，并拖动鼠标选择行数和列数；还可以通过“________”菜单中的“插入”→“表格”命令来选择行数和列数。

7. 打印文档的快捷键是________。

8. 打开 Word 窗口，选择文本格式并输入文本，操作方法如下：

（1）单击任务栏中的“________”菜单按钮，选择________→________→________，打开 Word 窗口。

（2）单击“格式”工具栏中“________”下拉式列表右边的倒三角形按钮，选择小四号字；单击“________”下拉式列表右边的倒三角形按钮，选择楷体。

五、操作题（共 5 小题，每题 2 分，共 10 分）

1. 打开一个文档，然后用标尺改变页边距。

2. 设置页面，要求纸张尺寸为 A4，页面方向为“横向”，上、下、左、右的页边距分别为 3 厘米、3 厘米、3.5 厘米、3 厘米，装订线位于左侧且位置为 1 厘米。

3. 为文档的奇偶页创建不用的页眉，奇数页的页眉是“北京大学 2006—2050 年发展规划”，偶数页的页眉是“第 1 章　北京大学 2006—2010 年发展规划”。

4. 在文档中插入分页符和分节符。

5. 设置自动保存文档，要求自动保存文档的时间间隔为 15 秒，并为该文档设置密码“sxpi2006”。

参考答案

一、单选题

1. A　2. A　3. C　4. C　5. C　6. B　7. B　8. A　9. B　10. B
11. A　12. A　13. C　14. A　15. A　16. D　17. C　18. B　19. B　20. A

二、多选题

1. BCD　2. CE

三、判断题

1. √　2. √　3. ×　4. √　5. √　6. √　7. ×　8. ×　9. √　10. √

四、填空题

1. Ctrl　2. 要输入的字符　3. Alt　4. 两端对齐，两端对齐，右对齐，居中
5. 标题　6. 插入表格，表格　7. Ctrl+P
8.（1）开始，所有程序，Microsoft Office, Microsoft Office Word 2003
（2）字号，字体

五、操作题（略）

测 试 题 2

一、单选题（共 20 小题，每题 2 分，共 40 分）

1．向右拖动标尺上的________缩进标志，插入点所在的整个段落将向右移动。

A）左　　B）右　　C）首行　　D）悬挂

2．向左拖动标尺上的右缩进标志，________向左移动。

A）插入点所在段落除第一行以外的全部

B）插入点所在段落

C）插入点所在段落的第一行

D）整篇文档

3．单击水平标尺左端特殊制表符按钮，可切换________种特殊制表符。

A）1　　B）2　　C）4　　D）5

4．将鼠标指向特殊制表符按钮，________，可以切换特殊制表符。

A）单击鼠标左键　　B）双击鼠标左键

C）单击鼠标右键　　D）拖动鼠标

5．在水平标尺上________，标尺相应位置设置特殊制表符。

A）单击鼠标左键　　B）单击鼠标右键

C）双击鼠标左键　　D）拖动鼠标

6．如果设置完一种对齐方式后，要在下一个特殊制表符的对应列输入文本，应按________键。

A）空格　　B）Tab　　C）Enter　　D）Ctrl+Tab

7．将鼠标指向________，双击鼠标左键打开“制表位”对话框。

A）水平标尺上设置的特殊制表符　　B）水平标尺的任意位置

C）垂直滚动条　　D）垂直标尺

8．选择菜单“________”→“制表位”项，可以打开“制表位”对话框。

A）视图　　B）编辑　　C）文件　　D）格式

9．在工具栏中有一个“字体”、一个“字号”下拉列表框，当选取一段文字后，这两个框内分别显示“仿宋体”、“四号”，这说明________。

A）被选取的文字的当前格式为四号、仿宋体

B）被选取的文字将被设定的格式为四号、仿宋体

C）被编辑文档的总体格式为四号、仿宋体

D）将中文版 Word 中默认的格式设定为四号、仿宋体

10．在文档中设定分页符的命令是________。

A）“文件”菜单中的“页面设置”　　B）“视图”菜单中的“页面”

C）“插入”菜单中的“分隔符”　　D）“格式”菜单中的“正文排列”

11．在中文版 Word 中设置页面时，应首先执行的操作是________。

A）在文档中选取一定的内容作为设置对象

B）选取“文件”菜单

C）选取“格式”菜单

D）选取“工具”菜单

12．要求在打印文档时每一页上都有页码，最佳实现方法是________。

A）由 Word 根据纸张大小进行分页时自动加页码

B）应由用户执行菜单“插入”→“页码”项加以指定

C）应由用户执行菜单“文件”→“页面设置”项加以指定

D）应由用户在每一页的文字中自行输入

13．输入页眉、页脚内容的选项所在的菜单是________。

A）文件　　B）插入　　C）视图　　D）格式

14．段落形成于________。

A）按 Enter（回车）键后

B）按 Shift+Enter 组合键后

C）有空行作为分隔

D）输入字符达到一定的行宽就自动转入下一行

15．边界“左缩进”、“右缩进”是指段落的左、右边界________。

A）以纸张边缘为基准向内缩进

B）以“页边距”的位置为基准向内缩进

C）以“页边距”的位置为基准，都向左移动或都向右移动

D）以纸张的中心位置为基准，分别向左、向右移动

16．如果规定某一段的第一行左端起始位置在该段其余各行左端的右侧，称此为________。

A）左缩进　　B）右缩进　　C）首行缩进　　D）首行悬挂缩进

17．段落对齐方式中的“两端对齐”是指________。

A）左、右两端都要对齐，字符少的将加大字间距，把字符分散开以便两端对齐

B）左、右两端都要对齐，字符少的将左对齐

C）或者左对齐或者右对齐，统一即可

D）在段落的第一行右对齐，末行左对齐

18．如果文档中某一段与其前后两段之间要留有较大的间隔，一般应________。

A）在两行之间用按回车键的方法添加空行

B）在两段之间用按回车键的方法添加空行

C）用段落格式的设定来增加段间距

D）用字符格式的设定来增加字间距

19．在文档的各段落前面如果要有编号，可采用命令进行设置，此命令所在的菜单为________。

A）编辑　　B）插入　　C）格式　　D）工具

20．要将一个段落末尾的“回车符”删除，使此段落与其后的段落合为一段，则原来前段的文字内容将________。

A）仍然采用原来设定的格式　　B）采用 Word 默认的格式

C）采用原来后段的格式　　D）无格式，必须重新设定

二、多选题（共 2 小题，每题 4 分，共 8 分）

1. 从文档页眉 / 页脚编辑进入正文，可以________。
   A）单击“页眉和页脚”工具栏中的“关闭”按钮
   B）单击文档编辑区
   C）双击文档编辑区
   D）右击页眉 / 页脚编辑区→选择“关闭”项
2. 以下关于打印预览的叙述中，正确的是________。
   A）打印预览状态下能够显示出标尺
   B）打印预览可以显示多张页面
   C）打印预览状态下可以直接进行打印
   D）打印预览状态下可以进行部分文字处理

三、判断题（共 10 小题，每题 1 分，共 10 分）

1. 对于行距固定的文本，增大字号时文本内容不会全部显示。（　）
2. 在页面视图中，可以通过拖动栏调节标志调整栏宽。（　）
3. 在“分栏”对话框中，只能按照相等宽度设置栏宽。（　）
4. 在普通视图中，可以显示首字下沉效果。（　）
5. 单击“显示/隐藏”按钮，将显示/隐藏按 Tab 键输入的制表符。（　）
6. 当清除由“视图”→“显示段落标记”显示的结果时，单击“显示/隐藏”按钮，可显示/隐藏段落标记。（　）
7. 未在标尺上设置特殊制表符时，按 Tab 键后，插入点将定位于下一个默认制表位。（　）
8. 按回车键可以增加段间距。（　）
9. 按回车键后，上一个段落的格式将带到下一个段落。（　）
10. 执行查找和替换操作时，可删除文档中的字符串。（　）

四、填空题（共 8 小题，每题 4 分，共 32 分）

1. 输入文本

“美国微软公司在推出 Windows 95 中文操作系统的同时，推出了 Microsoft Office for Windows 95、Microsoft Office for Windows 97 中文版套装办公软件。”

选择上一段文本，更改文本格式，操作方法如下：

（1）将鼠标指向待选文本的首部，按住鼠标________键，拖动鼠标选定这段文字；单击“格式”工具栏中的________按钮，将其设置为粗体；单击“格式”工具栏中的________按钮，将其设置为斜体；单击“格式”工具栏中的________按钮，将其设置为带下划线文本。

（2）选择第一行文本

将插入点置于第一行的行首，按住 Shift 键，在第一行的行________单击鼠标________键。

（3）字体、字号的设置

单击“________”工具栏“字体”下拉式列表右边的倒三角形按钮，选择楷体；单击“________”工具栏“字号”下拉式列表右边的倒三角形按钮，选择四号，将所选文本设置为四号、楷体。

（4）按________+________组合键，选择整个文档，然后单击“________”下拉式菜单，选择红色，将整个文档设置为红色。

（5）将鼠标指向英文单词，________击鼠标左键，选择一个英文单词。

2．选择、删除文本

将鼠标指向第一行对应的选择条位置，单击鼠标________键，选择第一行文本。按________键删除第一行文本。单击________按钮，恢复第一行文本。

3．选择、移动文本

将鼠标指向选择条，________击鼠标左键选择一个自然段。单击________按钮，将选择的自然段存放到剪贴板中。将插入点移到目标位置，单击________按钮，将选择的自然段移动到目标位置。

4．选择、复制文本

在文档编辑区内，按住鼠标________键，拖动鼠标任选一段文本。将鼠标指向选择的文本，按住鼠标左键的同时按下________键，拖动鼠标到目标位置，释放鼠标，选择文本即被复制到目标位置。

5．利用快捷菜单移动或复制选定的文本

选择文本，将鼠标指向所选文本，按住鼠标________键，拖动鼠标到目标位置，释放鼠标，出现快捷菜单，选择“________”项，将选择的文本移到目标位置。

6．在 Word 窗口中创建新文档及进行文档之间文本内容的复制，操作方法如下：

（1）单击“________”工具栏上的“________”图标按钮，打开新文档窗口。Word 窗口________栏显示新文档文件名 “文档 2”。

（2）在新文档中输入文本内容。

（3）当文档窗口最大化时，单击________窗口的“还原”按钮，然后将鼠标指向文档窗口边缘，出现________箭头时，可调整文档 1 和文档 2 窗口的大小。

（4）将文档 2 中的文本内容复制到文档 1。在文档 2 窗口中选择一段文本，单击________按钮，将被选择文本存放到剪贴板中。

（5）将插入点移到文档 1 窗口的目标位置，单击________按钮，将剪贴板中的内容复制到文档 1 中。

7．为新文档取名，保存新文档，不关闭新文档窗口，操作方法如下：

（1）单击文档 1 窗口，置文档 1 为当前活动窗口。

（2）单击“________”图标按钮，出现“另存为”对话框。

（3）单击“另存为”对话框的“________”下拉列表框右边的倒三角形按钮，选择 Word 文档类型。

（4）在“另存为”对话框的“________”编辑框中输入新文档名，如“MYFILEl”。

（5）单击“另存为”对话框中的“________”按钮，保存新文档，________栏显示新文档名“________”且不关闭文档窗口。

8．备份文档，操作方法如下：

（1）单击“MYFILEl”文档窗口，将其置为当前活动窗口。

（2）选择菜单“________”→“________”命令，出现“另存为”对话框。

（3）在“文件名”编辑框中输入文件名，如“FILE”，单击“________”按钮，为文档取另外的名字保存。

五、操作题（共 1 小题，共 10 分）

打开一个已经存在的 Word 文档，进行如下操作：
（1）在文档中应用内置的标题样式。
（2）创建样式。要求：样式名为“章标题”，小三号字，宋体，前、后各空 0.5 行，居中。
（3）使用内部样式编制文档标题，然后以目录形式提取，并在文档中标记及编制索引。
（4）在 Word 中加载共用模板。
（5）创建模板，要求该模板出现在“模板”对话框中的“新建”选项卡中。

参考答案

一、单选题

1. A　2. B　3. D　4. A　5. B　6. B　7. A　8. D　9. A　10. C
11. B　12. B　13. C　14. A　15. B　16. C　17. B　18. C　19. C　20. A

二、多选题

1. AC　2. ABC

三、判断题

1. √　2. √　3. ×　4. ×　5. √　6. √　7. √　8. √　9. √　10. √

四、填空题

1.（1）左；加粗；倾斜；下划线　（2）末，左　（3）格式；格式
（4）Ctrl，A，字体颜色　（5）双
2. 左。Delete 撤销　3. 双。剪切。粘贴　4. 左。Ctrl　5. 右，移动到此位置
6.（1）常用，新建空白文档。标题　（3）文档 2，双向　（4）复制　（5）粘贴
7.（2）保存　（3）保存类型　（4）文件名　（5）保存，标题栏，MYFILE1
8.（2）文件，另存为　（3）保存

五、操作题（略）

测 试 题 3

一、单选题（共 20 小题，每题 2 分，共 40 分）

1. 如果在输入字符后，单击“撤销”按钮，将________。
   A）删除输入的字符　B）复制输入的字符
   C）复制字符到任意位置　D）恢复字符
2. 如果在删除字符后，单击“撤销”按钮，将________。
   A）在原位置恢复输入的字符　B）删除字符
   C）在任意位置恢复输入的字符　D）把字符存放在剪贴板中
3. 要修改已输入文本的字号，在选择文本后，单击________按钮可选择字号。
   A）加粗　B）新建
   C）“字号”下拉式列表右边的倒三角形　D）“字体”下拉式列表右边的倒三角形

4. 如果未选择文本，单击字体颜色按钮右边的倒三角形按钮，选择颜色后，为______设置颜色。

A）所有已输入的文本　　B）当前插入点所在的段落
C）整篇文档　　D）后面将要输入的字符

5. 如果要改变某段文本的颜色，应________，再选择颜色。

A）先选择该段文本　　B）将插入点置于该段文本中
C）不选择文本　　D）选择任意文本

6. 如果要将一行标题居中显示，将插入点移到该标题行，单击“________”图标按钮。

A）居中　　B）减少缩进量
C）增加缩进量　　D）分散对齐

7. 如果要在每一个段落的前面自动添加编号，应选中“________”图标按钮。

A）格式刷　　B）项目符号　　C）编号　　D）字号

8. 如果在输入段落的前面不再自动添加项目符号，取消选中“________”图标按钮。

A）项目符号　　B）编号　　C）格式刷　　D）撤销

9. 将某一文本段的格式复制给另一文本段：先选择源文本，单击“________”图标按钮后才能进行格式复制。

A）格式刷　　B）复制　　C）重复　　D）保存

10. 对于已设置了修改权限密码的文档，如果不输入密码，该文档________。

A）将不能打开　　B）能打开且修改后能保存为其他文档
C）能打开但不能修改　　D）能打开且能修改

11. 对于只设置了打开权限密码的文档，输入密码验证通过后，可以打开文档，________。

A）但不能修改
B）修改后既可保存为其他文档，又可保存为原文档
C）可以修改但必须保存为其他文档
D）可以修改但不能保存为其他文档

12. 执行菜单“________”→“数字”命令，打开“数字”对话框。

A）编辑　　B）格式　　C）插入　　D）工具

13. 在“数字”对话框中的“数字类型”列表框中选择“A，B，C，…”项，并在“数字”文本框中输入27，在文档中插入________。

A）A　　B）27　　C）AAA　　D）AA

14. 在“符号”对话框中，按________组合键，打开“自动更正”对话框。

A）Alt+A　　B）A　　C）Ctrl+A　　D）Enter+A

15. 在“查找和替换”对话框中，单击“________”选项卡后才能执行替换操作。

A）替换　　B）查找　　C）定位　　D）常规

16. 如果要将文档中的字符串“我们”替换为“他们”，应在“________”编辑框中输入“我们”。

A）查找内容　　B）替换为　　C）搜索范围　　D）同音

17. 单击“________”按钮，可以将要替换的词全部替换。

A）替换　　B）全部替换　　C）查找下一处　　D）取消

18．在查找和替换过程中，如果只替换文档中的部分字符串，应先单击“________”按钮。

A）查找下一处 B）替换 C）常规 D）格式

19．单击“查找下一处”按钮，找到源字符串后，单击“________”按钮，替换一个字符串。

A）常规 B）查找下一处 C）取消 D）替换

20．如果要对查找到的字符串进行修改，且不关闭“查找和替换”对话框，应________，再进行修改。

A）按 Enter 键

B）不移动插入点

C）先将插入点置于文档中找到的字符串位置

D）按 Esc 键

二、多选题（共 2 小题，每题 4 分，共 8 分）

1．在 Word 的“格式”工具栏中，提供了________对齐方式。

A）左对齐 B）右对齐 C）居中对齐 D）分散对齐

2．对文档的页面设置，有________两种。

A）右击文档，在弹出的快捷菜单中进行设置

B）双击文档，在选定文本区域中进行设置

C）在“文件”菜单的“页面设置”中进行设置

D）在打印预览窗口中进行设置

三、判断题（共 10 小题，每题 1 分，共 10 分）

1．全字匹配查找时，一定区分全/半角。（ ）

2．使用通配符查找时，不能进行全字匹配查找。（ ）

3．通配符“?”只能代替一个字符。（ ）

4．在查找字符串的中间位置使用通配符“*”时，可表示任意多个字符。（ ）

5．只能在页面视图下为文本加框。（ ）

6．对于利用字符边框为文本添加的边框，可删除部分文本的边框。（ ）

7．在文本框中横向输入文字时，当输入的内容到达文本框底部时，文本框能够自动扩充。（ ）

8．对文本框进行缩放时，文本框中的内容自动编排。（ ）

9．利用“字符边框”按钮添加的边框可用鼠标拖动以调节其大小。（ ）

10．艺术字可作为查找对象。（ ）

四、填空题（共 8 小题，每题 4 分，共 32 分）

1．保存文档，且关闭文档窗口

在文档中继续输入文本内容，单击“MYFILE1”文件窗口的“________”按钮，显示保存文档提示信息，单击“________”按钮保存文档，且关闭文档窗口。

2．保存文档，关闭文档窗口

单击文档窗口的“________”按钮，显示保存文档提示信息；单击“________”按钮，为文档2输入文件名，单击“保存”按钮，保存文档，关闭文档窗口。如果当前有多个文档窗口，需逐一回答。

3．执行查找命令，查找全角和半角字符串“PC”，要求在“PC”右边加上“–”号，操作步骤如下：

（1）按________+________组合键，将插入点置于文本末尾。

（2）执行菜单“________”→“查找”命令，出现“查找和替换”对话框后，单击“______”选项卡，再单击“高级”按钮，清除________复选项，进行不区分全/半角的查找。

（3）在“________”下拉列表框内选择“向上”，将插入点置于“________”编辑框中，输入“PC”。

（4）单击“________”按钮，开始查找。查找到文本末尾的半角字符“PC”，在反色显示处单击鼠标，将插入点置于“PC”右边，按“–”键。

（5）单击“________”按钮，继续从开始处查找。

4．执行“替换”命令，将半角“PC–”全部自动改为“微机”。

（1）执行菜单“编辑”→“________”命令，出现“查找和替换”对话框，单击“________”选项卡，执行查找和替换操作。

（2）选中__________复选项，区分全/半角查找，在“________”下拉列表框内选择“全部”。

（3）单击“输入法”状态栏中的________按钮，切换为半角输入。

（4）将插入点置于“________”编辑框内，输入“PC–”；将插入点置于“________”编辑框内，输入“微机”。

（5）单击“________”按钮，执行自动替换。

5．加边框和底纹

选中“________”和“________”图标按钮，输入字符串，为字符串添加边框和底纹。

6．取消边框和底纹

选择有边框或底纹的字符串，取消选中“________”或“________”图标按钮，取消边框或底纹。

7．设置文本框并在文本框内输入文本

（1）执行菜单“________”→“________”命令，选择“竖排”，自动切换到________视图，鼠标指针变为十字形。

（2）拖动鼠标设置文本框的大小，插入点自动置于________框内。

（3）输入文本。文本输入完毕，单击“普通视图”图标按钮，切换到________视图，隐藏文本框。

8．利用鼠标移动和调节文本框

（1）单击“________”视图图标按钮，切换到页面视图。

（2）单击文本框，将鼠标指向文本框的________________位置，鼠标指针变为四向箭头形状。

（3）按住鼠标左键，拖动鼠标，________文本框。

（4）将鼠标指向文本框控制块位置，鼠标指针变为双向箭头形状，按住鼠标左键拖动，文本框________或缩小，按住________键拖动鼠标，文本框对称于中心缩放。

五、操作题（共 1 小题，共 10 分）

打开一个已经存在的 Word 文档，执行如下操作：

（1）分别全屏、分窗口显示文档。

（2）按照 75%的比例显示文档。

（3）显示/隐藏非打印字符。

（4）在打印预览状态下，设置 2×3 多页显示方式。

（5）设置打印选项并执行打印操作。

参考答案

一、单选题

1. A　2. A　3. C　4. D　5. A　6. A　7. C　8. A　9. A　10. C
11. B　12. C　13. D　14. A　15. A　16. A　17. B　18. A　19. D　20. C

二、多选题

1. BCD　2. CD

三、判断题

1. ×　2. √　3. √　4. √　5. ×　6. √　7. ×　8. √　9. ×　10. ×

四、填空题

1. 关闭，是　2. 关闭，是

3.（1）Ctrl，End （2）编辑，查找，区分全/半角 （3）搜索，查找内容
（4）查找下一处 （5）查找下一处

4.（1）查找，替换 （2）区分全/半角，搜索 （3）全角/半角（Shift+Space）
（4）查找内容，替换为 （5）替换

5. 字符边框，字符底纹　6. 字符边框，字符底纹

7.（1）插入，文本框，页面 （2）文本 （3）普通

8.（1）页面 （2）边缘 （3）移动 （4）放大，Ctrl

五、操作题（略）

测 试 题 4

一、单选题（共 20 小题，每题 2 分，共 40 分）

1. 在选中文本框后，选择菜单“________”→“文本框”命令，打开“设置文本框格式”对话框。

A）格式　B）编辑　C）插入　D）文件

2. 选中文本框后，将鼠标指向________，单击鼠标右键，在弹出的快捷菜单中选择“设置文本框格式”项。

A）文本框的任意位置　　B）文本框外边
C）文本框的边界位置　　D）文本框内部

3. 如果要利用“设置文本框格式”对话框改变文本框大小，应选择“________”选项卡。

A）大小　　B）文本框　　C）位置　　D）图片

4. 选中文本框后，文本框边界显示________个控制块。

A）2　　B）4　　C）1　　D）8

5. 要取消利用“字符边框”按钮为一段文本所添加的文本框，________，再单击“字符边框”按钮。

A）先选定已加边框的文本　　B）不选定文本
C）插入点置于任意位置　　D）选定整篇文档

6. 在单击文本框后，按________键可以删除文本框。

A）Enter　　B）Alt　　C）Delete　　D）Shift

7. 如果要删除文本框中的部分字符，插入点应置于________位置。

A）文档中的任意　　B）文本框中需要删除的字符
C）文本框中的任意　　D）文本框的开始

8. 对文本框中的内容执行“查找”命令时，应切换到________视图。

A）普通　　B）页面或 Web 版式　　C）打印预览　　D）大纲

9. 当插入点位于文本框中时，________中的内容进行查找。

A）既可对文本框又可对文档　　B）只能对文档
C）只能对文本框　　D）不能对任何部分

10. 在“设置文本框格式”对话框中，文本框对文档的环绕方式有________种。

A）1　　B）2　　C）5　　D）4

11. 用 Word 制作表格时，下列叙述中不正确的是________。

A）将光标移到所需行中任一单元格的最左侧，单击鼠标左键即可选定该行
B）将光标移到所需列的上端，光标变成垂直向下的箭头后，单击鼠标左键即可选定该列
C）将光标移到所需行中任一单元格内，执行菜单“表格”→“选择”→“列”命令即可选定该列
D）要选定连续的多个单元格，可用鼠标连续拖动经过若干单元格

12. 启动 Word 时，应________窗口。

A）只打开 Word　　B）同时打开 Word 窗口和文档
C）只打开文档　　D）打开 Word 窗口，不打开文档

13. 对于新建的文档，执行“关闭”（“保存”）命令时，将出现“________”对话框。

A）另存为　　B）打开　　C）新建　　D）页面设置

14. 纯文本文档的扩展名为“________”。

A）dos　　B）txt　　C）wps　　D）bmp

15. 在 Word 中，要选定一个英文单词，可以用鼠标在单词的任意位置________。

A）双击　　B）单击

C）右击　　　　　　　　　　　　D）按住 Ctrl 键的同时单击

16．选择菜单“________”→“对象”命令，在随后出现的“对象”对话框的“对象类型”列表框中选择“Microsoft 公式 3.0”项，出现“公式”工具栏。

A）编辑　　B）插入　　C）格式　　D）工具

17．如果要输入运算符“±”，单击“公式”工具栏中的________模板。

A）关系符号　　B）运算符号　　C）集合符号　　D）空格和省略号

18．下面的数学符号中，可用键盘直接输入的是________。

A）±　　B）÷　　C）×　　D）+

19．要输入行列式，应单击“公式”工具栏中的________。

A）围栏模板　　　　B）符号工具板

C）上下划线模板　　D）杂项符合

20．在 Word 编辑窗口中，可使用________菜单中的“页眉和页脚”命令，建立页眉和页脚。

A）编辑　　B）插入　　C）视图　　D）文件

二、多选题（共 4 小题，每题 2 分，共 8 分）

1．下列叙述中，正确的是________。

A）可以只改变文本框中文字的方向，而不改变文档中文字的方向

B）在 Word 的表格中，支持简单的运算

C）在文本框中，可以插入图片

D）在文本框中，不能使用项目符号

2．要删除选定的文本，可以________。

A）单击工具栏上的“删除”按钮

B）使用键盘上的 Delete 键

C）使用键盘上的 Backspace 键

D）右击选定区域→执行快捷菜单中的“删除”命令

3．将文档 A 的内容全部插入文档 B 中，可以________。

A）执行菜单“插入”→“对象”命令

B）选定文档 A 的所有内容→“复制”→粘贴到文档 B 中

C）执行菜单“插入”→“文件”命令，指定文档 A 进行插入

D）打开文档 B→打开文档 A→将窗口由文档 B 移到文档 A→粘贴

4．在 Word 的编辑区域中，要删除一段已被选取的文字，正确的操作是按________键。

A）Backspace　　B）Enter　　C）Delete　　D）Insert

三、判断题（共 10 小题，每题 1 分，共 10 分）

1．与一般的文本操作类似，可以利用“格式”工具栏设置艺术字格式。（　）

2．在插入符号时，如果未关闭“符号”对话框，则不能编辑文档。（　）

3．单击“绘图”工具栏上的“插入艺术字”按钮，可以插入艺术字。（　）

4．利用“公式编辑器”输入的数学公式不能进行缩放操作。（　）

5．从键盘直接输入的时间，如 8 点 10 分 20 秒，能够自动更新。（　）

6．利用“公式编辑器”输入数学公式时，所有符号必须通过“公式”工具栏输入。（　）

7. 在 Word 文档中，可以不显示段落标记。（ ）

8. 在 Word 文档中，页码可以设置在页眉或页脚位置。（ ）

9. 在 Word 文档中，普通视图和页面视图都可以对图形和公式等对象进行处理。（ ）

10. 在 Word 文档中，邮件合并的数据源可以来自 Word 表格、Excel 工作簿、Access 数据库或 Outlook 通信簿。（ ）

四、填空题（共 8 小题，每题 4 分，共 32 分）

1. 创建艺术字

（1）将鼠标指向________栏的任意位置，单击鼠标________键，选中工具栏列表中的“________”项，显示“艺术字”工具栏。

（2）单击“插入艺术字”按钮，出现“艺术字库”对话框，在该对话框中选择某一个样式，然后单击“确定”按钮，打开“________”对话框。

（3）单击任务栏上的________按钮，在“输入法”菜单中选择某一种汉字输入法。

（4）在“编辑‘艺术字’文字”对话框中，输入文字“欢迎”，在“________”下拉列表框中选择楷体，单击“________”图标按钮，将艺术字设置为粗体。单击“确定”按钮，自动切换到________视图。

2. 为艺术字填充颜色、改变大小

（1）在页面视图中单击艺术字。

（2）单击“艺术字”工具栏上的“________”图标按钮，显示“设置艺术字格式”对话框。

（3）单击该对话框上的“________”选项卡，在“填充”选项区域中的“________”下拉列表框中选择一种填充颜色。

（4）在该对话框中单击“________”选项卡，单击“________”和“________”数值框右边的微调按钮，设置艺术字大小。

3. 为艺术字设置三维效果

（1）将鼠标指向________栏的任意位置，单击鼠标________键，显示工具栏列表，选中“绘图”选项，出现“绘图”工具栏。

（2）选择菜单“视图”→“________”项，可以切换到页面视图。

（3）单击艺术字，然后单击“绘图”工具栏上的“________”图标按钮，设置艺术字的三维效果。

4. 利用鼠标定位、缩放艺术字

（1）单击“________”图标按钮，切换到页面视图，将鼠标指向艺术字，单击鼠标________键，鼠标指针变为________箭头时，拖动鼠标，移动艺术字。

（2）单击艺术字，出现 8 个控制块，将鼠标指向控点，按住________键，拖住鼠标，艺术字的中心位置不变，缩小或放大艺术字。

5. 利用对话框定位艺术字

（1）在页面视图中单击艺术字，再单击“艺术字”工具栏上的“________”图标按钮，出现“设置艺术字格式”对话框。

（2）单击“________”选项卡，单击“旋转”数值框右边的微调按钮，设置艺术字在当前页中的位置。

6．设置艺术字与文本的环绕方式

在页面视图中单击艺术字，打开“________”对话框，单击“________”选项卡，选择其中某一个环绕方式，单击“确定”按钮。

7．自动更正

（1）执行菜单“________”→“________”命令，打开“自动更正”对话框，单击“________”选项卡，添加自动更正条目。

（2）选中“________”复选项，键入时将自动更正。将插入点置于“________”文本框中输入“HBDX”。

（3）将插入点置于“________”文本框中，输入文字“湖北大学”，单击“添加”按钮，将输入的自动更正项添加到自动更正条目中，对话框不关闭。

（4）将插入点置于“________”文本框中，输入“JSJJC”，然后将插入点置于“________”文本框中，输入“计算机基础知识”，单击“确定”按钮，将输入的自动更正项添加到自动更正条目中，关闭对话框。

（5）在文档中输入英文“HBDX”+________键，或“JSJJC”+________键，自动输入“________”或“________”。

8．插入数学公式

完成下面数学公式的输入：

$$y=\sqrt{\frac{1}{n-1}\left\{\sum_{i=1}^{n}x_i^2-n\overline{x^2}\right\}}$$

（1）在文档中将插入点置于待插入公式的位置，依次选择菜单“______”→“______”命令，打开“对象”对话框，在“对象类型”列表框中选择“Microsoft 公式 3.0”项，出现“______”工具栏。

（2）在“________”工具栏中，根据公式的结构，选择合适的字母或符号。

五、操作题（共 1 小题，共 10 分）

在 Word 中创建如下所示表格，并执行如下操作。

××网络公司员工工资表			
姓名	基本工资	岗位工资	合计
钟海涛	1600	800	
周明明	1350	750	
刘向楠	1200	600	
赵龙	1000	500	
平均工资			

（1）将表格的外框线加粗一倍。

（2）在“刘向楠”的前面插入一条记录“姓名：王刚，基本工资：1300，岗位工资：700”。

（3）将标题文字“××网络公司员工工资表”设置为黑体，并加底纹。

（4）对表格中的“合计”栏进行计算，即“合计=基本工资+岗位工资”，再计算出各员工工资的平均值。

参考答案

一、单选题

1. A　2. C　3. A　4. D　5. A　6. C　7. B　8. B　9. C　10. C
11. A　12. B　13. A　14. B　15. A　16. B　17. B　18. D　19. A　20. C

二、多选题

1. ABC　2. BC　3. BC　4. AC

三、判断题

1. ×　2. ×　3. √　4. ×　5. ×　6. ×　7. √　8. √　9. ×　10. √

四、填空题

1.（1）工具，右，艺术字（2）编辑‘艺术字’文字（3）输入法
（4）字体，加粗，页面
2.（2）设置艺术字格式（3）颜色与线条，颜色（4）大小，高度，宽度
3.（1）工具，右（2）页面（3）三维效果样式
4.（1）页面视图，左，四向（2）Ctrl
5. 设置艺术字格式，大小
6. 设置艺术字格式，版式
7.（1）工具，自动更正选项，自动更正（2）键入时自动替换，替换（3）替换为
（4）替换，替换为（5）空格，空格，湖北大学，计算机基础知识
8.（1）插入，对象，公式（2）公式

五、操作题（略）

计算机常识

宏病毒与 Word 中的宏

1. 宏病毒

宏病毒是一种寄存在 Office 文档或模板的宏中的计算机病毒。一旦打开这样的文档，其中的宏就会被执行，于是宏病毒就被激活，进而转移到计算机上，并驻留在 Normal 模板上。从此以后，所有自动保存的文档都会“感染”上这种宏病毒，而且如果其他用户打开感染病毒的文档，宏病毒又会转移到他的计算机上。

2. Word 中的宏

如果需要在 Word 中反复执行某项任务，可以使用宏自动执行该任务。宏是一系列 Word 命令和指令，这些命令和指令组合在一起，形成一个单独的命令，以实现任务执行的自动化。通常采用“录制”的方式制作“宏”（执行菜单“工具”→“宏”→“录制新宏”命令）。开始录制时，Word 会自动把所执行的操作记录下来，直到停止录制。运行宏时，可以按 Alt+F8 组合键。

3．宏的典型应用

宏的典型应用包括：加速日常编辑和格式设置；组合多个命令，例如插入具有指定尺寸和边框、指定行数和列数的表格；使对话框中的选项更易于访问；自动执行一系列复杂的任务。

4．无法选择文档类型

如果在保存文档时，无法选择文档类型，这可能是由Concept Virus宏病毒造成的，这种病毒阻止用户将文件保存为文档模板以外的文档类型。

第4章 Excel 2003的使用测试题及参考答案

测 试 题 1

一、单选题（共20小题，每题2分，共40分）

1．文件类型________是Excel工作簿的标准文件格式。

A）*.xls　　B）*.mdb　　C）*.doc　　D）*.ppt

2．自动填充功能可以协助用户产生________。

A）日期序列　　B）时间序列　　C）等差序列　　D）以上皆可

3．在“相对位置”与“绝对位置”中，用标准符号________进行区分。

A）+　　B）$　　C）=　　D）!

4．在工作表单元格中输入的表达式，可以包含________项目。

A）数值　　B）运算符

C）单元格引用位置　　D）以上皆是

5．利用鼠标并配合键盘上的________键，可以同时选取多个不连续的单元格区域。

A）Ctrl　　B）Enter　　C）Shift　　D）Esc

6．________图表类型不适合在有多种数据序列时使用。

A）条形图　　B）折线图　　C）饼图　　D）以上皆是

7．在Excel中，选择连续区域可以用鼠标和________键配合实现。

A）Shift　　B）Alt　　C）Ctrl　　D）F8

8．在用Excel处理表格时，如果在选中某个单元格并输入字符或数字后，需要取消刚输入的内容而保持原来的值，应在编辑栏内输入________。

A）√　　B）×　　C）=　　D）%

9．Excel的窗口包含________。

A）标题栏、工具栏、标尺　　B）菜单栏、工具栏、标尺

C）编辑栏、标题栏、菜单栏　　D）菜单栏、状态区、标尺

10．Word和Excel都有的一组菜单是：________。

A）文件、编辑、视图、工具、数据

B）文件、视图、格式、表格、数据

C）插入、视图、格式、表格、数据

D）文件、编辑、视图、格式、工具

11．关于Excel的插入操作，正确的方法是先选择列标为D的列，然后________。

A）单击鼠标左键，在弹出的快捷菜单中选择“插入”命令后，将在原 D 列之前插入一列

B）单击鼠标左键，在弹出的快捷菜单中选择“插入”命令后，将在原 D 列之后插入一列

C）单击鼠标右键，在弹出的快捷菜单中选择“插入”命令后，将在原 D 列之前插入一列

D）单击鼠标右键，在弹出的快捷菜单中选择“插入”命令后，将在原 D 列之后插入一列

12. 如果单元格 B2、B3、B4、B5 的内容分别为 4、2、5、=B2*B3−B4，则 B2、B3、B4、B5 单元格实际显示的内容分别是________。

A）4， 2， 5， 2　　B）2， 3， 4， 5

C）5， 4， 3， 2　　D）4， 2， 5， 3

13. 假设单元格 D2 的值为 6，则函数=IF（D2>8,D2/2,D2*2）的结果为________。

A）3　　B）6　　C）8　　D）12

14. 在 Excel 中，空心十字形鼠标指针和实心十字形鼠标指针分别可以进行的操作是________。

A）拖动时选择单元格；拖动时复制单元格内容

B）拖动时复制单元格内容；拖动时选择单元格

C）作用相同，都可以选择单元格

D）作用相同，都可以复制单元格内容

15. 在 Excel 的打印页面中，增加页眉和页脚的操作是________。

A）执行“文件”菜单中的“页面设置”命令，选择“页眉 / 页脚”选项卡

B）执行“文件”菜单中的“页面设置”命令，选择“页面”选项卡

C）执行“插入”菜单中的“名称”命令，选择“页眉和页脚”

D）只能在打印预览中进行设置

16. 在 Excel 中，可以通过建立工作区文件将当前所有打开工作簿的信息保存，工作区文件的后缀是________。

A）*.xls　　B）*.xlw　　C）*.wri　　D）*.doc

17. 在 Excel 的工作表中，每个单元格都有其固定的地址，如“A5”表示________。

A）“A”代表 A 列，“5”代表第 5 行

B）“A”代表 A 行，“5”代表第 5 列

C）“A5”代表单元格中的数据

D）以上都不是

18. 在保存 Excel 工作簿文件的操作过程中，默认的工作簿文件保存格式是________。

A）HTML 格式　　B）Microsoft Excel 工作簿

C）Microsoft Excel 5.0 / 95 工作簿　　D）Microsoft Excel 95&97 工作簿

19. 在行号和列号前面加符号“$”代表绝对引用。绝对引用工作表 Sheet2 中从 A2 到 C5 区域的公式为________。

A）Sheet2!A2:C5　　B）Sheet2!$A2:$C5

C）Sheet2!$A$2:$C$5　　D）Sheet2!$A2:C5

20. Excel 应用程序窗口最下面的一行称作状态行，当用户输入数据时，状态行显示“________”。

A）输入　　B）指针　　C）编辑　　D）拼写检查

二、多选题（共 6 小题，每题 3 分，共 18 分）

1．Excel 可以画出________图形。

A）二维图表　　B）三维图表　　C）*n* 维图表　　D）雷达图

2．下列关于筛选的叙述，正确的是________。

A）作高级筛选时，必须先在工作表中选择筛选范围

B）作高级筛选，不但要有数据区，还要建立条件区

C）高级筛选可以将筛选结果复制到其他区域内

D）高级筛选只能将筛选结果放在原有区域内

3．下列方法中，不能在 Windows 中启动 Excel 的操作是________。

A）选择菜单“开始”→“所有程序”→Microsoft Office→Microsoft Office Excel

B）在资源管理器中打开 Office 文件夹，双击 excel.exe 文件

C）在资源管理器中打开 Office 文件夹，双击 setup.exe 文件

D）在 Excel 文件夹下用鼠标双击 myfile.xls 文件图标（假设此文件已存在）

E）在 Excel 文件夹下用鼠标双击 myfile.wps 文件图标（假设此文件已存在）

F）在 C 盘根目录下用鼠标双击 myfile.xls（假设此文件已存在）

4．下列有关 Excel 对区域名的论述中，错误的是________。

A）同一个区域可以有多个区域名

B）一个区域只能定义一个区域名

C）区域名可以与单元格地址相同

D）同一工作簿中不同工作表中的区域可以有相同的名字

E）若删除区域名，同时也删除了对应区域中的内容

5．下列属于 Excel 编辑区的是________。

A）文字输入区域　　B）“取消”按钮

C）“确定”按钮　　D）函数指令按钮

E）名字框　　F）单元格

6．Excel 中数据透视表的数据来源有______。

A）Excel 数据清单或数据库

B）外部数据库

C）多重合并计算数据区域

D）查询条件

E）高级筛选

三、判断题（共 10 小题，每题 1 分，共 10 分）

1．在 Excel 中，单元格数据格式包括数字格式、对齐格式等。（　）

2．在 Excel 中，函数输入可以有两种方法，一种是粘贴函数法，另一种是间接输入法。（　）

3．在 Excel 中，自动求和可通过 SUM 函数实现。（　）

4．在 Excel 中，链接和嵌入之间的主要差别在于数据存储的位置不同。（　）

5．在 Excel 工作表中，每个单元格都有其固定的地址，如 A5 表示：“A” 代表 “A” 行，“5” 代表第 5 列。 （　）

6．在 Excel 中，单元格不能被删除。 （　）

7．在 Excel 中，被删除的工作表可以用“常用”工具栏上的“撤销”按钮加以恢复。（　）

8．在 Excel 中，若用户在单元格中输入“3/5”，即表示数值五分之三。 （　）

9．Excel 中的清除操作是指将单元格的内容删除，包括其所在的地址。 （　）

10．在 Excel 中，图表的大小和类型可以改变。 （　）

四、填空题（共 12 小题，每题 1 分，共 12 分）

1．Excel 是微软公司推出的功能强大、技术先进、使用方便的________软件。

2．电子表格是一种________维表格。

3．Word 中所处理的是文档，在 Excel 中直接处理的对象是________。

4．工作簿是指在________的文件。

5．正在处理的工作表称为________。

6．在 Excel 中，被处理的所有数据都保存在________中。

7．正在处理的单元格称为________。

8．在 Excel 中，公式都是以________开始的，后面由________和________构成。

9．自动填充是指________。

10．清除是指________；删除是指________。

11．选择连续的单元格区域，只要在单击第一个单元格后，按住________键，再单击最后一个单元格；选择不连续的单元格则需在按住________键的同时选择各单元格。

12．Excel 的工作表由________行、________列组成，其中行号用________表示，列号用________表示。

五、操作题（共 2 小题，每题 10 分，共 20 分）

1．实例基本操作

（1）在单元格 B2 中输入数字 18，在单元格 D3 中输入数字 7，然后在单元格 F7 中创建公式“=（B2-D3）/7”计算结果。

（2）在单元格 B6 中输入数字 12.3，将其设置为“百分比样式”，然后将其设置为“文本”数据。

（3）设置数据的有效性，要求输入数值的范围是 100～1 500。

（4）设置单元格的显示比例为 110%。

（5）隐藏工作表 Sheet3，将工作表 Sheet2 重命名为“人事表”，并将该工作表标签的颜色设置为黄色。

2．实例综合操作

在工作表中输入如下数据表格，在单元格 E5 中输入公式“=C5+D5”，即“进出口总和”=“出口”+“进口”，使用公式复制的方法计算单元格区域 E6：E10 中对应的“进出口总和”。

E5 =C5+D5

	A	B	C	D	E	F
1		2000年1－5月进出口商品国家（地区）总值表				
2						
3		国　家				
4		（地区）	出口	进口	进出口总和	
5		亚洲	4,904,822	5,131,183	10,036,005	
6		非洲	185,295	199,682		
7		欧洲	1,723,259	1,473,353		
8		拉丁美洲	260,372	152,436		
9		北美洲	2,010,187	990,912		
10		总值	9,228,387	8,182,570		

参考答案

一、单选题

1. A　2. D　3. B　4. D　5. A　6. C　7. A　8. B　9. C　10. D
11. C　12. D　13. D　14. A　15. A　16. B　17. A　18. B　19. C　20. A

二、多选题

1. ABD　2. BC　3. CE　4. BCDE　5. AF　6. ABC

三、判断题

1. √　2. ×　3. √　4. √　5. ×　6. ×　7. ×　8. ×　9. ×　10. √

四、填空题

1. 电子表格　2. 三　3. 单元格　4. 磁盘中的扩展名为.xls
5. 当前工作表　6. 工作簿　7. 活动单元格　8. =，公式，函数
9. 自动进行相邻单元格中同类型计算的功能　10. 单元格内容的清除，单元格的删除
11. Shift，Ctrl　12. 65 536，256，阿拉伯数字，英文字母及其组合

五、操作题（略）

测 试 题 2

一、单选题（共 20 小题，每题 2 分，共 40 分）

1. Excel 创建图表的方式可使用________。
   A）模板　B）图表向导　C）插入对象　D）图文框
2. 在 Excel 中，每张工作表最多可以容纳的行数是________。
   A）256 行　B）1 024 行　C）65 536 行　D）不限
3. 移动 Excel 图表的方法是________。
   A）将鼠标指针放在图表边线上，按住鼠标左键拖动
   B）将鼠标指针放在图表控点上，按住鼠标左键拖动
   C）将鼠标指针放在图表内，按住鼠标左键拖动
   D）将鼠标指针放在图表内，按住鼠标右键拖动
4. 在以下各类函数中，不属于 Excel 函数的是________。
   A）统计　B）财务　C）数据库　D）类型转换

5. 在 Excel 中，按 Ctrl+End 组合键，光标将移到________。

A）行首　　B）工作表头

C）工作簿头　　D）工作表有效区域的右下角

6. 在工作表的单元格中输入日期，下列日期格式中不正确的是________。

A）4/18/99　　B）1999-4-18

C）4-18-1999　　D）1999/4/18

7. 下列关于 Excel 中“选择性粘贴”的叙述，错误的是________。

A）选择性粘贴可以只粘贴格式

B）选择性粘贴只能粘贴数值型数据

C）选择性粘贴可以将源数据的排序旋转 90°，即“转置”粘贴

D）选择性粘贴可以只粘贴公式

8. 下面关于 Excel 中分类汇总的叙述，错误的是________。

A）分类汇总之前，数据必须按关键字字段排序

B）分类汇总的关键字字段只能是一个字段

C）汇总方式只能是求和

D）分类汇总可以删除，但删除汇总后的排序操作不能撤销

9. 在自定义“自动筛选”对话框中，可以用“________”复选项指定多个条件的筛选。

A）!　　B）与　　C）+　　D）非

10. 有关 Excel 中分页符的说法，正确的是________。

A）只能在工作表中加入水平分页符

B）Excel 会按照纸张大小、页边距的设置和打印比例的设定自动插入分页符

C）可通过插入水平分页符来改变页面数据行的数量

D）可通过插入垂直分页符来改变页面数据列的数量

11. 在 Excel 中，图表中的________会随着工作表数据发生相应的变化。

A）系列数据的值　　B）图例

C）图表类型　　D）图表位置

12. 在 Excel 中，若希望同时显示同一工作簿中的多个工作表，可以________。

A）在“窗口”菜单中选择“新建窗口”命令，再使用“窗口”菜单中的“重排窗口”命令

B）在“窗口”菜单中选择“分割窗口”命令

C）在“窗口”菜单中直接选择“重排窗口”命令

D）不能实现此目的

13. 显示/隐藏工具栏的操作是________。

A）用鼠标右键单击任意工具栏，然后在弹出的快捷菜单中选择需要显示/隐藏的工具栏

B）隐藏悬浮工具栏时，可单击其上的“关闭”按钮

C）用鼠标右击工具栏可迅速隐藏它

D）未在快捷菜单中出现的工具栏必须通过“工具”菜单中的“自定义”命令来添加

14. 为 Excel 工作表设置密码的操作是________。

A）隐藏　　B）单击“插入”菜单

C）无法实现　　D）单击“工具”菜单中的“保护”命令

15．工作表的单元格表示为：Sheet1!A2，其含义为________。

A）Sheet1 为工作簿名，A2 为单元格地址

B）Sheet1 为单元格地址，A2 为工作表名

C）Sheet1 为工作表名，A2 为单元格地址

D）单元格的行标、列标

16．删除单元格是指________。

A）将选定的单元格从工作表中移去　　B）将单元格的内容清除

C）将单元格的格式清除　　D）将单元格所在列从工作表中移去

17．Excel 工作簿的默认工作表数是________。

A）2　　B）3　　C）10　　D）16

18．下列 Excel 单元格地址表示正确的是________。

A）22E　　B）2E2　　C）E22　　D）AE

19．Excel 绝对地址引用的符号是________。

A）?　　B）$　　C）#　　D）!

20．Excel 计算参数平均值的函数是________。

A）COUNT　　B）AVERAGE　　C）MAX　　D）SUM

二、多选题（共 5 小题，每题 2 分，共 10 分）

1．Excel 中设置范围的方式有________。

A）选取范围　　B）输入文字　　C）设置单元格

D）修改范围　　E）设置范围名称

2．关于 Excel 的基本概念，正确的是________。

A）工作表是处理和存储数据的基本单位，由若干的行和列组成

B）工作簿是 Excel 处理和存储数据的文件，工作簿内只能包含工作表

C）单元格是工作表中行与列的交叉部分，是工作表的最小单位

D）Excel 中的数据库属于网状模型数据库

3．在 Excel 中，对数据清单进行排序是按照________。

A）字母　　B）笔画

C）月份　　D）以上均可

4．Excel 工作表中的单元格 A1 到 A6 求和，正确的公式为________。

A）=A1+A2+A3+A4+A5+A6　　B）=SUM（A1+A6）

C）=SUM（A1:A6）　　D）=（A1+A2+A3+A4+A5+A6）

5．有关编辑单元格内容的说法，正确的是________。

A）双击待编辑的单元格，可对其内容进行修改

B）单击待编辑的单元格，然后在“编辑栏”中输入修改内容

C）要取消对单元格内容所做的改动，可在修改后按 Esc 键

D）向单元格中输入公式必须在“编辑栏”内进行

三、判断题（共 10 小题，每题 1 分，共 10 分）

1．向某单元格中输入公式，确认后该单元格所显示的是数据，故该单元格存储的是数据。

（　）

2．若要删除Excel工作表，应首先选定工作表，然后选择“编辑”菜单中的“清除”命令。（　）

3．在Excel中，可以为图表加上标题。（　）

4．在Excel中，单元格中字符的大小会在调整行高后改变。（　）

5．设置Excel选项，只能用鼠标操作。（　）

6．在Excel中，可以建立数据/日期序列。（　）

7．在Excel中，使用公式的主要目的是为了节省内存。（　）

8．选择菜单“文件”→“关闭”命令，可直接退出Excel。（　）

9．在公式“＝A$1＋B3”中，A$1是绝对地址，而B3是相对地址。（　）

10．对单元格区域B3：B10进行求和的公式是“=SUM（B3：B10）”（　）

四、填空题（共10小题，每题2分，共20分）

1．Excel目前提供了2种不同的数据筛选方式：________与________。

2．设定高级筛选条件时，写在同一列中的所有条件就是________，不同的列中的条件就是以________的方式来合并。

3．在Word和Excel中，当按下________键时，将出现相应的“帮助”子窗格；第一次保存新建文档或工作簿时，系统将弹出“________”对话框。

4．在默认情况下，一个Excel工作簿有3个工作表，其中第一个工作表的默认表名是______。为了改变工作表的名字，可以右击________，弹出快捷菜单，在其中选择“重命名”命令。

5．Excel的数据种类很多，包括：________、________、日期时间、公式和函数等。

6．拖动单元格的________可以进行数据填充。如果单元格D3的内容是“=A3+C3”，则选择单元格D3并向下进行数据填充操作后，单元格D4的内容是“________”。

7．如果B2=2、B3=1、B4=3、B5=6，则=SUM（B2：B5）的结果为_______，（B2+B3+B4）/B5的结果为________。

8．Excel的一个工作簿中默认包含________个工作表，一个工作表中可以有________个单元格。在表示同一个工作簿内不同工作表的单元格时，工作表名与单元格之间应用________号分隔开。

9．在单元格F9中引用单元格E3的地址，有三种形式：相对地址引用为________，绝对地址引用为________，混合地址引用为________。

10．数据列表必须有________，而且每一列的________必须相同。

五、操作题（共2小题，每题10分，共20分）

1．在单元格D8中，输入文字“北京2008年奥运会”，然后进行如下操作：

（1）将该单元格调整到最合适的列宽。

（2）将“北京”两个字设置为“字体：宋体；字号：15磅”，将数字“2008”设置为“字体：Time New Roman；字号：18磅”，将“年奥运会”设置为“字体：黑体；字号：20磅”。

（3）将单元格设置为“水平居中”和“垂直居中”。

（4）将文字“北京 2008 年奥运会”的颜色设置为红色。

（5）将单元格 D8 中的值复制到单元格 F8 中，然后将单元格 F8 中的内容调整至合适的位置，并以水平方向为基准顺时针旋转 20°。

2. 创建如下所示的数据清单，然后进行操作。

产品名称	销售日期	销售地区	产品型号	台数	单价	销售收入
工作站	1季度	北京	WK	100	10	1000
工作站	2季度	上海	WK1	200	10	2000
工作站	3季度	广州	WK	220	10	2200
服务器	4季度	北京	SV	120	15	1800
服务器	1季度	上海	SV1	120	15	1800
服务器	2季度	广州	SV	120	15	1800
服务器	3季度	北京	SV1	125	15	1875
工作站	4季度	上海	WK	160	11	1760
工作站	1季度	广州	WK1	180	11	1980
工作站	2季度	北京	WK	181	11	1991
服务器	3季度	上海	SV1	182	16	2912
服务器	4季度	广州	SV	183	16	2928
服务器	1季度	北京	SV	184	16	2944
服务器	2季度	上海	SV	185	16	2960

（1）创建数据透视表，将“产品名称”放置在【页】字段区、“销售日期”放置在【行】字段区、“产品型号”放置在【列】字段区、“销售收入”放置在【数据】字段区。

（2）创建数据透视图，将“产品名称”放置在【页】字段区、“销售日期”放置在【行】字段区、“产品型号”放置在【列】字段区、“销售收入”放置在【数据】字段区。

（3）将第一条记录中的 WK 改成 WK1，然后刷新数据透视表。

（4）在数据透视表中，按“工作站”筛选数据透视表。

参考答案

一、单选题

1. B　2. C　3. A　4. D　5. D　6. D　7. B　8. C　9. B　10. B

11. A　12. A　13. A　14. D　15. C　16. A　17. B　18. C　19. B　20. B

二、多选题

1. ACE　2. AC　3. AB　4. ACD　5. ABC

三、判断题

1. ×　2. ×　3. √　4. ×　5. ×　6. √　7. ×　8. ×　9. ×　10. √

四、填空题

1. 自动筛选，高级筛选　2. 或，与　3. F1，另存为

4. Sheet1，工作表标签　5. 数值，文本　6. 填充句柄，=A4+C4

7. 12，1　8. 3，16 777 216，!　9. E3，$E$3，$E3 或 E$3

10. 列名，数据类型

五、操作题（略）

计算机常识

微软亚洲研究院与 MSN

1．微软亚洲研究院

1998 年 11 月 5 日，微软公司投资 8 000 万美元，在北京成立微软亚洲研究院。这是微软公司在亚洲唯一的基础研究机构。今天，微软亚洲研究院已从建院之初的 2 人发展到现在的 100 多人。微软亚洲研究院的使命是使未来的计算机能够看、听、学，能用自然语言与人类进行交流，最终使计算机在我国的使用像在任何其他国家一样普及、方便和轻松。微软亚洲研究院主要从事 4 个方向的研究：新一代用户界面，多媒体技术，信息处理技术，无线互联技术。

2．MSN

MSN 是微软公司的一个门户网站，为用户提供各种个性化网络服务，其站点地址是 www.msn.com。如果在 MSN 上申请一个账号，则可获得免费电子邮箱，还能享受其他的商务服务。微软公司还提供了专门访问 MSN 站点的浏览器 MSN Explorer，可以从 www.explorer.msn.com 下载。

3．办公自动化

以往述及办公自动化，人们往往简单地理解为文档处理，从事办公自动化仅仅是文秘人员的事。在实际应用方面，办公软件距离办公自动化的要求还有相当远的一段距离。办公自动化应该是集文档办公、行政办公、业务办公和领导办公于一体的办公自动化。

在我国 DOS 时代的办公软件中，字处理软件主要是金山 WPS，电子表格工具是 Lotus 1-2-3。进入 Windows 时代后，微软公司开发了 Word 和 Excel 等办公软件，在市场上独领风骚。后来微软公司将多个软件集中销售，组成了 Office 系列。目前 Office 堪称最流行的办公软件。

第 5 章
PowerPoint 2003 的使用测试题及参考答案

测 试 题 1

一、单选题（共 20 小题，每题 2 分，共 40 分）

1．PowerPoint 的主要功能是________。

A）创建演示文稿　　B）数据处理

C）图像处理　　D）文字编辑

2．空演示文稿提供了________种新幻灯片版式。

A）18　　B）24　　C）28　　D）31

3．建立演示文稿的三种方式是________。

A）文件、新建、插入

B）内容提示向导、设计模板、空演示文稿

C）应用设计模板、幻灯片配色方案、幻灯片切换

D）新建、常用、空演示文稿

4．启动幻灯片放映有________种方法。

A）4　　B）6　　C）3　　D）5

5．文字格式化时，用户可通过“格式”菜单中的“________”命令。

A）字体　　B）对齐　　C）行距　　D）分行

6．PowerPoint 提供了________种视图。

A）4　　B）6　　C）3　　D）5

7．调整幻灯片顺序或复制幻灯片使用________视图最方便。

A）备注　　B）幻灯片

C）幻灯片放映　　D）幻灯片浏览

8．在浏览模式下，选择单张幻灯片用________鼠标的方式。

A）单击　　B）双击　　C）拖放　　D）右击

9．在浏览模式下，选择分散的多张幻灯片需要按住________键进行选择。

A）Shift　　B）Ctrl　　C）Tab　　D）Alt

10．复制幻灯片用“________”菜单。

A）文件　　B）编辑　　C）格式　　D）工具

11．PowerPoint 中保存演示文稿的扩展名是________。

A）ppt　　B）xls　　C）txt　　D）doc

12. 浏览模式下可多页并列显示，一行中可显示________页。

A）2　　B）4　　C）6　　D）多

13. 对插入的图片、自选图形等进行格式化时，应选取“________”菜单中对应的命令完成。

A）视图　　B）插入　　C）格式　　D）窗口

14. 设置幻灯片切换效果通常在________下进行。

A）幻灯片放映视图　　B）幻灯片视图

C）大纲视图　　D）幻灯片浏览视图

15. 行距和段落间距的设置利用“格式”菜单中的“________”命令。

A）字体　　B）对齐

C）行距　　D）分行

16. 要想使每张幻灯片中都出现某个对象（除标题幻灯片），需在________中插入该对象。

A）标题母版　　B）幻灯片母版

C）标题占位符　　D）正文占位符

17. 母版可设置幻灯片的外观，共有________种。

A）2　　B）4　　C）3　　D）1

18. 对文本创建超链接后，________下面将出现一条横线并且显示成指定的颜色。

A）“格式”菜单　　B）模板方案

C）系统配色方案　　D）版面设计

19. 当幻灯片内插入图片、表格、艺术字等难以区分层次的对象时，可用________定义各对象的显示顺序和动画效果。

A）动画效果　　B）动作按钮

C）自定义动画　　D）动画预览

20. 可同时显示多张幻灯片、使用户纵览演示文稿概貌的视图方式是________。

A）幻灯片视图　　B）幻灯片浏览视图

C）普通视图　　D）幻灯片放映视图

二、多选题（共 4 小题，每题 2 分，共 8 分）

1. 建立一个新的演示文稿，可以通过________实现。

A）选择菜单“文件”→“新建”命令

B）单击工具栏上的“新建”按钮

C）单击工具栏上的“新幻灯片”按钮

D）选择菜单“插入”→“新幻灯片”命令

2. 在幻灯片中，可以插入________。

A）影片　　B）声音

C）动画　　D）Word 文稿

3. 在幻灯片中设置动画可以________。

A）选择菜单“插入”→“影片和声音”命令

B）单击工具栏上的“动画效果”按钮

C）选择菜单“幻灯片放映”→“设置放映方式”命令

D）选择菜单“幻灯片放映”→“自定义动画”命令

4. 要改变幻灯片在窗口中的显示比例，应________。

A）右击幻灯片→在快捷菜单中选择“显示比例”命令

B）将鼠标指向幻灯片的四角，待鼠标变成双向箭头时，拖动鼠标

C）单击工具栏上的“显示比例”下拉式菜单

D）选择菜单“视图”→“显示比例”命令

三、判断题（共 10 小题，每题 1 分，共 10 分）

1. 一张幻灯片就是一个演示文稿。（ ）
2. 当单色显示按钮生效时，幻灯片放映的效果也是单色的。（ ）
3. PowerPoint 可以从“开始”菜单的“所有程序”中启动。（ ）
4. 当对演示文稿进行排练计时后，排练计时在人工放映时也生效。（ ）
5. 在对两张幻灯片设置超链接时，一般应该先定义动作按钮。（ ）
6. 普通视图的左子窗口显示的是文稿的大纲。（ ）
7. 在幻灯片中不能设置页眉 / 页脚。（ ）
8. 可以从“文件”菜单中关闭幻灯片。（ ）
9. 幻灯片中的文本在插入后就具有动画了，只有在需要更改时才对其进行设置。（ ）
10. 右击幻灯片，在快捷菜单中选择“删除”命令，可以删除一张幻灯片。（ ）

四、填空题（共 8 小题，每题 4 分，共 32 分）

1. PowerPoint 提供了 4 种幻灯片视图，分别是________、________幻灯片浏览视图和幻灯片放映视图。

2. 在 PowerPoint 中可以利用________、________和________等三种方法创建演示文稿。

3. 放映演示文稿可以选择“幻灯片放映”菜单中的“________”命令，单击幻灯片视图工具栏上的“________”按钮，也可以利用快捷键________。

4. 插入一张新幻灯片可以执行“插入”菜单中的“________”命令，或单击“常规任务”下的________项，还可以利用快捷键________。

5. 删除幻灯片可以通过快捷键________或“________”菜单中的“删除幻灯片”命令。

6. 控制演示文稿外观的三种方式是________、________和________。

7. 每个演示文稿都有两种母版，分别是________和________。

8. 新幻灯片的放映方式分为________和________。

五、操作题（共 1 小题，共 10 分）

（1）在幻灯片中制作如下所示的组织结构：

公司组织结构图

总经理

总经理助理

销售部经理　生产部经理　质检部经理　采购部经理

（2）在幻灯片中插入一段音乐，设置为在运行演示文稿时播放。

（3）在幻灯片中录制旁白。

（4）为幻灯片中的对象设置动画效果。

（5）修改幻灯片母版。

要求：

① 改变文字占位符或标题占位符的大小和位置。

② 在幻灯片母版中添加图片，改变幻灯片的背景。

③ 改变文字占位符中文字的格式。

④ 在幻灯片母版中添加希望在每张幻灯片中都出现的文字或徽标。

参考答案

一、单选题

1. A　2. D　3. B　4. C　5. A　6. A　7. D

8. A　9. B　10. B　11. A　12. B　13. C　14. A

15. C　16. B　17. B　18. D　19. C　20. B

二、多选题

1. AB　2. ABCD　3. BD　4. CD

三、判断题

1. ×　2. ×　3. √　4. ×　5. ×

6. √　7. ×　8. √　9. ×　10. ×

四、填空题

1. 普通视图，备注页视图　2. 内容提示向导，设计模板，空演示文稿

3. 观看放映，幻灯片放映，F5　4. 新幻灯片，新幻灯片，Ctrl+M

5. Delete，编辑　6. 母版，配色方案，设计模板

7. 幻灯片母版，标题母版　8. 演讲者放映，观众自行浏览

五、操作题（略）

测 试 题 2

一、单选题（共 20 小题，每题 2 分，共 40 分）

1. PowerPoint 默认的视图方式是________。

A）大纲视图　B）幻灯片浏览视图

C）普通视图　D）幻灯片视图

2. 在演示文稿中，为幻灯片重新设置背景，若要让所有幻灯片使用相同的背景，则应在“背景”对话框中单击________按钮。

A）全部应用　B）应用　C）取消　D）预览

3. 创建动画幻灯片时，应选择“幻灯片放映”菜单中的“________”命令。

A）自定义动画　B）动作设置　C）动作按钮　D）自定义放映

4．放映幻灯片时，要对幻灯片的放映具有完整的控制权，应使用________放映方式。

A）演讲者　B）观众自行浏览　C）展台浏览　D）自动

5．不属于 PowerPoint 创建的演示文稿的格式文件保存类型的是________。

A）PowerPoint 97　B）RTF 文件

C）PowerPoint 2000　D）PowerPoint 95

6．属于演示文稿扩展名的是________。

A）.opx　B）.ppt　C）.dwg　D）.jpg

7．在 PowerPoint 中输入文本时，按一次回车键则系统生成段落。如果是在段落中另起一行，需要按________组合键。

A）Ctrl+Enter　B）Shift+Enter

C）Ctrl+Shift+Enter　D）Ctrl+Shift+Delete

8．绘制图形时，如果画一条水平、垂直或者 15° 倾角的直线，在拖动鼠标时，需要按________键。

A）Ctrl　B）Tab　C）Shift　D）F4

9．选择全部演示文稿时，可用快捷键________。

A）Shift+A　B）Ctrl　C）F3　D）F4

10．绘制直线时，如果要从第一个端点沿双向延长线条，需要按住________键再拖动鼠标。

A）Shift　B）Ctrl　C）F3　D）F4

11．选定图形对象时，如果选择多个图形，需要按________键，再用鼠标单击要选择的图形。

A）Shift　B）Ctrl+Shift　C）Tab　D）F1

12．改变图形对象的大小时，如果要保持图形的比例，拖动控制句柄的同时要按________键。

A）Ctrl　B）Ctrl+Shift　C）Shift　D）Tab

13．改变图形对象的大小时，如果要以图形对象的中心为基点进行缩放，要按______键。

A）Ctrl　B）Shift　C）Ctrl+E　D）Ctrl+Shift

14．如果要求幻灯片能够在无人操作的环境下自动播放，应该事先对演示文稿进行________。

A）自动播放　B）排练计时　C）存盘　D）打包

15．在幻灯片________视图中，拖动幻灯片可以更改幻灯片的次序。

A）大纲　B）普通　C）浏览　D）放映

16．当在幻灯片中插入声音后，幻灯片中将出现________。

A）喇叭标记　B）一段文字说明

C）链接说明　D）链接按钮

17．要对幻灯片中的某对象进行动画设置，应在“________”子窗格中进行。

A）自定义动画　B）动画预览　C）动态标题　D）幻灯片切换

18．在放映幻灯片时，如果需要从第 2 张幻灯片切换至第 5 张幻灯片，应________。

A）在制作时建立第 2 张幻灯片转至第 5 张幻灯片的超链接

B）停止放映，双击第 5 张幻灯片后再放映

C）放映时双击第 5 张幻灯片就可以切换

D）右击幻灯片，在快捷菜单中选择第 5 张幻灯片

19．当需要将幻灯片转移至其他地方放映时，应________。

A）将幻灯片文稿发送至A盘

B）将幻灯片打包

C）设置幻灯片的放映效果

D）将幻灯片分成多个子幻灯片，以便存入磁盘

20．选择“应用设计模板”并单击“应用”按钮后，该模板将________生效。

A）仅对当前幻灯片　　B）对所有已打开的演示文稿

C）对正在编辑的幻灯片对象　　D）对所有幻灯片

二、多选题（共3小题，每题3分，共9分）

1．________可以启动PowerPoint。

A）单击任务栏的“开始”菜单→“所有程序”→Microsoft Office→Microsoft Office PowerPoint 2003

B）双击桌面上的PowerPoint快捷方式图标

C）从“我的电脑”中的Office程序组启动

D）双击PowerPoint演示文稿

2．在PowerPoint中，________可以启动帮助系统。

A）选择菜单“帮助”中的“Microsoft Office PowerPoint帮助”项

B）单击工具栏上的“帮助”按钮

C）右击对象并从弹出的快捷菜单中选择“帮助”项

D）单击F1功能键

3．________可以在“格式”菜单中进行设置。

A）幻灯片背景　　B）幻灯片版式

C）幻灯片应用设计模板　　D）影片和声音

三、判断题（共10小题，每题1分，共10分）

1．在对幻灯片进行排练计时时，不能更改前面已排练好的时间又全部重新排练。（　）

2．在PowerPoint系统中，不能插入Excel图表。（　）

3．演示文稿只能用于放映幻灯片，而无法输出到打印机上。（　）

4．当演示文稿按照自动放映方式进行播放时，按Esc键可以中止播放。（　）

5．如果不进行设置，系统放映幻灯片时默认是全部播放的。（　）

6．除了系统提供的幻灯片动作按钮外，还可以根据需要，由制作者自己设置。（　）

7．幻灯片动画设置分为预设动画和自定义动画两种方式。（　）

8．在“自定义动画”窗格中，可以改变动画出场的次序。（　）

9．幻灯片中的组织结构图不能设置动画。（　）

10．在放映幻灯片时，可以采用各种显示方式。（　）

四、填空题（共8小题，第1题3分，第2～8题每题4分，共31分）

1．为了在放映时达到观众所期望的节奏和次序，可以创建________演示文稿。

2．控制新幻灯片放映的三种方式是________、________和________。

3．在讲义母版中，包括 4 个可以输入文本的占位符，它们分别是页眉区、页脚区、________、________。

4．PowerPoint 提供的两种模板是________和________。

5．保存演示文稿的方法有：在“文件名”文本框中输入文件存放路径和文件名，最多可以包含________个字符。

6．在组织结构图中可以输入三种类型的文本，一是________，二是________，三是________。

7．PowerPoint 提供了________、________和________三种类型的模板。

8．退出 PowerPoint 的 4 种方法分别是________、________、________、________。

五、操作题（共 1 小题，共 10 分）

（1）创建一个自定义放映幻灯片时，控制幻灯片放映的方式有哪两种？练习使用不同的自定义放映。

（2）在一个演示文稿中，为不同的幻灯片设置不同的切换效果。

（3）通过排练设置幻灯片换片时间，然后通过人工的方法改变部分幻灯片的放映时间。

（4）将宏病毒保护的安全级设置为最高。

（5）在 Word 中分别嵌入和链接两个不同的 PowerPoint 文件，然后在 PowerPoint 中修改这两个文件的内容并保存，观察该 Word 文档有何变化。

参考答案

一、单选题

1．C　2．A　3．A　4．A　5．B　6．B　7．A

8．C　9．C　10．B　11．A　12．C　13．A　14．B

15．C　16．A　17．A　18．A　19．B　20．D

二、多选题

1．ABCD　2．ABD　3．ABC

三、判断题

1．×　2．×　3．×　4．√　5．√

6．√　7．√　8．√　9．×　10．×

四、填空题

1．交互式　2．演讲者放映，观众自行浏览，在展台浏览

3．日期区，页码区　4．设计模板，内容模板

5．255　6．组织结构图的标题，图文框中的文本，注释文本

7．常用，设计模板，演示文稿

8．选择“文件”菜单中的“退出”命令，按 Alt+F4 组合键，双击标题栏左上角的控制菜单按钮，单击窗口右上角的“关闭”按钮

五、操作题（略）

计算机常识

我国计算机发展大事记

时　间	事　件
1958 年	中国科学院计算技术研究所研制成功我国第一台小型电子管通用计算机 103 机（八一型），标志着我国第一台通用数字电子计算机的诞生
1963 年	中国科学院计算技术研究所研制成功第一台大型晶体管计算机 109 机，之后推出乙机和丙机，该机在“两弹一星”试验中发挥了重要作用
1974 年	清华大学、天津无线电研究所和北京无线电三厂等单位联合设计、研制成功采用集成电路的 DJS-130 小型计算机，运算速度达每秒 100 万次
1983 年	国防科技大学研制成功运算速度达每秒上亿次的银河-Ⅰ巨型计算机，这是我国高速计算机研制的一个重要里程碑
1985 年	电子工业部计算机管理局研制成功与 IBM PC 机兼容的长城 0520CH 微型计算机
1992 年	国防科技大学计算机研究所研制出银河-Ⅱ通用并行巨型机，峰值速度达每秒 4 亿次浮点运算（相当于每秒 10 亿次基本运算操作），为共享主存储器的四处理机，其矢量中央处理机采用中小规模集成电路自行设计，总体上达到 20 世纪 80 年代中后期国际先进水平
1993 年	中国科学院计算技术研究所国家智能计算机研究开发中心（后成立曙光公司）研制成功曙光一号全对称共享存储多处理机，这是国内首次以基于超大规模集成电路的通用微处理器芯片和标准 UNIX 操作系统设计开发的并行计算机
1995 年	曙光公司推出国内第一台具有大规模并行处理（MPP）结构的并行机曙光 1000（含 36 个处理机），峰值速度每秒 25 亿次浮点运算，实际运算速度迈上了每秒 10 亿次浮点运算这一高性能台阶。曙光 1000 与美国英特尔公司 1990 年推出的大规模并行机体系结构与实现技术相近，与国外的差距缩小到 5 年左右
1997 年	国防科技大学计算机研究所研制成功银河-Ⅲ百亿次并行巨型计算机系统，采用可扩展分布式共享存储并行处理体系结构，由 130 多个处理结点组成，峰值性能为每秒 130 亿次浮点运算，系统综合技术达到 20 世纪 90 年代中期国际先进水平
1997—1999 年	曙光公司先后在市场上推出具有机群结构（Cluster）的曙光 1000A、曙光 2000-Ⅰ、曙光 2000-Ⅱ超级服务器，峰值运算速度已突破每秒 1 000 亿次浮点运算，机器规模已超过 160 个处理机
1999 年	国家并行计算机工程技术研究中心研制的神威Ⅰ计算机通过了国家级验收，并在国家气象中心投入运行。系统有 384 个运算处理单元，峰值运算速度达到每秒 3 840 亿次
2000 年	曙光公司推出每秒 3 000 亿次浮点运算的曙光 3000 超级服务器
2001 年	中国科学院计算技术研究所研制成功我国第一款通用 CPU——“龙芯”芯片
2002 年	曙光公司推出完全自主知识产权的“龙腾”服务器。“龙腾”服务器采用“龙芯-1”CPU，采用曙光公司和中国科学院计算技术研究所联合研发的服务器专用主板，采用曙光 Linux 操作系统，该服务器是国内第一台完全实现自主知识产权的产品，在国防、安全等部门发挥重大的作用
2003 年	百万亿次数据处理超级服务器曙光 4000L 通过国家验收，再一次刷新国产超级服务器的历史纪录，使得国产高性能服务器产业再上一个新台阶

第 6 章
Internet 的使用测试题及参考答案

测 试 题 1

一、单选题（共 20 小题，每题 2 分，共 40 分）

1．某用户的 E-mail 地址是 Lu_sp@online．sh．cn，那么发送电子邮件的服务器是________。
A）online.sh.cn　B）Internet　C）Lu_sp　D）iwh.com.cn

2．Intranet 是________。
A）局域网　B）广域网　C）企业内部网　D）Internet 的一部分

3．在 Internet 上进行的操作主要有收发电子邮件、________、文件传输、信息查找等。
A）学术交流　B）发布信息　C）远程登录　D）传送广告

4．新闻组是 Internet 知名的服务方式，又称为________。
A） NEWs　B）misc　C）BBS　D）Talk

5．中国科技网是________。
A）CERNET　B）CSTNET　C）ChinaNET　D）ChinaGBN

6．以下关于拨号上网的说法，正确的是________。
A）只能用音频电话线　B）音频和脉冲电话线都不能用
C）只能用脉冲电话线　D）音频和脉冲电话线都能用

7．以下关于进入 Web 站点的说法，正确的是________。
A）只能输入 IP 地址　B）需要同时输入 IP 地址和域名
C）只能输入域名　D）可以输入 IP 地址或域名

8．Internet 上的资源分为________两类。
A）计算机和网络　B）信息和网络
C）信息和服务　D）浏览和电子邮件

9．万维网引进了超文本的概念，超文本是指________。
A）包含多种文本的文本　B）包含图像的文本
C）包含多种颜色的文本　D）包含超链接的文本

10．电子邮件的主要功能是：建立电子邮箱、生成电子邮件、发送电子邮件和________。
A）接收电子邮件　B）处理电子邮件
C）修改电子邮件　D）删除电子邮件

11．关于 Modem 的说法，不正确的是________。

A）Modem 可以支持将模拟信号转换为数字信号

B）Modem 可以支持将数字信号转换为模拟信号

C）Modem 不支持模拟信号转换为数字信号

D）Modem 就是调制解调器

12. 在浏览某些中文网页时，出现乱码的原因通常是________。

A）所使用的操作系统不同　　B）传输协议不一致

C）所使用的中文操作系统内码不同　　D）浏览器不同

13. 下面关于网址的说法中，不正确的是________。

A）网址有两种表示方法　　B）IP 地址是唯一的

C）域名的长度是固定的　　D）输入网址时可以使用域名

14. 文件传输和远程登录都是互联网的主要功能，它们都需要双方计算机之间建立通信联系，二者的区别是________。

A）文件传输只能传输计算机上已经存在的文件，远程登录还要直接在已登录的主机上进行目录、文件等的创建与删除操作

B）文件传输不必经过对方计算机的验证和许可，远程登录则必须经过对方计算机的验证和许可

C）文件传输只能传递文件，远程登录则不能传递文件

D）文件传输只能传输字符型文件，不能传输图像、声音，而远程登录则可传输这些文件

15. 支持 Internet 扩充服务的协议是________。

A）OSI　　B）IPX/SPX

C）TCP/IP　　D）FTP/Usenet

16. 不属于电子邮件系统主要功能的是________。

A）生成电子邮件　　B）发送和接收电子邮件

C）建立电子邮箱　　D）自动销毁电子邮件

17. 网址中的 http 是指________。

A）超文本传送协议　　B）文件传输协议

C）计算机主机名　　D）TCP/IP 协议

18. 将 IE 临时文件夹的空间设置为 500 MB，正确的操作是________。

A）“开始”→“选项”→“设置”　　B）“工具”→“选项”→“设置”

C）“工具”→“选项”→“安全”　　D）“开始”→“选项”→“隐私”

19. 不属于协议的是________。

A）FTP　　B）HTTP

C）HTML　　D）Hypertext Transport Protocol

20. 在 Internet 基本服务中，Telnet 是指________。

A）文件传输　　B）索引服务

C）名录服务　　D）远程登录

二、多选题（共 4 小题，每题 5 分，共 20 分）

1. 下列叙述中，正确的是________。

A）在一封电子邮件中可以发送文字、图像、语音等信息

B）电子邮件比人工邮件传送更迅速、更可靠且范围更广

C）电子邮件可以同时发送给多个人

D）发送电子邮件时，通信双方必须都在场

2．在局域网中，常用的通信介质是________。

A）微波　　B）双绞线　　C）光缆　　D）无线通信

3．下列叙述中，不正确的是________。

A）主机的 IP 地址和域名完全相同

B）一个域名可以对应多个 IP 地址

C）主机的 IP 地址和域名是一一对应的

D）一个主机的 IP 地址可以根据需要对应多个域名

4．计算机网络由两个部分组成，它们是________。

A）计算机　　B）通信子网

C）数据传输介质　　D）资源子网

三、判断题（共 10 小题，每题 1 分，共 10 分）

1．个人计算机可以通过 ISDN 接入 Internet。（　）

2．Internet 解决了不同调制解调器之间的兼容性问题。（　）

3．信息高速公路是指国家信息基础设施。（　）

4．计算机网络是将分散的多台计算机用通信线路互相连接起来而形成的系统。（　）

5．个人计算机插入网卡通过电话线就可以联网了。（　）

6．在建立局域网时，调制解调器是不可缺少的组成部分。（　）

7．在数据通信过程中，信道传输速率的单位是比特，其含义是 bit per second。（　）

8．组成计算机网络的最大好处就是能够共享资源。（　）

9．200.56.78.255 是错误的 IP 地址。（　）

10．使用附件发送文件时，附件可以是文章、文本文件、音频文件、照片、图片和影像。（　）

四、填空题（共 10 小题，每题 2 分，共 20 分）

1．计算机网络技术是________和________相结合而产生的一门新技术。

2．计算机网络就是将地理上________的、具有独立功能的多台计算机（系统）（或由计算机控制的外部设备），利用________通过________和________连接起来，按照特定的通信协议进行________，实现________的系统。

3．开放系统互连模型只对网络层次的划分和各层协议作一些说明，在实际应用中产生一种网络通信协议：________协议。

4．Internet 又称因特网，是________的英文简称，是世界上规模最大的计算机网络，是由成千上万台具有________的专用计算机通过________，把________的网络在物理上连接起来形成的网络。

5．Internet 是全球最大的计算机网络，因此其最突出的特点是________。

6．TCP/IP 协议是________，其中 TCP 是一个面向无连接的协议，允许一台计算机发出的________毫无差错地发往网络上的其他计算机，解决了数据传输中可能出现的问题。IP 详细规定了计算机在通信时应该遵守的全部规则，是 Internet 上使用的一个关键的________，负责________ 的传送。

7．IP 地址由________位二进制数组成，每________位作为一部分，用“.”分开，是计算机网络中各个连接设备的唯一标识。

8．防火墙是在________或________与________之间增设的一个关卡。

9．从本质上说，数据加密是将用户要传送的________按照一定的规则进行________的过程。

10．DNS 系统是由________组成的，每个域名服务器是一个资源记录库，存放着辖域内的所有域名与________的对照表和上一级域名服务器的________。

五、操作题（共 2 小题，每题 5 分，共 10 分）

1．访问网易门户网站：www.163.com，在其上申请一个电子邮箱，并给亲朋好友发送电子邮件。

2．浏览自己喜欢的网站，并把该网站收藏在收藏夹中，允许脱机使用。

参考答案

一、单选题

1．A　2．C　3．C　4．A　5．B　6．D　7．D　8．C　9．D　10．A

11．C　12．D　13．C　14．A　15．D　16．D　17．A　18．B　19．C　20．D

二、多选题

1．BC　2．BC　3．ABD　4．BD

三、判断题

1．√　2．×　3．×　4．√　5．×　6．×　7．√　8．√　9．×　10．√

四、填空题

1．计算机技术，通信技术

2．分散，通信手段，通信设备，线路，信息交流，资源共享

3．TCP/IP

4．国际计算机互联网，特殊功能，各种线路，地理位置不同

5．覆盖范围广

6．传输控制协议/网际协议，报文流，底层协议，数据包

7．32，8

8．内部网络，系统，Internet

9．可见信息，翻译

10．域名服务器，IP 地址，IP 地址

五、操作题（略）

测 试 题 2

一、单选题（共 20 小题，每题 2 分，共 40 分）

1. 发送电子邮件的服务器和接收电子邮件的服务器________。
   A）必须是同一主机　　B）可以是同一主机
   C）必须是 2 台主机　　D）以上说法都不对
2. 中国公用信息网是________。
   A）NCFC　　B）CERNET　　C）ISDN　　D）ChinaNET
3. ________不是电子邮件地址的组成部分。
   A）用户名　　B）主机域名　　C）口令　　D）@
4. 下面关于 TCP/IP 的说法中，不正确的是________。
   A）TCP/IP 定义了如何对传输的信息进行分组
   B）IP 专门负责按照地址在计算机之间传送信息
   C）TCP/IP 包括传输控制协议和网际协议
   D）TCP/IP 是一种程序设计语言
5. 以下关于 TCP/IP 的说法，不正确的是________。
   A）这是网络之间进行数据通信时共同遵守的各种规则的集合
   B）这是把大量网络和计算机有机地联系在一起的一条纽带
   C）这是 Internet 实现计算机用户之间数据通信的技术保证
   D）这是一种用于上网的硬件设备
6. 下列关于发送电子邮件的说法，不正确的是________。
   A）可以发送文本文件　　B）可以发送非文本文件
   C）可以发送所有格式的文件　　D）只能发送超文本文件
7. HTTP 是一种________。
   A）网址　　B）高级语言
   C）域名　　D）超文本传送协议
8. 拥有计算机并以拨号方式入网的用户需要使用________。
   A）Modem　　B）鼠标
   C）CD-ROM　　D）电话机
9. 计算机网络系统中的资源可分成三大类：数据资源、________和硬件资源。
   A）设备资源　　B）程序资源　　C）软件资源　　D）文件资源
10. IP 的含义是________。
    A）信息协议　　B）内部协议
    C）传输控制协议　　D）网际协议
11. 电子邮件到达接收方时，如果接收方没有开机，那么电子邮件将________。
    A）在接收方开机时重新发送
    B）丢失

C）退回给发件人

D）保存在因特网服务提供者的 E-mail 服务器上

12．超文本的含义是________。

A）该文本中包含有声音

B）该文本中包含有图像

C）该文本中包含有二进制字符

D）该文本中有链接到其他文本的超链接

13．OSI/RM 的含义是________。

A）网络通信协议　　B）国家信息基础设施

C）开放系统互连参考模型　　D）公共数据通信网

14．TCP/IP 的基本传输单位是________。

A）文件　　B）字节　　C）数据包　　D）帧

15．在 Internet 上，可以将一台计算机作为一台主机的远程终端，从而使用该主机中的资源，该项服务称为________。

A）FTP　　B）Telnet　　C）Gopher　　D）BBS

16．TCP 的主要功能是________。

A）进行数据分组　　B）提高数据传输速率

C）保证可靠传输　　D）确定数据传输途径

17．DNS 的含义是________。

A）域名系统　　B）域名　　C）服务器　　D）网络名

18．Modem 的主要功能是________。

A）将数字信号转换为模拟信号　　B）将模拟信号转换为数字信号

C）兼有选项 A 和 B 的功能　　D）选项 A 和 B 都是错误的

19．Internet 诞生的标志是________。

A）建立 NSFNET　　B）TCP/IP 研制成功

C）ARPANET 的建立　　D）首届计算机通信国际会议召开

20．用于表示商业公司一级域名的是________。

A）.com　　B）.edu　　C）.org　　D）.net

二、多选题（共 4 小题，每题 5 分，共 20 分）

1．网络通信协议由________组成。

A）语法　　B）语义　　C）变换规则　　D）标准

2．在以下各类型的文件中，可以在 Internet 中传输的有________。

A）声音　　B）图像　　C）电子邮件　　D）文字

3．下列叙述中，正确的是________。

A）因特网可以提供电子邮件功能

B）IP 地址分成三类

C）当个人计算机接入网络后，其他用户均可使用本地资源

D）计算机局域网的协议很简单

4．网络通信协议的层次结构的特点有________。

A）最高层为应用程序层

B）除了物理层之外，每一层都是下一层的用户

C）每一层都有相应的协议，都有明确的任务

D）层与层之间通过接口相连

三、判断题（共 10 小题，每题 1 分，共 10 分）

1．我国的 4 个互联网分别是 CERNET、CHINANET、CHINAGBN 和 CSTNET。（　）

2．用户的电子邮件地址就是该用户的 IP 地址。（　）

3．计算机网络协议是为保证准确通信而制定的一组规则或约定。（　）

4．在计算机网络中，每台计算机都是独立的。（　）

5．Internet 上使用的规则是 TCP/IP。（　）

6．调制解调器的作用是对信号进行整形和放大。（　）

7．内置式调制解调器位于机箱内，其抗干扰能力比外置式调制解调器强，而且运行速度比外置式调制解调器快。（　）

8．使用电子邮件时，不能把视频文件作为附件连同正文一起发送给收件人。（　）

9．在 Internet 上用户是自由的，不受任何约束。（　）

10．Internet 属于美国。（　）

四、填空题（共 10 小题，每题 2 分，共 20 分）

1．域名中从左到右，子域名分别表示________、________、________和________。一般情况下，最右边的子域名为________。

2．________是 Internet 提供的最基本、最重要的服务功能，也称电子邮箱，它不受空间条件的限制，同时发送信息的数量、速度、准确性和费用方面都能满足用户的要求。

3．目前大多数用户接入 Internet 的方式有两种：________和________。其中________是通过公用的电话网接入 Internet，________是通过 X.25 网、ISDN、DDN 等专线接入 Internet。

4．在外置式调制解调器的安装过程中，将电话线插入调制解调器的________插孔中，另一个________插孔通过一条线与电话线相连。

5．电子邮件是利用________的通信功能实现比普通信件传输快很多的一种新技术。

6．通过拨号方式接入 Internet 时，应首先选择一个______，从那里获取使用 Internet 的________和________，然后在拥有________的基础上添加一个________和________即可。

7．OSI 的含义是________。

8．实现计算机网络需要硬件和软件，其中，负责管理整个网络各种资源、协调各种操作系统的软件是________。

9．一座办公大楼内各个办公室中的微型计算机进行联网，这个网属于________。

10．IP 地址采用________进制表示法。

五、操作题（共 2 小题，每题 5 分，共 10 分）

1. 通过浏览器下载迅雷（Thunder）软件。
2. 安装迅雷软件，然后使用该软件下载自己喜欢的软件和文章等。

参考答案

一、单选题

1. B　2. D　3. C　4. D　5. D　6. D　7. D　8. A　9. C　10. D
11. D　12. D　13. C　14. C　15. B　16. C　17. A　18. C　19. C　20. A

二、多选题

1. ABC　2. ABD　3. AD　4. ABC

三、判断题

1. ×　2. ×　3. √　4. √　5. √　6. ×　7. ×　8. ×　9. ×　10. ×

四、填空题

1. 不同的国家或地区，组织名称，分组名称，主机名称，顶级域名
2. 电子邮件
3. 拨号上网，专线上网。拨号上网，专线上网
4. LINE，PHONE
5. 计算机网络
6. Internet 服务提供者，用户名，口令，一台计算机，调制解调器，一条电话线
7. 开放系统互连
8. 网络操作系统
9. LAN
10. 点分十

五、操作题（略）

计算机常识

完美测试 TCP/IP 配置

安装网络硬件、设置网络协议之后，一般要进行 TCP/IP 协议的测试工作。那么怎样测试才算是比较全面的测试呢？笔者认为，全面的测试应包括局域网和互联网两个方面，因此应从局域网和互联网两个方面进行测试。以下是在实际工作中利用命令行测试 TCP/IP 配置的步骤：

（1）执行菜单“开始”→“运行”命令，输入 CMD 后按回车键，打开命令提示符窗口。

（2）首先检查 IP 地址、子网掩码、默认网关、DNS 服务器地址是否正确，输入命令 ipconfig/all，按 Enter 键。此时显示计算机的网络配置，观察其是否正确。

（3）输入“ping 127.0.0.1”，观察网卡是否能转发数据。如果出现“Request timed out”，

表明配置有差错或网络有问题。

（4）查验一个互联网地址，如 ping 202.102.128.68，看是否有数据包传送回来，以验证与互联网的连接性。

（5）查验一个局域网地址，观察与它的连通性。

（6）用 nslookup 测试 DNS 解析是否正确，如输入“nslookup www.ccidnet.com”，查看是否能够解析。

如果计算机已经通过了全部测试，则说明网络运行正常，否则网络可能存在不同程度的问题，在此不赘述。需要注意的是，在使用 ping 命令时，有些公司会在其主机设置丢弃 ICMP 数据包，造成 ping 命令无法正常返回数据包。不妨换个网站尝试。

第7章 计算机安全与维护测试题及参考答案

测 试 题 1

一、单选题（共 20 小题，每题 2 分，共 40 分）

1. 保障信息安全最基本、最核心的技术性措施是________。

   A）信息加密技术　　B）信息确认技术

   C）网络控制技术　　D）反病毒技术

2. 通常所说的“病毒”是指________。

   A）细菌感染　　B）生物病毒感染

   C）被损坏的程序　　D）特制的、具有破坏性的程序

3. 对于已感染了病毒的软盘，最彻底的清除病毒的方法是________。

   A）用酒精将软盘消毒　　B）把软盘放在高压锅里煮

   C）将感染病毒的程序全部删除　　D）对软盘进行格式化

4. 计算机病毒造成的危害是________。

   A）使磁盘发霉　　B）破坏计算机系统

   C）使计算机内存芯片损坏　　D）使计算机系统突然断电

5. 计算机病毒的危害性表现在________。

   A）能造成计算机器件永久性失效

   B）影响程序的执行，破坏用户数据和程序

   C）不影响计算机的运行速度

   D）不影响计算机的运算结果，不必采取任何措施

6. 下列有关计算机病毒分类的说法，正确的是________。

   A）病毒分为 12 类

   B）病毒分为操作系统型和文件型

   C）没有病毒分类之说

   D）病毒分为外壳型和入侵型

7. 计算机病毒对于操作计算机的人，________。

   A）只会感染，不会致病　　B）会感染，会致病

   C）不会感染　　D）会有厄运

8. 不能防止计算机病毒的措施是________。

   A）软盘未写保护

B）先用杀毒软件将从其他机器上复制的文件清查病毒

C）不使用来历不明的磁盘

D）经常关注防病毒软件的版本升级情况，并尽量使用最高版本的防病毒软件

9．防病毒卡能够________。

A）杜绝病毒对计算机造成侵害

B）发现病毒入侵迹象并及时阻止或提醒用户

C）自动消除已感染的所有病毒

D）自动发现并阻止病毒的入侵

10．计算机病毒主要是造成________损坏。

A）磁盘　　B）磁盘驱动器

C）磁盘及其中的程序和数据　　D）程序和数据

11．文件型病毒感染的对象主要是________。

A）DBF　　B）PRG　　C）COM 和 EXE　　D）C

12．文件被感染病毒后，其呈现的基本特征是________。

A）文件不能被执行　　B）文件长度变短

C）文件长度加长　　D）文件能照常运行

13．在计算机网络的应用中，有意制造和传播计算机病毒是一种________行为。

A）不规范的　　B）违法的

C）不道德的　　D）失职的

14．在计算机网络中，数据传输的可靠性可以用________测评。

A）传输速率　　B）频带利用率

C）信息容量　　D）误码率

15．以下特性中，不属于计算机病毒特性的是________。

A）传染性　　B）隐蔽性　　C）长期性　　D）潜伏性

16．计算机病毒可以使计算机________。

A）过热　　B）自动开机

C）耗电量增加　　D）丢失数据

17．密码发送型特洛伊木马程序将窃取的密码发送到________。

A）电子邮件　　B）电子邮箱

C）邮局　　D）网站

18．设置网上银行密码的安全原则是________。

A）使用有意义的英文单词　　B）使用姓名缩写

C）使用电话号码　　D）使用字母和数字的混合

19．以下不属于网络安全防范措施的是________。

A）安装个人防火墙　　B）设置 IP 地址

C）合理设置密码　　D）下载软件后，先杀毒再使用

20．属于计算机犯罪的是________。

A）非法截取信息

B）复制与传播计算机病毒、禁播影像制品和其他非法活动

C）借助计算机技术伪造或篡改信息、进行诈骗及其他非法活动

D）以上皆是

二、多选题（共 4 小题，每题 5 分，共 20 分）

1. 计算机病毒通常易感染扩展名为________的文件。

A）hlp　　B）exe　　C）com

D）bat　　E）bak　　F）sys

2. 下列属于计算机病毒引发的症状的是________。

A）找不到文件　　B）系统的有效存储空间变小

C）系统启动时的引导过程变慢　　D）打不开文件

E）无端丢失数据　　F）死机现象增多

3. 下列关于计算机病毒的论述中，正确的是________。

A）计算机病毒是人为地编制出来、可在计算机上运行的程序

B）计算机病毒具有寄生于其他程序或文档中的特点

C）只要人们不去执行计算机病毒，就无法发挥其破坏作用

D）在计算机病毒执行过程中，可以自我复制或制造自身的变种

E）只有在计算机病毒发作时，才能将其检查出来并加以消除

F）计算机病毒具有潜伏性，仅在某些特定的条件下才会发作

4. 下列关于计算机病毒的叙述中，正确的是________。

A）严禁在计算机上玩游戏是预防计算机病毒入侵的唯一措施

B）计算机病毒只破坏内存中的程序和数据

C）计算机病毒可能破坏软盘中的程序、数据以及硬盘

D）计算机病毒是一种人为编制的、特殊的程序，会对计算机系统软件资源和文件造成干扰和破坏，使计算机系统不能正常运转

三、判断题（共 10 小题，每题 1 分，共 10 分）

1. 不得在网络上公布国家机密文件和资料。（　）

2. 电子商务发展迅猛，但困扰它的最大问题是安全性。（　）

3. 用户的通信自由和通信秘密受到法律保护。（　）

4. 在网络安全方面给企业造成最大财政损失的安全问题是黑客。（　）

5. 计算机病毒可通过网络、软盘、光盘等各种媒体传染，有的病毒还会自我复制。（　）

6. 远程登录，就是允许用自己的计算机通过 Internet 连接到很远的另一台计算机上，利用本地的键盘操作他人的计算机。（　）

7. 各级党政机关存储国家秘密文件和资料的计算机系统必须与互联网彻底断开。（　）

8. 用 KV300 查毒软件对计算机进行检查，报告结果称没有病毒，说明这台计算机中一定没有病毒。（　）

9. 在网络上发布和传播病毒只受道义上的制约。（　）

10. 当机器出现一些原因不明的故障时，可通过 Windows 的安全模式重新启动计算机，便可更改系统错误。（　）

四、填空题（共10小题，每题2分，共20分）

1. 防火墙的________功能用来记录它所监听到的一切事件。
2. 在已经发现的计算机病毒中，________病毒可以破坏计算机的主板，使计算机无法正常工作。
3. 计算机病毒具有________、潜伏性和破坏性这3个特点。
4. 计算机病毒可分为引导型病毒和________病毒两类。
5. 引导型病毒通常位于________扇区中。
6. 感染文件型病毒后系统的基本特征是________。
7. 计算机病毒是________。
8. 计算机病毒实际上是一种特殊的________。
9. 计算机病毒传染性的主要作用是将病毒程序进行________。
10. ________程序通过分布式网络来传播特定的信息或错误，进而造成网络服务遭到拒绝并发生死锁。

五、操作题（共2小题，每题5分，共10分）

1. 在自己的计算机上进行杀毒软件的安装练习（如KV2005、卡巴斯基、瑞星杀毒软件、金山杀毒软件等）。
2. 对硬盘或U盘中指定的文件夹进行查杀病毒练习：

（1）按照文件类型进行查杀病毒练习。

（2）利用定制任务设置功能，将杀毒软件设置为定时扫描，扫描频率为“每周一次”。

（3）对计算机系统进行及时升级。

参考答案

一、单选题

1. A　2. D　3. D　4. B　5. B　6. D　7. C
8. A　9. B　10. C　11. C　12. C　13. B　14. D
15. C　16. D　17. A　18. D　19. B　20. D

二、多选题

1. BC　2. BCE　3. ABCDF　4. CD

三、判断题

1. √　2. √　3. √　4. ×　5. √
6. √　7. √　8. ×　9. ×　10. √

四、填空题

1. 事件日志　2. CIH　3. 感染性　4. 文件型　5. 引导　6. 文件长度变长
7. 一段特殊的程序　8. 程序　9. 自我复制　10. 蠕虫

五、操作题（略）

测 试 题 2

一、单选题（共 20 小题，每题 2 分，共 40 分）

1．网络信息系统常见的不安全因素包括________。
A）设备故障　B）拒绝服务　C）篡改数据　D）以上皆是

2．可实现身份验证的是________。
A）口令　B）智能卡　C）视网膜　D）以上皆是

3．计算机安全包括________。
A）操作安全　B）物理安全　C）病毒防护　D）以上皆是

4．信息安全需求包括________。
A）完整性　B）可用性
C）保密性　D）以上皆是

5．下列关于计算机病毒的说法中，错误的是________。
A）有些病毒只能攻击某一种操作系统，如 Windows
B）病毒通常附着在其他应用程序后面
C）每种病毒都会给用户造成严重的后果
D）有些病毒会损坏计算机硬件

6．下列关于网络病毒的描述中，错误的是________。
A）网络病毒不会对数据传输造成影响
B）与单机病毒相比，网络病毒加快了病毒传播的速度
C）传播媒体是网络
D）可通过电子邮件传播

7．下列计算机操作中，不正确的是________。
A）开机前查看稳压器的输出电压是否正常（220 V）
B）硬盘中的重要数据文件要及时备份
C）计算机通电后，可以随意搬动机器
D）关机时应先关闭主机，再关外部设备

8．拒绝服务的后果是________。
A）信息不可用　B）应用程序不可用
C）阻止通信　D）以上皆是

9．网络安全方案（除增强安全设施的投资外）应该考虑________。
A）用户的方便性
B）管理的复杂性
C）对现有系统的影响及对不同平台的支持
D）以上皆是

10．下列关于计算机病毒的描述中，正确的是________。
A）计算机病毒只感染后缀为.exe 或.com 的文件
B）计算机病毒是通过电力网传播的

C）计算机病毒通过读写软盘、光盘或因特网传播
D）计算机病毒是由于软盘表面不清洁而引起的

11．最基本的网络安全技术是________。
A）信息加密技术　B）防火墙技术
C）网络控制技术　D）反病毒技术

12．防止计算机传染病毒的方法是________。
A）不使用带有病毒的盘片　B）使用计算机之前要洗手
C）提高计算机电源的稳定性　D）联机操作

13．计算机病毒________。
A）都具有破坏性　B）有些可能并不具备破坏性
C）都破坏可执行文件　D）不破坏数据，只破坏文件

14．计算机病毒________。
A）是生产计算机硬件时不经意间产生的
B）是人为制造的
C）都必须清除才能使用计算机
D）都是人们无意中制造的

15．以下措施中，不能防止计算机病毒的是________。
A）软盘未启用写保护功能
B）先用杀毒软件对从其他计算机上复制来的文件查杀病毒
C）不使用来历不明的磁盘
D）经常进行防毒软件的升级

16．属于计算机犯罪类型的是________。
A）非法截取信息　B）复制和传播计算机病毒
C）利用计算机技术伪造信息　D）A、B、C 都是

17．下列情况中，________破坏了数据的完整性。
A）假冒他人地址发送数据　B）不承认提交过信息的行为
C）数据在传输中途被窃听　D）数据在传输中途被篡改

18．属于计算机犯罪的是________。
A）窃取各种情报
B）复制与传播计算机病毒、禁播影像制品和其他非法活动
C）借助计算机技术伪造或篡改信息、进行诈骗及其他非法活动
D）以上皆是

19．知识产权包括________。
A）著作权　B）专利权　C）商标权　D）以上皆是

20．应尽量避免侵犯他人的隐私权，不能在网络上随意发布、散布别人的________。
A）照片　B）电子邮箱　C）电话　D）以上皆是

二、多选题（共 4 小题，每题 5 分，共 20 分）

1．下列选项中，属于计算机安全策略的是________。

A）威严的法律　　B）先进的技术
C）高安全等级的防火墙　　D）严格的管理

2．在使用计算机时，应该注意________。

A）机房清洁无尘　　B）机房保持良好的通风
C）供电电源应尽量保持稳定　　D）开、关机时接通电源有先后顺序

3．防治计算机病毒使用的方法主要有________。

A）防止写操作，如软盘启用写保护功能、不乱用来历不明的软盘、盗版光盘等
B）及时使用防病毒软件检查并清除病毒
C）在计算机上安装防病毒软件或防病毒卡
D）目前市面上流行的防病毒软件只有 KV300、AV95、KILL95、瑞星杀毒软件

4．计算机启动时，进入磁盘扫描程序，说法________是合理的。

A）计算机上次使用时没有正常关闭，导致文件读写错误，再次启动时自动进入磁盘扫描程序
B）计算机突然死机。热启动或复位启动也会引起这种现象
C）硬盘出现物理故障，导致系统启动后找不到启动文件
D）突然断电或强行关机引起 Windows 非正常退出

三、判断题（共 10 小题，每题 1 分，共 10 分）

1．当发现计算机病毒时，它们往往已经对计算机系统造成了不同程度的破坏，即使清除了病毒，遭受破坏的内容有时也不可恢复。因此，对计算机病毒必须以防范为主。（　）

2．不得在网络上公布国家机密文件和资料。（　）

3．计算机病毒只会破坏磁盘上的数据和文件。（　）

4．计算机病毒是指能够自我复制和传播、占据系统资源、破坏计算机正常运行的特殊程序块或程序集合体。（　）

5．通常所说的“黑客”与“计算机病毒”是一回事。（　）

6．计算机病毒不会破坏磁盘上的数据和文件。（　）

7．造成计算机不能正常工作的原因若不是硬件故障，就是计算机病毒。（　）

8．用防病毒软件可以清除所有的病毒。（　）

9．计算机病毒的传染和破坏主要是动态进行的。（　）

10．防病毒卡是一种硬件化的防病毒程序。（　）

四、填空题（共 10 小题，每题 2 分，共 20 分）

1．信息的安全是指信息在存储、处理和传输状态下均能保证其________、________和________。

2．实现数据动态冗余存储的技术有________、________和________。

3．数字签名的主要特点有________、________、________。

4．防火墙位于________和________之间，实施对网络的保护。

5．常用的防火墙有________防火墙和________防火墙。

6．________防火墙是网络安全最基本的技术。

7．操作系统安全隐患一般分为两部分：________和________。

8．“冲击波”和“震荡波”病毒是利用 Windows XP 的________漏洞破坏系统的。

9．清除病毒一般采用________和________的方法。

10．计算机病毒的特性有：________、________、________、________、针对性、隐蔽性、衍生性。

五、操作题（共 1 小题，共 10 分）

（1）在自己的计算机上进行防火墙的安装练习（如天网个人版防火墙、诺顿个人防火墙、瑞星个人防火墙等）。

（2）对安装好的防火墙进行安全设置：

① 设置开机后自动启动防火墙。

② 将防火墙的安全级别设置为中级。

③ 利用防火墙修补系统漏洞。

参考答案

一、单选题

1．D　2．D　3．D　4．D　5．C　6．A　7．C　8．D　9．D　10．C

11．B　12．A　13．B　14．B　15．A　16．D　17．D　18．D　19．D　20．D

二、多选题

1．BCD　2．ABCD　3．ABC　4．ABD

三、判断题

1．√　2．√　3．×　4．√　5．×

6．×　7．×　8．×　9．√　10．√

四、填空题

1．完整性，保密性，可用性

2．磁盘镜像，磁盘双工，双机热备份

3．不可抵赖，不可伪造，不可重用

4．被保护网络，外部网络

5．包过滤，代理服务器

6．包过滤

7．设计缺陷，使用不当

8．RPC

9．人工清除，自动清除

10．传染性，潜伏性，可触发性，破坏性

五、操作题（略）

计算机常识

快速关机的危害

在网络上有一些关于计算机快速关机的方法：调出 Windows 任务管理器，按住 Ctrl 键，单击“关机”按钮，这样可 3 秒关机，速度很快。尝试一下果然关机特别迅速，于是在关机的时候就经常采用这种方法。可是时间不长，计算机就多次出现问题，经常提示程序运行错误或不明不白地丢失一些文件，这是为什么呢？其实都是快速关机惹的祸。我们知道，系统正常关机时要进行一系列操作，一般包括关闭窗口、结束进程和服务、保存数据这 4 个过程。

但是快速关机则省掉了某些步骤，所以对系统造成了一定的危害。

系统正常关机的 4 个步骤是：关机指令通知 Windows 子系统 csrss.exe，csrss.exe 收到通知后会和 Winlogon.exe 作数据交换，再由 Winlogon.exe 通知 csrss.exe 开始关闭系统的流程；然后 csrss.exe 依次查询拥有顶层窗口的用户进程，让这些用户进程退出；接着开始终止系统进程；最后 Winlogon.exe 调用 NtShutdownSystem 函数来命令系统执行后面的扫尾工作，系统正常关机。

而使用 Ctrl 键辅助进行，却往往是跳过前面 3 步而直接调用 NtShutdownSystem 函数进行关机的。众所周知，很多软件在运行时会将数据写入内存，在退出时再将数据保存到文件中。如果不经过前面的步骤直接关机，会导致程序不能正常退出而丢失数据。这样就可能因重要数据丢失而造成一些意外的错误，对系统是有危害的。

在认识到快速关机的弊端后，就没有必要使用快速关机了，毕竟数据的安全性比节省的那一点关机时间重要得多。在此笔者也希望大家尽量不要使用快速关机的方法，不然等到计算机出现问题时后悔也晚了。

解答篇

综合练习 1 解答

1.1 选择题

1. C	2. D	3. B	4. C	5. A
6. C	7. A	8. A	9. C	10. B

1.2 简答与综合题

1. 电子计算机的发展经历了哪几个阶段？

解答：第一台电子计算机 ENIAC 于 1946 年在美国研制成功。计算机的发展至今已经历了 5 个重要阶段：

（1）大型计算机阶段。大型计算机经历了第一代电子管计算机、第二代晶体管计算机、第三代中小规模集成电路计算机、第四代超大规模集成电路计算机的发展历程，计算机技术已逐步走向成熟。

（2）小型计算机阶段。小型计算机能够满足中小型企业的信息处理要求，成本较低，其价格易于为人接受。

（3）微型计算机阶段。微型计算机是对大型计算机进行的第二次“缩小化”，使其成为个人及家庭购置得起的计算机，逐渐形成庞大的个人计算机市场。

（4）客户机-服务器阶段。客户机-服务器模式是对大型计算机模式的又一次挑战。由于客户机-服务器结构灵活、适应面广、成本较低，因此得到广泛的应用。

（5）国际互联网阶段。遵从 TCP/IP 协议要求的互联网得到迅猛的发展。

需要注意的是，过去的计算机教材在介绍计算机发展史时，只谈及第一代电子管计算机、第二代晶体管计算机、第三代集成电路计算机、第四代超大规模集成电路计算机，这实际上是大型计算机的发展史，不能全面反映 60 多年来计算机世界发生的翻天覆地的变化。本书划分的 5 个发展阶段较全面地反映了信息技术突飞猛进的发展。此外，本书述及的各个阶段不是串接式的取代关系，而是并行式的共存关系。也就是说，并未在某一年大型计算机全部变成了小型计算机，小型计算机并没有把大型计算机完全取代，微型计算机也没有把小型计算机完全取代，直到今天它们仍然在各自的领域发挥着自身的优势。

2. 一个完整的计算机系统，包括哪两大部分？什么叫裸机？

解答：一个完整的计算机系统包括硬件和软件两大部分。硬件是指组成计算机的所有有形设备，软件是指计算机运行所需要的各种数据、程序和文件。二者之间的关系是“相辅相成，缺一不可”。通常将没有安装任何软件的计算机称为“裸机”，这样的计算机不具备实用价值。

3. 什么是 BIOS？

解答：BIOS 是 Basic Input/Output System 的缩写（全称 ROM-BIOS，意思是只读存储器

基本输入输出系统)。它是被固化到计算机中，为计算机提供最低级、最直接的硬件控制的一组程序。但 BIOS 却不是一般的软件。形象地说，BIOS 是连通软件程序和硬件设备之间的一座“桥梁”，负责解决硬件的即时要求，并按照软件对硬件的操作要求具体执行。

4．计算机硬件系统由哪几部分组成？现代电子计算机的组成结构是由哪位科学家提出的？其基本思想是什么？

解答：计算机硬件系统由运算器、控制器、存储器、输入设备和输出设备 5 大部分组成。

现代电子计算机的组成结构是 1954 年由数学家冯·诺伊曼提出的。其基本思想是“存储程序”，具体内容包括以下 4 个方面：

(1) 计算机由运算器、控制器、存储器、输入设备和输出设备 5 大部分组成。

(2) 各基本部件的功能：在存储器中以同等地位存放指令和数据，并按照地址进行访问，计算机能够区分数据和指令；控制器能够自动执行指令；运算器能够进行加、减、乘、除等基本运算；操作人员可通过输入输出设备与主机进行通信。

(3) 计算机内部采用二进制形式表示指令和数据。指令由操作码和地址码组成，操作码用来表示操作的性质，地址码用来表示操作数在存储器中的位置。程序由一串指令组成。

(4) 把程序和原始数据送到主存储器中，计算机应能自动地逐条取出指令并执行指令所规定的任务。

5．计算机软件是如何分类的？

解答：计算机软件分为系统软件和应用软件两大类。其中，系统软件是指管理、监督和维护计算机资源的软件，系统软件主要包括操作系统、程序设计语言、语言处理程序、数据库管理系统、网络软件、系统服务程序等。应用软件是指为解决某些具体问题而开发和研制的程序，如 Word、Excel、WPS Office、AutoCAD 及用户自行设计的工资、财务、人事等管理程序。

6. 微型计算机硬件系统有哪些主要组成部分？其中哪些属于主机？哪些属于外围设备？各有什么功能？

解答：微型计算机(简称“微机”)的硬件系统由主机、存储设备、输入设备、输出设备及各种接口适配器组成。

主机主要包括中央处理器(CPU)、主板、内部存储器(简称“内存”)等部分。除主机外，所有与微型计算机通过各种接口相连的设备均属于外围设备，如存储设备中的软盘、硬盘、光盘驱动器等；输入设备中的键盘、鼠标等；输出设备中的显示器、打印机等。

微型计算机主要组成部分的功能如下：

(1) CPU：是决定微型计算机性能的核心部件，相当于人的“心脏”。

(2) 内存：包括 ROM(只读存储器)和 RAM(随机存取存储器)两大部分。前者用来存放 BIOS(基本输入输出系统)、键盘配置程序等；后者是外部存储设备或其他外部设备与 CPU 进行数据交换的缓存区，所有需要 CPU 处理的数据必须被调入内存后方可被 CPU 访问。内存具有较高的运行速度，内存容量对微型计算机的性能有较大的影响，断电时将丢失其中的全部数据。

(3) 主板：也称为“母板”或“系统板”。如果把 CPU 比做微型计算机的“心脏”，那么主板就是微型计算机的“身体”。它是整个微机结构的基础，CPU、内存、显卡、鼠标、键盘、声卡、网卡等都安装在主板上，要靠主板来协调工作。

(4) 外部存储器：主要指微型计算机中的软盘、硬盘、U 盘、移动硬盘和光盘驱动器，用来存储和交换各类数据，具有体积小、便于携带的特点。

(5) 输入设备：将数据或指令输入微型计算机的设备，如键盘、鼠标等。

（6）输出设备：用于接收从微型计算机输出的信息的设备，如显示器、打印机等。

7．指出你正在使用的微型计算机的硬件配置和软件配置。

解答：在启动计算机时注意观察屏幕，若信息更换速度太快无法看清，可按 Pause 键暂停，按 Enter 键继续。在此屏幕信息中可以看到计算机显卡型号、显存大小、内存容量、硬盘容量和型号等信息。

在 Windows XP 中，可用鼠标右键单击桌面上的“我的电脑”图标，在弹出的快捷菜单中选择“属性”项，在打开的“系统属性”对话框中选中“硬件”选项卡，单击“设备管理器”按钮，打开“设备管理器”窗口，从中可以看到几乎所有硬件的信息，如图 1-1 所示。

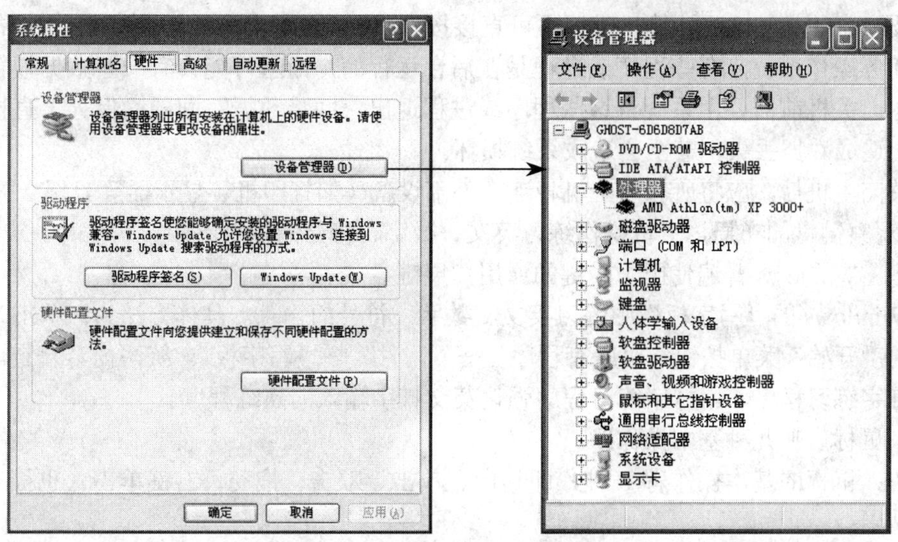

图 1-1 查看微型计算机硬件配置

软件配置主要是指安装的操作系统类型（如 Windows 2000/XP、Linux、Windows Server 2000/2003、Windows Vista）、使用的办公软件类型（如 Microsoft Office 2003、WPS Office）、安装的开发程序类型（如 Visual C++、Visual Basic）。如图 1-2 所示，在“系统属性”对话框的“常规”选项卡中，可以看到目前计算机中安装的操作系统类型。在经典视图模式下，在“开始”菜单的“程序”中可以查看已安装的办公软件和程序，如图 1-3 所示。

图 1-2 “系统属性”对话框中的“常规”选项卡

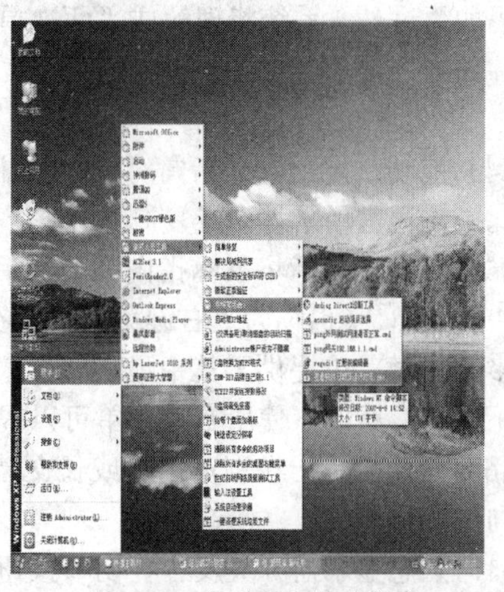

图 1-3 查看已安装的程序

8．学会正确开、关机。

解答：当今流行的操作系统是 Windows 系列产品，开机和关机的过程实际上是 Windows 的启动和关闭的过程。

启动操作较为简单，用户只需直接按下主机机箱面板上的电源开关键（通常标记有“Power”、“On/Off”等字样），系统经过一段时间的自检过程，会自动转到 Windows 登录界面。正确输入与用户名对应的密码后，可登录到 Windows 桌面环境。

关机时，首先应将所有打开的窗口关闭，然后执行“开始”菜单中的“关闭计算机”命令，在系统提供的选项中选择“关闭计算机”后，Windows 将自动完成关机操作。

需要注意的是，关闭计算机时切不可直接按下主机机箱上的电源开关，因为 Windows 是一个多任务操作系统，有些程序或进程是在后台运行的，而且可能会有一些数据被暂时保存在内存中，关机前需要由系统将这些程序或进程退出，并将数据写回硬盘保存。直接关闭电源可能会造成数据丢失，甚至会造成系统损坏。

在关闭主机后，应将所有与主机相连的外部设备（如打印机、显示器等）逐一关闭。

9．观察键盘的布局，上机操作练习英文、数字、符号的输入。

解答：Windows 普遍使用 104 键的通用扩展键盘。

在 Windows 的“写字板”中练习英文、数字、符号的输入。具体方法为：单击 Windows 界面上的“开始”菜单按钮→“所有程序”→“附件”→“写字板”。练习内容自定。也可以执行某打字练习程序，用打字练习程序强化英文打字输入的熟练程度。

10．鼠标有哪几种基本操作？

解答：鼠标的基本操作有 6 种，即指向、单击、双击、拖动、右键单击（也称右击）和滚动。其中：

（1）指向：是将鼠标指针移动到目标对象上。通常此时会显示出该对象的一些属性信息，如工具按钮提示、磁盘剩余空间等。

（2）单击：是将鼠标指向某对象后，快速“点”一下鼠标左键。此操作通常用来执行工具栏命令按钮或菜单项代表的命令。如果单击的对象是程序或文件、文件夹图标，则表示要选中该对象，以便进行后面的操作，如复制、移动或删除等。

（3）双击：是将鼠标指向某对象后，快速“点”两下鼠标左键。点击时有速度要求，时间间隔如果过长，系统将理解成“两次单击”操作（在 Windows 中通常表示进入图标、文件或文件夹的“重命名”状态）。双击通常表示要运行图标所代表的程序、打开图标所代表的文件等。

（4）拖动：是用鼠标指向对象，按住鼠标左键不放，将鼠标指针移动到屏幕上的其他位置。此操作通常用来移动或复制对象。

（5）右击：是指将鼠标指向某对象后，快速“点”一下鼠标右键。通常表示打开该对象的“快捷菜单”（也称为“右键菜单”）。在 Windows 中，某个对象被允许执行的操作（命令）有很多，右键菜单提供了其中最主要、最常用的一些命令，而且不同的对象其右键菜单的内容是不同的。所以，使用右键菜单可以提高工作效率。

（6）滚动：是指在浏览网页或长文档时，滚动三键鼠标的滚轮，此时文档将向滚轮滚动的方向进行浏览。

11．熟悉显示器开关及各种调节按钮的用法。

解答：不同显示器的调节按钮的数量和外观往往不同。显示器的调节方式有：模拟调节方式、数控调节方式、屏幕显示菜单调节方式，如图 1-4～图 1-6 所示。一般都有控制亮度、对比度、色彩的调节功能，这些调节按钮的使用与电视机上相应的旋钮的使用基本上一样。

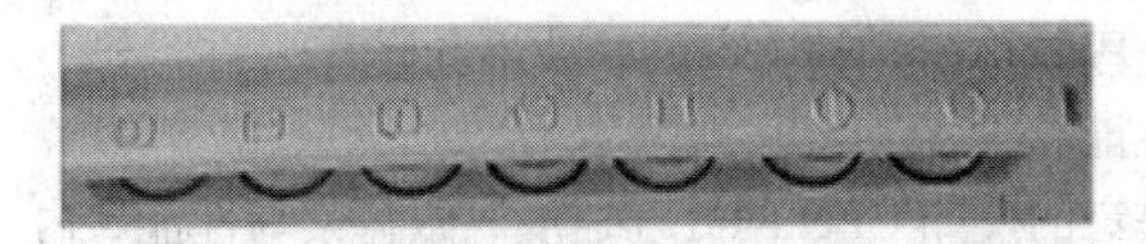
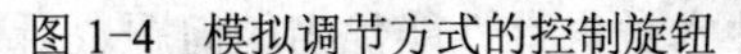

图 1-4　模拟调节方式的控制旋钮

图 1-5　数控调节方式的控制按钮

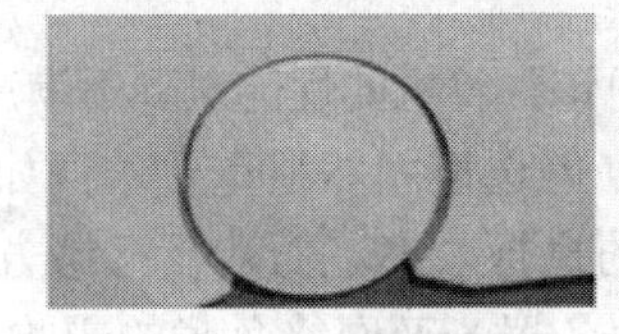
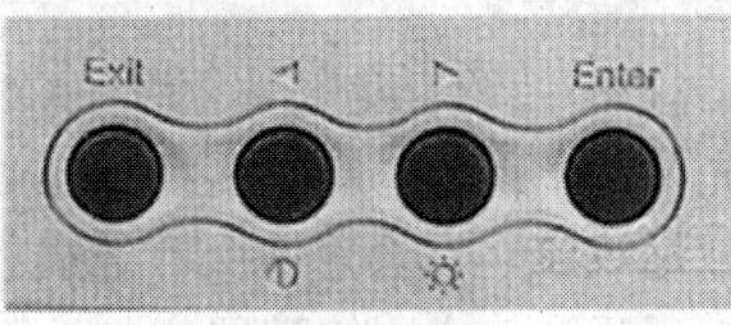

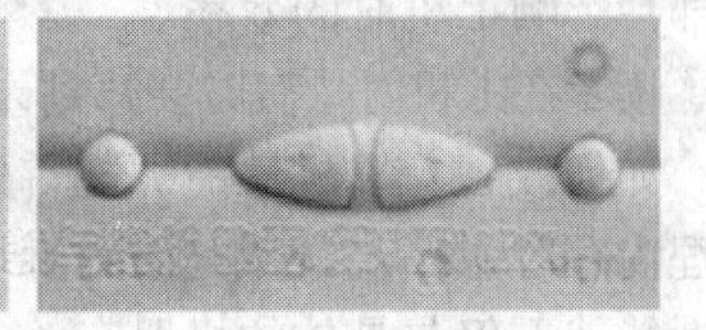

图 1-6　屏幕显示菜单调节方式的控制按钮

12．常用的打印机有哪几类？

解答：根据打印机的工作原理，可分为针式打印机、喷墨打印机和激光打印机 3 类。其中打印质量最好的是激光打印机；打印机成本最低的是针式打印机；打印彩色图形、文字的是高档激光打印机和喷墨打印机。

13．对于非计算机专业的读者来说，是否一定要学习程序设计语言？

解答：在学习计算机时，可以有不同的出发点：

一种是从文化的角度学习计算机，即将计算机作为一种读写工具，作为学习、工作、生活、娱乐以及交流的工具。出于这种目的的学习不需要计算机编程能力。

另一种是从技术的角度学习计算机。作为学习计算机科学与技术的起点和基础，程序设计类课程对读者来说是绝对必要的。对非计算机专业（尤其是理工类专业）的读者来说，虽然有越来越多的软件工具可以使用，但程序设计类课程包含了计算机科学（特别是计算机软件）的许多基本概念，对于读者进一步学习计算机并将计算机科学与技术引入本专业，对于提高计算机应用与开发能力都是非常重要的。

14．什么是操作系统？

解答：计算机系统一般由两大部分组成：计算机硬件和软件。硬件包括 CPU、存储器及各种外围设备。由这些硬件组成的机器称为“裸机”。然而要直接在裸机上运行用户程序或处理某些应用将是十分困难的，因为裸机上没有协助用户解决问题的任何工具和环境，对于用户提出的许多功能和多方面的需求，可以通过编制程序来实现，这类程序叫做计算机系统程序（或称系统软件）。而在系统软件中，最基本的软件就是操作系统。现代操作系统把方便用户使用放在首要位置，产生了图形用户界面技术。图形用户界面是在键盘命令界面基础上的一次飞跃，本书介绍的 Windows 操作系统就是采用图形用户界面技术的微机操作系统。

15．什么是“死机”？计算机为什么会出现死机现象？

解答：有时计算机对用户发出的操作指令没有任何反应，这种现象俗称“死机”。“死机”是一种不可能由操作系统恢复的计算机运行故障状态，唯一的恢复办法是重新启动系统。

造成死机的原因很多，一是操作系统本身存在某种缺陷，二是由于用户操作等外部原因致使系统资源严重匮乏（如内存资源严重不足）并导致操作系统崩溃。

读者可能会问：操作系统还会有错误吗？大家知道，操作系统是一个非常庞大而复杂的软件产品，虽然在出品前经过非常严格的测试，但不能保证其没有错误。所以，像 Windows 这样的操作系统在正式推出之前还要提供测试版本，其目的之一就是让用户在试用过程中发现问题。软件中存在的问题称作“bug”，一些不严重的“bug”会在后面推出的新版本中予以纠正。而对于较严重的“bug”，厂商会提供一段被称为“补丁”的软件进行修复。

16．何谓计算机性能？如何改善计算机性能？

解答：计算机性能是由多方面的因素所决定的，如 CPU 的处理速度、磁盘读写性能、内存容量以及网络连接状况等。此外，用户使用的软件本身也有性能优劣的问题。所有这些因素都会影响上机时的效率。

读者在上机时，有时会感到计算机的处理速度变得很慢，并对该计算机的性能感到不满意。

如何改善计算机性能呢？首先要找出系统的瓶颈所在。CPU 的选型固然很重要，但如果物理内存容量不足，或是磁盘存取速度慢，都会影响到计算机的执行效率。而涉及网络方面的性能就不仅与具体的机器有关，还受到整个网络配置（包括服务器）及网络负载的影响。

在 Windows XP 系统中，在执行一个典型任务的同时，利用“任务管理器”可以观察当前 CPU 和内存的利用率，从中分析系统资源的配置是否合理（如内存容量不足）。

如何提高计算机性能呢？硬件升级自然是一种解决办法，而对于一些大型计算机或服务器，通过调整某些系统参数，也可以显著改善系统性能。

此外，在选购计算机时，还要针对不同类型的应用来确定计算机的配置。例如，对于文件服务器，因对磁盘的访问非常频繁，所以配置读写速度快的磁盘就尤为重要；而对于大型科学计算，CPU 的处理速度（或许还要有内存容量）就成为主要的考虑因素。

17．什么是虚拟内存？它有什么用处？

解答：操作系统使用硬盘来扩充内存，使用磁盘存储器模拟的内存称为“虚拟内存”。虚拟内存使得计算机在物理内存较少的情况下可以运行大型程序、处理大型数据文件，或同时运行多个程序。但是要注意：对虚拟内存的读写实际上是对磁盘的读写，所以速度不如物理内存。虚拟存储技术原来只是在大型计算机上采用，但现在也广泛用于微型计算机系统中。

18．什么是终端？它与计算机有什么不同？

解答：终端是指通过通信线路连接到计算机的输入输出设备，它通常由显示器和键盘组成。终端主要用于多用户系统，如配有分时操作系统的主机通常连有若干终端供用户使用。终端不是计算机，它本身没有 CPU，也不执行计算机的处理任务。终端只是接收用户输入并传送给主机，或显示来自主机的信息。

综合练习 2 解答

2.1 选择题

1. A	2. D	3. D	4. D	5. C
6. D	7. C	8. B	9. D	10. D
11. B	12. D	13. C		

2.2 简答与综合题

1. 简述 Windows 桌面的基本组成元素及其功能。

解答： Windows 桌面包括“快捷图标”、“开始”菜单、“快速启动”工具栏、“任务栏”、“指示区”等部分。

“快捷图标”是显示在 Windows 桌面上的常用应用程序的快捷方式，双击图标可以启动对应的程序。系统安装完毕后，Windows 会自动为“我的电脑”、“回收站”、“网上邻居”、“IE 浏览器”、“我的文档”等程序创建桌面快捷方式，用户也可根据实际工作需要，为自己常用的程序在桌面上创建快捷方式。

“开始”菜单是 Windows 执行任务的入口，可以用来完成启动程序、打开文档、更改系统设置、获取帮助及查找信息等工作。

单击“快速启动”工具栏上的图标按钮，可以快速启动应用程序。单击其中的“显示桌面”按钮可以使所有打开的窗口最小化，将桌面显示到屏幕上。

“任务栏”是显示 Windows 正在运行程序的图标的地方，每个程序通常会以一个按钮的方式显示在任务栏中。

内存驻留程序的任务“指示区”中的内容根据系统设置和安装软件的不同而不同，但通常都有“音量调节器”、“输入法指示器”和“时间指示器”等。单击或双击这些图标可以设置或更改对应的参数。

2. 简述 Windows 窗口和对话框的组成元素。

解答：

（1）Windows 窗口的主要组成元素有：“控制菜单”按钮、“标题栏”、“菜单栏”、“工具栏”、“水平/垂直滚动条”、“状态栏”。

单击“标题栏”最左侧的“控制菜单”按钮，将弹出控制菜单，使用该菜单可以实现还原、移动、改变大小、最小化、最大化及关闭窗口等控制操作。

“标题栏”中显示当前打开文档的名称，包含“控制菜单”图标、“最小化”、“最大化（还原）”和“关闭”按钮。在窗口处于非最大化状态时，拖动标题栏可以实现窗口的移动。

此外，通过标题栏的颜色可以判断当前打开的若干窗口中哪个是当前窗口（也称“活动窗口”)。

“菜单栏”将程序支持的命令（如“文件”、“编辑”等）分类存放，通过菜单栏，用户可以实现各种操作。

“工具栏”是菜单中最常用的命令集合，使用“工具栏”可以使操作更简便。

“水平/垂直滚动条”用于移动窗口中的内容，使用户可以看到当前显示区域以外的内容。当文档内容的显示版面大于窗口尺寸时，只有使用滚动条方可浏览全文。

“状态栏”中显示了当前程序的一些参数，表明程序运行时的状态。如在Word中，状态栏中显示总页数、所在页数、是否处于“改写”状态等。

（2）Windows对话框的主要组成元素有：

单选框：表示用户可以在对话框提供的一组选项中选择某一个选项。当前选中的项目带有一个黑点标记。

文本框：用户可以输入信息的地方。

复选框：表示用户可以在对话框提供的一组选项中选择一个或多个选项。被选中的项目带有“√”标记。

数值框：单击数值框右边的上箭头或下箭头，可以微调框中数字的大小，也可以在框中直接输入需要的数字。

下拉列表框：它实际上是一个折叠起来的选项菜单，单击右边的倒三角形按钮，将打开一个选项列表，用户可以从中选择需要的选项。

命令按钮：单击命令按钮可以执行按钮上表明的命令，如“确定”、“取消”等。有些按钮名称的后面带有“…”标记，表示单击该按钮时将再打开另外一个对话框。

选项卡：如果对话框提供的选项太多，通常采用“选项卡”按不同类别对其进行组织。使用“选项卡”，实际上是将一个对话框分成了多个对话框。

“帮助”按钮：单击该按钮时，鼠标指针旁边会带上一个随鼠标指针移动的“？”标记。用这种带“？”的鼠标单击对话框中某元素，屏幕上将显示关于该项目的帮助信息。

3．使用拖放功能如何移动文档？如何复制文档？

解答：如果在拖放鼠标时，指针旁有一个“+”标记，表示操作为复制操作，按下Shift键可去掉“+”标记，将操作改为移动操作。这种情况出现在源位置与目标位置处于不同磁盘时。若源位置与目标位置处于同磁盘的不同文件夹，直接拖放时没有“+”标记出现，表示操作为移动操作，此时按Ctrl键可改为复制操作。

4．窗口与对话框有什么区别？

解答：Windows所有应用程序均以“窗口”的形式显示在屏幕上，每个窗口代表一个正在运行的程序。对话框是应用程序为用户提供各种设置选项的界面，往往隶属于某一窗口。窗口可以在屏幕中任意移动位置，可以改变其大小；而对话框只能移动位置而不能改变大小。

5．什么是快捷键？什么是快捷菜单？

解答：Windows中的大多数操作由鼠标来完成，使用快捷键可以通过键盘来实现某些鼠标操作。例如，在打开某窗口后，按Alt+F快捷键相当于用鼠标单击“文件”菜单。

快捷菜单是Windows为对象提供的简便操作方法，可用右键单击对象的方式打开快捷菜单。不同快捷菜单的内容通常是不相同的，快捷菜单中的命令与具体的对象有关。

6．如何切换程序？如何最小化所有窗口？如何恢复最小化的窗口？

解答：如果要在打开的程序（窗口）间进行切换，可使用如下方法之一：

（1）单击任务栏中代表某窗口的按钮，可将其设为当前窗口。

（2）按 Alt+Tab 组合键将出现一个当前窗口列表栏，其中排列着当前所有打开窗口的图标。连续按 Alt+Tab 组合键，可将列表中的蓝色方框移动到希望切换到前台的程序名称上，放开按键后，该程序切换为前台程序。

（3）按 Alt+Esc 组合键，可依次激活当前打开的窗口。

（4）如果希望切换到前台的窗口有任何一部分能显示在屏幕上，用鼠标单击其露出的部分，可将其切换到前台。若希望将某已打开的窗口最小化，可单击窗口右上角的“最小化”按钮，将其最小化为任务栏中的一个按钮。单击任务栏中的相应按钮可恢复最小化的窗口。

7．在 Windows 资源管理器中，请用快捷菜单建立、移动、重命名、删除、恢复文件夹。

解答：启动 Windows 资源管理器，通过单击左窗格中的“+”或“-”标记逐层找到希望操作的文件夹。用鼠标指向该文件夹，单击鼠标右键，在弹出的快捷菜单中执行相应的命令即可。对于已被“删除”（移动到“回收站”）的文件夹，需要在资源管理器中单击左窗格中的“回收站”图标，在右窗格中用鼠标指向希望恢复的文件夹并单击鼠标右键，在弹出的快捷菜单中选择执行“还原”命令，将其恢复到原来的位置。

8．请在桌面上为 Windows 的几个游戏创建快捷方式。

解答：创建桌面快捷方式的方法主要有：

（1）通过“资源管理器”或“我的电脑”，找到应用程序文件所在的文件夹，用鼠标右击程序名，在弹出的快捷菜单中执行“发送到”→“桌面快捷方式”命令。

（2）直接从 Windows“开始”菜单中将程序名拖动到桌面上，但在松开鼠标之前应按下 Ctrl 键，否则该菜单命令将被移动到桌面上（“开始”菜单中不再有该命令项）。

9．在 Windows 中运行应用程序有哪几种方法？最常用的方法是什么？

解答：在 Windows 中运行应用程序的方法有：

（1）双击桌面上的快捷方式图标运行程序。

（2）单击“开始”菜单中的程序项，运行应用程序。

（3）通过“我的电脑”或“资源管理器”找到程序后，双击程序名运行程序。

（4）执行“开始”菜单中的“运行”命令，在弹出的“运行”对话框中输入程序名运行程序。

最常用的方法是使用“开始”菜单。

10．如何在文件夹窗口中显示文件的扩展名？

解答：在 Windows XP 环境中，可执行“工具”菜单下的“文件夹选项”命令，在弹出的“文件夹选项”对话框中单击“查看”选项卡，取消选中“隐藏已知文件类型的扩展名”复选项，就可以将文件的扩展名显示出来。

11．简述 Windows 资源管理器的组成。在“资源管理器”中如何复制、删除、移动文件和文件夹？

解答：“资源管理器”窗口分为左右两个部分，左边是系统资源（包括软、硬件）的树形目录结构区，右边是左边被选中的目录中所包含的对象（被当做文件管理的软、硬件）展示区，窗口最下方的状态栏显示对象个数或文件占用磁盘空间等信息。

在“资源管理器”中复制、移动文件和文件夹的方法是：调整左、右窗格以显示两个窗格中的内容（一般使目标文件或文件夹显示在左窗格中，源文件或文件夹显示在右窗格中），将源文件或文件夹拖动到目标位置。需要注意的是，拖动时若鼠标指针旁边带有“+”标记，表示当前操作为复制操作，否则为移动操作。

在“资源管理器”中删除文件和文件夹的方法是：将文件或文件夹显示在右窗格中，单击选中该对象后，选择菜单“文件”→“删除”命令，可将其删除到回收站中。

12．如何查找C:盘上所有文件名以pr开头的文件？

解答：执行“开始”菜单中的“搜索”命令，在打开的“搜索结果”窗口中选中“所有文件和文件夹”链接项，在“全部或部分文件名”文本框中输入“pr*”(“*”为通配符，代表任意字符串)，在“在这里寻找”下拉列表框中选择“本地磁盘（C:)”，单击“搜索”按钮，经过一段时间后，C:盘中所有符合条件的文件或文件夹将显示到右窗格中。

13．回收站的功能是什么？

解答：“回收站”是一个特殊的文件夹，用来存放被删除的文件或文件夹。对于被误删除的对象，可从回收站中将其“还原”到原来的位置。经过一段时间，对于那些确实无用的存放在回收站中的对象，可通过“清空回收站”命令将其真正从计算机中删除。

14．图案和墙纸有什么区别？屏幕保护程序的功能是什么？

解答：墙纸相当于平铺在工作台上的桌布，在Windows桌面上可以放置一些图案。如果较长时间内不执行任何操作，屏幕上显示的内容没有任何变化，会使显示器局部持续显示强光而对其造成损坏，使用屏幕保护程序可以避免这类情况发生。屏幕保护程序是在一个设定的时间内，当屏幕未发生任何改变时，计算机自动启动一段程序来使屏幕变黑或不断变化。当用户需要继续使用时，只需单击鼠标或者按任意键就可以使屏幕恢复正常使用。

综合练习 3 解答

3.1 选择题

1. D　　2. C　　3. B　　4. D　　5. C
6. D　　7. A　　8. D　　9. A　　10. C
11. A　　12. B　　13. A　　14. C

3.2 简答与综合题

1．启动 Word 的方法有哪几种？

解答：通常可使用如下几种方法启动 Word。

（1）双击桌面上的“Microsoft Word”快捷方式图标。

（2）执行“开始”菜单→“所有程序”→“Microsoft Office”→“Microsoft Office Word 2003”命令。

（3）执行“开始”菜单→“运行”命令，在打开的“运行”对话框中输入“winword”，单击“确定”按钮。

2．Word 文档的默认扩展名是什么？

解答：Word 文档的默认扩展名是.doc。

3．在 Word 中，段落是依靠什么键来分隔的？

解答：如果在 Word 文档中的某处按 Enter 键，将产生一个新段落。

4．有一个内容很多的文档，删除其中的部分内容后，发现文档大小并未缩短，是怎么回事？怎样使文档的大小反映文档的实际情况？

解答：有时候当文档中的内容部分删除后，直接按照原文件名和路径保存，会出现文件大小没有发生变化的现象。此时可将文件打开，执行菜单“文件”→“另存为”命令，将文件以其他名字或路径保存，文档的大小即可反映出真实的情况。

5．打开已有文档的方法有哪些？

解答：打开已有文档的常用方法如下：

（1）在“我的电脑”或“资源管理器”中找到文档的存放位置，并双击文件名将其打开。

（2）启动 Word 后，执行菜单“文件”→“打开”命令。

（3）如果是最近使用过的文档，可单击 Word“文件”菜单中最近使用过的文档列表中相应的文件名，或在 Windows“开始”菜单→“我最近的文档”项下，单击相应的文件名。

6．简述同时打开多个 Word 文档的方法。

解答：常用的操作方法如下：

（1）在“我的电脑”或“资源管理器”中配合使用Shift或Ctrl键，选择若干连续或不连续存放的Word文档，双击被选中的任一文档即可同时打开多个文档。

（2）启动Word后，执行菜单“文件”→“打开”命令，在弹出的“打开”对话框中配合使用Shift或Ctrl键，选择若干连续或不连续存放的Word文档，单击“打开”按钮。

7. 在编辑文档的过程中，如果觉得改变后的文本不合适，希望仍用以前的文本，使用什么方法最简便？

解答：直接按Ctrl+Z组合键，或单击工具栏上的“撤销”图标按钮。

8. 如何在文本中进行查找和替换？

解答：执行“编辑”菜单中的“查找”或“替换”命令，在打开的“查找和替换”对话框中输入要查找的内容，或输入要查找的和要替换为的内容，按对话框提示单击相应的按钮。

9. 在Word中，移动或复制文本和图形的方法是什么？

解答：在Word中，可以通过以下方法移动或复制文本和图形：

（1）直接将希望移动或复制的对象拖动到目标位置，直接放开鼠标将执行移动操作，按下Ctrl键后放开鼠标将执行复制操作，注意此时鼠标的旁边带有一个“+”标记。

（2）首先选中希望移动或复制的对象。若希望移动对象，按Ctrl+X组合键，或单击工具栏上的“剪切”按钮（执行“剪切”操作），将光标定位在目标位置后，按Ctrl+V组合键或单击工具栏上的“粘贴”按钮（执行“粘贴”操作）；若希望复制对象，按Ctrl+C组合键或单击工具栏上的“复制”按钮（执行“复制”操作），而后将光标移动到目标位置，执行“粘贴”操作。

10. 选定文本后，拖动鼠标到需要处即可实现文本块的移动；按下什么键的同时拖动鼠标到需要处即可实现文本块的复制。

解答：Ctrl键。

11. 用键盘选择文本时，要在按下什么键的同时定位光标？

解答：按Shift键的同时，移动光标。

12. 在Word窗口中，如果所选文本块中包含多种字号的汉字，则“字号”下拉列表框中按什么显示？

解答：“字号”下拉列表框的显示栏中将显示空白。

13. 在Word窗口中，如果光标停留在某个字符之前，当选择某个样式时，该样式会对当前的什么组成部分起作用？

解答：该样式会对当前段落起作用。

14. 假设已在Word窗口中输入7段汉字，现在要对第1～5段按照某种新的、同样的段落格式进行设置，简述利用样式实现的方法。

解答：实现方法如下：

（1）执行菜单“格式”→“样式和格式”命令，在打开的“样式和格式”子窗格中单击“新样式”按钮，按照提示信息创建包含所希望格式的新样式。

（2）选择第1～5段文本后，在工具栏最左侧的“样式”下拉列表框中选择新建的样式名称。

15．怎样实现文档中所有段落的首行均缩进 2 个汉字？

解答：操作步骤如下：

（1）按 Ctrl+A 组合键选择全部文本。

（2）拖动“标尺”左侧的“首行缩进”滑块，向右拖动两个汉字的距离。

16．在字号中，阿拉伯数字越大表示字符越大还是越小？中文字号越大表示字符越大还是越小？

解答：字号的阿拉伯数字越大，字符越大，但中文字号与此相反。

17．当一篇文章的标题在一行中排不下，但相差不是很多时，需要将它放在一行中，请列举 3 种利用字符格式排版的方法。

解答：可以使用如下 3 种方法之一：

（1）选中文字后，通过工具栏上的“字号”下拉列表框，缩小字号。

（2）选中文字后，单击工具栏上“字符缩放”工具按钮右边的▾下拉标记，将字符比例设置为小于 100%的值。

（3）执行“格式”菜单中的“字体”命令，打开“字体”对话框，选择“字符间距”选项卡，在“间距”下拉列表框中选择“紧缩”，以缩小字间距。

18．当文章很长时，为了提高显示速度，应使用什么视图？当文章很长，且有不同的大标题、小标题时，可以使用什么视图来组织文档？显示查看时最好使用什么视图？为了尽可能地看清文档内容而不想显示屏幕上的其他内容，应使用什么视图？为了看清文档的打印效果，应使用什么视图？

解答：

（1）当文章很长时，为了提高显示速度，可使用“普通视图”。

（2）当文章很长，且有不同的大、小标题时，可使用“大纲视图”来组织文档。

（3）显示查看时最好使用“页面视图”。

（4）只需要显示文章内容时，可使用“全屏显示”视图。

（5）为了看清文档的打印效果，可使用“打印预览”视图。

19．在页面视图中，想稍加调整窗口比例以看清文档内容，最简便的方法是什么？

解答：在工具栏上的“显示比例”下拉列表框中，直接输入适当的百分比数字。

20．在设置段落对齐方式时，要使两端对齐，可使用工具栏上的什么按钮；要左对齐，可使用工具栏上的什么按钮；要右对齐，可使用工具栏上的什么按钮；要居中对齐，可使用工具栏上的什么按钮？

解答：默认情况下，Word 的工具栏上有“两端对齐”、“居中”和“右对齐”3 个段落对齐按钮▤、≡、≡，使用时可将光标放在段落中的任意位置，单击相应的按钮即可。若设置左对齐，一般可用“两端对齐”替代，也可执行菜单“视图”→“工具栏”→“自定义”命令，在打开的“自定义”对话框中选择“命令”选项卡，在“格式”类别中找到“左对齐”图标，将其拖放到工具栏的适当位置即可使用。

21．要想自动生成目录，在文档中应包含什么样式？

解答：应包含标题样式。

22．如果已有页眉，再次进入页眉区只需双击什么就可以了？

解答：再次进入页眉编辑区时，只需双击页眉区即可。

23．设置页边距最快的方法是在页面视图中拖动标尺。对于左、右边距，可以通过拖动水平标尺上的什么来设置；精确的设置可以在按下什么键的同时作上述拖动？

解答：左、右边距可以通过拖动水平标尺灰白区的边界线来设置。精确的设置可以在按下 Alt 键的同时拖动边界线。

24．如果文档中的内容在一页未满的情况下，需要强制换页，应该如何做？

解答：将光标移到文档的结尾处，执行"插入"菜单中的"分隔符"命令，打开"分隔符"对话框，选择"分页符"单选按钮后，单击"确定"按钮。

25．在 Word 中，如何插入图片？插入图片的来源有哪些？如何编辑所插入的图片？

解答：执行菜单"插入"→"图片"→"剪贴画"/"来自文件"命令，按照屏幕提示完成图片的插入。插入图片的来源可以是 Word 自带的图片库（剪贴画库）或通过扫描仪、数码相机等输入计算机中的图片文件。用鼠标右键单击已插入文档中的图片，在弹出的快捷菜单中选择执行"编辑图片"命令；或通过剪贴板将图片复制并粘贴到图像处理软件（如"画图"、Photoshop 等）中进行编辑。

26．如何利用公式编辑器来建立复杂的数学公式？

解答：执行菜单"插入"→"对象"命令，在出现的"对象"对话框中选择"Microsoft 公式 3.0"，单击"确定"按钮。利用公式编辑器"公式"工具栏中的相应工具创建需要的公式。

注意：Microsoft Office 在安装的默认状态下，是不安装公式编辑器的。如果在"插入"菜单的"对象"中找不到"Microsoft 公式 3.0"项，应双击 Windows 控制面板中的"添加/删除程序"图标，选择"Microsoft Office XP"，按照屏幕提示安装公式编辑器组件。

27．建立表格可以通过单击工具栏上的什么按钮，并拖动鼠标选择行数、列数；还可以通过什么菜单中的"插入表格"命令来选择行数、列数？

解答：应单击工具栏上的"插入表格"按钮，或通过"表格"菜单中的"插入表格"命令选择行、列数。

28．如果一个表格长至跨页，并且每页都需要有表头，只要选择标题行，然后执行什么操作？

解答：选择标题行后，执行"表格"菜单中的"标题行重复"命令。

29．表格线应通过什么来设置？

解答：选择表格单元格，使需要设置的表格线全部包含在选择区域中，执行"格式"菜单中的"边框和底纹"命令进行设置。

30．在工具栏中，"打印预览"按钮是哪个，其对应的快捷键是什么？"打印"按钮是哪个，其对应的快捷键是什么？

解答："打印预览"按钮是，快捷键是 Ctrl+Alt+I；"打印"按钮是，快捷键是 Ctrl+P。

31．如果打印页码设为：2-4，10，13，表示打印的是第几页？

解答：表示打印范围为：第 2～4 页和第 10 页、第 13 页。

32．设计一张"学生情况表"，要求有姓名、性别、年龄、家庭地址、联系电话等内容，并对该表格进行修改，按年龄排序，以达到熟练掌握 Word 制表功能的目的。

解答：首先根据题目要求分析表格的行、列数。设学生人数为 5 人，则表格应有 6 行 5

列。输入表格标题，然后执行“表格”菜单中的“插入”→“表格”命令，在“插入表格”对话框中输入需要的行、列数，单击“确定”按钮。屏幕上出现空白表格，输入表头及学生数据。为了使表格看起来美观，可将标题、表头和数据设置为不同的字体、字号。通常情况下，都会将表格的边框设置为“外粗里细”的样式。可单击“表格和边框”工具栏上的按钮“外侧框线”。最后，选择“铅笔”工具，选择线性为实线、粗细为1.5磅。沿表格的外框描绘一周（注意：“铅笔”工具不能画折线，所以外框需要4笔才能完成），得到最终结果。

33．设计名片。使用专用的A4纸，每张打印10个名片，每行2个。（提示：先定义纸张大小为A4，生成2列5行的表格，在一个单元格中，使用文本框等设计一张名片，最后将其复制到其他9个单元格中。）

解答：操作步骤如下：

（1）首先创建一个Word文档，执行“文件”菜单中的“页面设置”命令，在打开的“页面设置”对话框中设置“纸张大小”为A4。执行“表格”菜单中的“插入”→“表格”命令，在打开的“插入表格”对话框中输入行数为5，列数为2，单击“确定”按钮，向文档中插入用于定位的表格。

（2）拖动表格底线至页面底端。将光标移到表格中，表格左上角将出现⊞标记，单击此标记选中整张表格。执行“表格”菜单中的“自动调整”→“平均分布各行”命令，使所有行的高度相同，并占满页面。继续执行“格式”菜单中的“边框和底纹”命令，在“边框和底纹”对话框中选择“边框”选项卡，设置边框样式为“无”，否则打印时将出现不必要的表格线。

（3）选择菜单“视图”→“工具栏”→“绘图”命令，打开“绘图”工具栏（默认情况下，“绘图”工具栏会出现在Word窗口的最下方）。单击“绘图”工具栏上的“文本框”图标按钮，将鼠标移回表格的第一个单元格，此时鼠标指针变成一个“+”标记，从单元格的左上角开始，按下鼠标左键以拖动方式“画出”一个适当大小的文本框。若要精确地移动文本框至单元格中的合适位置，可以在选中文本框后，按键盘上的移动光标键（精确移动）或Ctrl+移动光标键（更精确地移动）。

（4）输入名片中的文字内容，使用“格式”菜单中的“字体”或“段落”项，设置适当的字体、字号和行间距。需要注意的是，对于希望对齐的文字（如本例中的地址、邮编和电话、传真等信息），一般不要使用空格键改变距离，应当使用键盘上的Tab键，否则会出现无法对齐的问题。

（5）为了使名片的外表美观，可以为其设置一个渐变色的底纹。选中文本框后，执行“格式”菜单中的“文本框”命令，打开“设置文本框格式”对话框，单击“填充”选项区域中的“颜色”下拉列表框按钮▾，在其中选择“填充效果”项，在弹出的“填充效果”对话框中选择“双色”单选项，指定颜色1和颜色2（如白和灰），指定“底纹样式”（如“斜上”变形中的第一个），单击“确定”按钮。

当然，也可以为文本框设置“纹理”、“图案”或“图片”底纹。本例为了修饰版面，使用“绘图”工具栏中的“直线”工具，在名片中绘制了一条直线。

（6）当第一张名片制作完成后，使用“绘图”工具栏上的“选择对象”图标命令，将文本框、直线等组成名片的所有对象均框在其中（选中所有对象），右击，在弹出的快捷菜单中选择执行“组合”→“组合”命令，将所有对象连接为一个整体。单击工具栏上的“复制”

按钮，将光标移动到下一个单元格中，单击工具栏上的“粘贴”按钮，得到第二张名片。以此类推，完成在一页 A4 纸上 10 张名片的制作。

34．在页面底端外侧设置页码，格式为・X・，如第 12 页为・12・。

解答：执行“插入”菜单中的“页码”命令，打开“页码”对话框，选择“位置”为“页面底端（页脚）”，“对齐方式”为“外侧”，单击“确定”按钮。插入页码后，双击页脚区进入编辑状态，在页码数字的前后各输入一个“・”符号即可。

3.3　项目实训

解答：略。

综合练习 4 解答

4.1　选择题

1. A　　2. D　　3. C　　4. B　　5. C
6. C　　7. B　　8. B　　9. C　　10. B

4.2　简答与综合题

1．如何启动 Excel？试一试鼠标指针在 Excel 窗口中不同区域的形状和功能。

解答：依次执行 Windows 中的“开始”菜单→“所有程序”→“Microsoft Office”→“Microsoft Office Excel 2003”，即可启动 Excel 2003。

在 Excel 窗口中，鼠标指针有 3 种样式：

（1）✚表示此时处于选择方式。

（2）当鼠标靠近活动单元格右下角的填充句柄时，变成一个黑色“+”标记，例如 980900 980901，表示此时处于填充方式。

（3）当鼠标靠近活动单元格的边框时，指针变成白色箭头 姓名 ，表示此时处于复制或移动方式。

2．简述 Excel 中文件、工作簿、工作表、单元格之间的关系。

解答：一个 Excel 文件就是一个工作簿；一个工作簿由若干张工作表组成，默认情况下为 3 张工作表；一张工作表由众多单元格组成。

3．如何把某一工作表变为活动工作表？如何更改工作表表名？

解答：单击 Excel 窗口下方的工作表名称标签，可将该工作表设置为当前工作表（显示到屏幕中）。

更改工作表表名的方法是：用鼠标右键指向工作表标签，单击鼠标右键，在弹出的快捷菜单中选择“重命名”命令，输入新的名称后按 Enter 键。

4．如何在 Excel 中表示单元格的位置？

解答：单元格的位置用其行、列坐标表示。例如，“B8”表示单元格位于第 8 行、第 2 列的位置。

5．Excel 的工作表由几行、几列组成，其中行号用什么表示，列号用什么表示？

解答：工作表由 65 536 行、256 列组成，其中行号用阿拉伯数字表示，列号用英文字母表示。

6．要选择连续的单元格区域，需要在单击第一个单元格后，按下什么键，再单击最后一个单元格？间断选择单元格则需按下什么键的同时选择各单元格？

解答：选择连续的单元格区域，在单击第一个单元格后，按下 Shift 键。间断选择单元格需要在按下 Ctrl 键的同时选择各单元格。

7．若要在某些单元格内输入相同的数据，有没有简便的操作方法？如果有，怎样实现？

解答：若要在多个单元格中输入相同的数据，应首先选定需要输入数据的单元格（选定的单元格可以是相邻的，也可以不相邻），输入相应的数据，然后按 Ctrl＋Enter 组合键。

8．如果输入数据的小数位数都相同，或者都是相同的尾数为 0 的整数，可以通过 Excel 提供的什么方法来简化操作？

解答：输入数据后，选中数据区，单击工具栏上的“增加小数位数”或“减少小数位数”图标按钮，即可快速统一格式。

9．如何删除、插入单元格？如何对工作表进行移动、复制、删除和插入操作？

解答：用鼠标右键单击希望处理的单元格，再执行快捷菜单中的“删除”或“插入”命令，然后在弹出的对话框中选择删除或插入后的处理方法，单击“确定”按钮即可。

对工作表进行移动、复制、删除和插入操作时，用鼠标右键单击工作表，然后在弹出的快捷菜单中选择执行相应的插入、删除和移动或复制操作即可。

10．如果单元格的行高或列宽不合适，可以用哪几种方法进行调整？如何操作？

解答：常用两种方法进行调整：

（1）直接用鼠标拖动行或列标号处的边界线，可快速调整行高或列宽。

（2）用鼠标右键单击行标号或列标号处，在弹出的快捷菜单中选择“行高”或“列宽”命令，输入准确的数字后按 Enter 键。

11．如何设置工作表的边框和底纹？

解答：若只是简单地设置边框，可在选中表格区域后，单击工具栏上的“边框” 按钮右侧的“▾”标记，在弹出的边框样式列表中选择需要的边框样式。若只是简单地设置底纹，可在选中表格区域后，单击工具栏上的“填充颜色” 按钮右侧的“▾”标记，在弹出的颜色列表中选择需要的颜色即可。

更复杂的边框和底纹设置，应执行“格式”菜单中的“单元格”命令，在打开的“单元格格式”对话框中使用“边框”选项卡和“图案”选项卡中的选项进行设置。

12．如果对某个单元格中的数据已经设置好格式，在其他单元格中要使用同样的格式，如何用最简单的方法来实现？

解答：选择已设置格式的单元格，单击工具栏上的“格式刷”按钮，然后用鼠标拖动到目标单元格区域，完成格式的复制。

13．如何使用 Excel 的自动套用格式功能来快速格式化表格？

解答：首先选择表格区域，执行“格式”菜单中的“自动套用格式”命令，在打开的“自动套用格式”对话框中选择需要的表格样式，还可进一步设置“选项”，单击“确定”按钮。此时将自动使用选中的样式。

14．如果只需要对工作表中的满足某些条件的数据使用同一种数字格式，以使它们与其他数据有所区别，应如何进行？

解答：可通过设置“条件格式”的方法实现。操作方法如下：

（1）选择数据区域后，执行“格式”菜单中的“条件格式”命令，打开“条件格式”对话框，在“条件 1”选项区域中指定单元格数值的条件。

（2）单击“格式”按钮，打开“单元格格式”对话框，可设置符合指定条件时使用的单元格格式，如“粗体”，单击“确定”按钮。

（3）如果希望数据区域中符合不同条件的数据使用不同的格式，可单击“添加”按钮，此时“条件格式”对话框中将显示“条件 2”设置区域，可根据需要进行相应的设置。

15．进行求和计算，最简便的方法是什么？

解答： 首先将光标定位到希望得到计算结果的单元格，单击工具栏上的“自动求和”Σ按钮，然后选择数据区域，单击“编辑栏”中的“输入”✓按钮得到所需要的数据和。

16．在某单元格中输入公式后，如果其相邻的单元格中要进行同类运算，可以使用什么功能来实现？其操作方法是什么？

解答： 可使用 Excel 的“复制公式”功能实现。在完成公式或函数的编辑之后，将鼠标靠近公式或函数所在单元格右下角的填充句柄，当鼠标指针变成“+”标记时，按下鼠标左键，向下或向右拖动鼠标，完成相邻单元格中的同类计算，即将公式复制到相邻单元格中。

17．Excel 对单元格进行引用时，默认采用的是相对引用还是绝对引用？两者之间有何区别？在行、列坐标的表示方法上有何差别？“Sheet3 ！$A$2：C$5”表示什么意思？

解答： Excel 对单元格进行引用时，默认采用的是相对引用。

相对引用表示某一单元格相对于当前单元格的位置，在复制或移动公式时，会根据不同的情况使用不同的单元格引用。绝对引用表示某一单元格在工作表中的绝对位置，在表示时需要在行号和列标前面加一个“$”符号。

“Sheet3!$A$2:C$5”表示对工作表 Sheet3 中从 A2（左上）到 C5（右下）单元格区域的混合引用，其中 A2 为绝对引用，C5 中的列号为相对引用、行号为绝对引用。

18．Excel 提供哪些排序方法？其具体操作是什么？

解答： Excel 提供了两种排序方法：

（1）将光标定位到排序依据所在的列，单击工具栏上的“升序排序”按钮或“降序排序”按钮，完成单一条件排序。

（2）将光标定位到数据区域的任意位置后，执行“数据”菜单中的“排序”命令，可在打开的“排序”对话框中设置排序条件（可设置多个条件），实现多条件排序。

19．在 Excel 中，如何查找满足条件的记录？按查找情况来划分，其查找方法有哪几种？如何进行操作？

解答： 在 Excel 中，可通过“筛选数据”功能查找满足条件的记录。筛选方法分为“自动筛选”和“高级筛选”两种。

使用“自动筛选”时，首先需要将数据区域中任一单元格设置为“活动单元格”（即用鼠标单击数据区域中的任一单元格），执行菜单“数据”→“筛选”→“自动筛选”命令，而后设置“筛选条件”，实现记录的查找。

使用“高级筛选”时，应首先建立一个条件区，并直接在条件区中书写筛选条件，执行菜单“数据”→“筛选”→“高级筛选”命令，在打开的“高级筛选”对话框中指明数据列表区域和条件区域，实现记录的查找。

20．使用 Excel 提供的分类汇总功能，对一系列数据进行小计或合并，其主要步骤是什么？

解答： 分类汇总的操作步骤为：

（1）对分类字段进行排序。

（2）将光标放在工作表的任一单元格中，选择“数据”菜单中的“分类汇总”命令，打开“分类汇总”对话框。

（3）在“分类字段”下拉式列表中选中分类排序字段，在“汇总方式”下拉式列表中选中汇总计算方式，在“选定汇总项”列表框中，选中需要汇总的项。

（4）单击“确定”按钮，完成操作。

21．Excel 提供的数据透视表报告功能有什么作用？如何进行操作？

解答：数据透视表报告能够帮助用户分析和组织数据，利用它可以快速地从不同方面对数据进行分类汇总。操作方法如下：

（1）选择菜单“数据”→“数据透视表和数据透视图”，打开“数据透视表和数据透视图向导—3 步骤之 1”，选择第一项“Microsoft Office Excel 数据列表或数据库”，在“所需创建的报表类型”区域中选择“数据透视表”。

（2）单击“下一步”按钮，打开步骤之2 的对话框，可以输入选定的数据区域名，或单击右侧选择图标按钮后在工作表中选择数据区域，单击“关闭”按钮返回。

（3）单击“下一步”按钮，打开步骤之 3 的对话框，选择数据透视表的显示位置。

（4）单击“完成”按钮，返回显示屏幕。

（5）拖动“数据透视表字段列表”悬浮窗格中的字段名按钮到“页”字段区上侧、“行”字段区上侧、“列”字段区左侧以及数据区上侧，这时，将按要求显示报表。

（6）双击拖到字段区的字段名按钮，打开“数据透视表字段”对话框，选择数据分类汇总的计算方式和隐藏内容。如果单击“高级”按钮，将打开“数据字段表高级选项”对话框，可以进一步选择数据的排序方式和显示方式，最后单击“确定”按钮。

22．什么是嵌入式图表？什么是图表工作表？试述建立图表的步骤。

解答：嵌入式图表是指生成的图表作为工作表中的对象插入当前工作表中。图表工作表是指生成的图表作为新工作表插入工作表中。

建立图表的步骤为：

（1）在工作表中输入建立图表所需要的数据。数据区域应包含数据系列的标题和分类标题。

（2）在数据区域中的任意位置单击。

（3）单击“常用”工具栏上的“图表向导”图标按钮，打开“图表向导—4 步骤之 1-图表类型”对话框。

（4）在“标准类型”选项卡中选择要创建的图表类型，然后单击“下一步”按钮，打开步骤 2 的对话框。在“数据区域”选项卡中指定图表的数据区域，并指明数据系列产生在“列”。在“系列”选项卡中，可以指定系列的“名称”、“数值”的位置以及分类轴的标志。单击“下一步”按钮，打开步骤 3 的对话框。

（5）在“标题”选项卡内分别输入“图表标题”、“分类（X）轴”及“数值（Y）轴”的标题。其他选项卡中的选项暂不作更改。单击“下一步”按钮，打开步骤 4 的对话框。

（6）在“图表位置”对话框中，选择图表的插入位置，选择“作为其中的对象插入”单选按钮，然后在下拉列表框中选择要插入其中的工作表。如果选择“作为新工作表插入”单选按钮，Excel 将自动插入一张图表工作表。

（7）单击“完成”按钮，完成图表的创建。

23．在打印之前，往往要对页面进行设置。请问：页面设置主要包括哪几个方面的内容？如何进行设置？

解答：页面设置主要包括设置打印区域、纸张大小、页边距等。

设置打印区域的方法是：选定要打印的区域，执行“文件”菜单中的“打印区域”→“设置打印区域”命令。

设置纸张大小、页边距等则均通过“页面设置”对话框来进行。具体方法是：执行“文件”菜单中的“页面设置”命令，打开“页面设置”对话框。在“页面”选项卡中，可以设置纸张大小、纸张方向等；在“页边距”选项卡中，可以设置上、下、左、右边距和居中方式。

24. 要把工作表通过打印机打印出来，主要有哪几种方法？

解答：打印工作表最简单的方法是：直接单击“常用”工具栏上的“打印”按钮。这时，将按照默认的设置，或在“页面设置”对话框中指定的设置，打印当前工作表。

另外，还可以通过执行“文件”菜单中的“打印”命令，在弹出的“打印内容”对话框中进行设置，单击“确定”按钮，进行打印。

4.3 项目实训

解答：略。

综合练习 5 解答

5.1 选择题

1. D	2. A	3. A	4. C	5. A
6. A	7. A	8. A	9. B	10. C

5.2 简答与综合题

1. 新建演示文稿时，使用“文件”菜单中的“新建”命令与使用工具栏上的“新建”按钮有何区别？

解答：在 PowerPoint 2003 中，执行菜单“文件”→“新建”命令，将显示“新建演示文稿”子窗格，用户可根据需要创建自定义演示文稿。而单击工具栏上的“新建”按钮，会自动创建一个“空演示文稿”，并显示“幻灯片版式”子窗格。相当于在“新建演示文稿”子窗格中单击“空演示文稿”链接项。

2. 建立演示文稿的方法有哪几种？能否改变已建好的幻灯片的版式？

解答：PowerPoint 为用户提供了 4 种创建演示文稿的方法：

（1）创建空演示文稿。PowerPoint 启动时会自动为用户创建一个仅包含一张幻灯片的空演示文稿，用户可以应用适当的版式进行编辑，可向其中添加新幻灯片。

（2）利用模板创建演示文稿。PowerPoint 提供强大的模板库，涵盖各个领域的多种专业演示文稿的外观样式，即使用户不具备专业的绘画知识，也可以轻松制作出具有专业水准视觉效果的演示文稿。PowerPoint 模板分为演示文稿模板和设计模板两种。

（3）利用“内容提示向导”创建自定义演示文稿。用户仅需回答向导提出的各种问题，即可通过几个简单的步骤快速创建演示文稿的框架，然后再进行细节上的修改。

（4）根据现有文稿创建演示文稿。用户根据已经存在的演示文稿，进行修改后建立自己需要的演示文稿。

可以根据需要对创建好的幻灯片版式进行修改，用户可以直接拖动幻灯片中的对象以改变其位置或大小，还可以执行“格式”菜单中的“幻灯片版式”命令，打开“幻灯片版式”子窗格，选择其中某一版式进行修改。

3. PowerPoint 2003 中的视图有哪几种？在什么视图中可以对幻灯片进行移动、复制、调整顺序等操作？在什么视图中不可以对幻灯片内容进行编辑？

解答：PowerPoint 2003 为用户提供了“普通视图”、“幻灯片浏览视图”、“幻灯片放映视图”和“备注页视图”4 种显示方式。在普通视图或幻灯片浏览视图中，可通过直接拖动幻灯片或配合使用 Ctrl 键实现对幻灯片的复制、移动和调整顺序等操作。在幻灯片浏览视图或备注页视图中，无法对幻灯片内容进行编辑。

4．模板一经选定后，可以改变吗？版式可以改变吗？配色方案可以改变吗？幻灯片的长度及方向可以改变吗？

解答：一套演示文稿在应用了某种模板之后，仍可更改为其他样式的模板。

选择“幻灯片版式”子窗格中的某一版式，可随时更改当前幻灯片的版式设置。

执行菜单“格式”→“幻灯片设计”命令，打开“幻灯片设计”子窗格，单击其中的“配色方案”链接项，可在打开的任务窗格中调整现有幻灯片的配色方案，单击窗格下方的“编辑配色方案”命令，可在打开的“编辑配色方案”对话框中进行细节上的调整。

执行“文件”菜单中的“页面设置”命令，可对幻灯片大小及排列方向进行必要的设置。

5．简述幻灯片母版的作用。母版和模板有何区别？

解答：母版用于设置演示文稿中每张幻灯片的预设格式，这些格式包括每张幻灯片的标题、正文文字的位置和大小、项目符号的样式、背景图案等。而模板是建立在母版基础之上的一整套设计方案，用于快速创建包含动画效果、切换效果及预设文字的示范演示文稿。也可以使用模板快速设置幻灯片的布局。

6．“幻灯片配色方案”和“背景”这两条命令有何区别？

解答：“背景”命令只能对幻灯片的背景颜色或填充效果进行设置。而“幻灯片配色方案”可对背景、文本和线条、阴影、填充、强调文字和超链接等整套的颜色配置进行设置。

7．在幻灯片放映中，如果想放映已隐藏的幻灯片，应如何操作？

解答：若希望在幻灯片放映时显示隐藏的幻灯片，应在隐藏幻灯片的前面单击鼠标右键，在弹出的快捷菜单中指向“定位至幻灯片”，再选择需要放映的隐藏幻灯片。

8．如何撤销已定义的片内动画和片间动画？

解答：操作步骤如下：

（1）撤销已定义的片内动画：执行菜单“幻灯片放映”→“设置放映方式”命令，在打开的“设置放映方式”对话框中选中“放映时不加动画”复选项，即可取消所有已定义的片内动画效果。

（2）撤销已定义的片间动画：执行菜单“幻灯片放映”→“幻灯片切换”命令，在“幻灯片切换”子窗格中，选择切换效果为“无切换”，单击“应用于所有幻灯片”按钮。

9．如何进行超链接？代表超链接的对象是否只能是文本？

解答：执行菜单“幻灯片放映”→“动作设置”命令，在打开的“动作设置”对话框的“超链接到”下拉列表框中选择希望跳转到的对象（可以是幻灯片、其他文档或URL等），单击“确定”按钮。

10．进入幻灯片的各种视图，最快的方法是什么？

解答：在PowerPoint窗口的左下角排列着各种视图的切换按钮、、，单击某一按钮后即可快速切换到对应的视图。

11．在幻灯片放映的过程中，使用绘图笔在幻灯片上进行涂写，实际上就是在所制作的幻灯片中进行各种涂写吗？

解答：不是。幻灯片放映时涂写的各类信息在被显示到屏幕上的同时，仅被临时保存在内存中，并未被保存至幻灯片文件中，所以当再次启动幻灯片或清除相应的内存区域时，这些数据将自动被删除。

12．如果要设置从一张幻灯片切换到下一张幻灯片的方式，应使用“幻灯片放映”中的什么命令？

解答：可执行菜单“幻灯片放映”→“幻灯片切换”命令。

13. 如果要从第 2 张幻灯片跳转到第 8 张幻灯片，应使用菜单“幻灯片放映”中的什么命令？

解答：在选中第 2 张幻灯片中的某对象（幻灯片中的图片、标题等）后，应执行菜单“幻灯片放映”→“动作设置”命令，打开“动作设置”对话框。在“超链接到”单选项的下拉列表框中选择幻灯片，其中列出了当前演示文稿中所有幻灯片的标题及编号，选择目标幻灯片（即第 8 张幻灯片）后，单击“确定”按钮即可。

5.3 项目实训

解答：略。

综合练习 6 解答

6.1 选择题

1. B	2. D	3. D	4. D	5. D
6. D	7. C	8. A	9. C	10. A

6.2 简答与综合题

1. Internet 有哪些功能？

解答：Internet 之所以如此受到用户的青睐，与它能够提供大量的网络服务有着密切的关系。Internet 能够提供的服务有 WWW、E-mail、FTP、Telnet、ICQ 服务、聊天服务、流媒体服务、信息查询等。

2. 什么是 URL？

解答：URL 是 Uniform Resource Locator 的缩写，译为“统一资源定位符”。通俗地说，URL 是 Internet 上用来描述信息资源的字符串，主要用在各种 WWW 客户程序和服务器程序上。采用 URL 可以用一种统一的格式来描述各种信息资源，包括文件、服务器的地址和目录等。

URL 的格式由下列三部分组成：

（1）第一部分是协议（或称为服务方式）；

（2）第二部分是存有该资源的主机 IP 地址（有时也包括端口号）；

（3）第三部分是主机资源的具体地址，如目录和文件名等。

第一部分和第二部分之间用“://”符号隔开，第二部分和第三部分之间用“/”符号隔开。第一部分和第二部分是不可缺少的，第三部分有时可以省略。比如，http://www.sohu.com/index.html。

URL 的第一部分 http://表示要访问的文件的类型。在网络上，几乎总是使用 http（意为超文本传送协议，hypertext transfer protocol。它是用来转换网页的协议）。

URL 的第二部分是 www.sohu.com。这是主机名。表示要访问的文件存放在名为 www 的服务器里，该服务器登记在 sohu.com 域名之下。多数公司有一个指定的服务器作为对外的网站，叫做 www。所以，在进行网上浏览时，如果不能确定 URL 的名字，在 www 后面加上公司的域名是一个好办法。比如，www.sohu.com 或 www.sina.com。

3. 域名和 IP 地址有何关系？

解答：IP 地址一般都是类似于 192.168.0.1 这样的。假如一个网站的 IP 地址是 192.168.1.1，那么会让人觉得不好记。于是就有了域名来代替它。数字不好记，拼音就好记，比如 www.sohu.com，这要比一串数字好记得多。所以就出现了域名。通过域名解析服务器（DNS）将域名解析成 IP 地址，然后就可以访问了。

IP 地址与域名的对应关系：

在因特网（Internet）上有成千上万台主机（host），为了区分这些主机，人们给每台主机都分配了一个专门的“地址”作为标识，称为IP地址。它就像网民在网络上的身份证。要查看自己的IP地址，可在Windows XP系统中依次选择“开始”菜单→“运行”→输入“ipconfig”→按回车键。IP是Internet Protocol（网际协议）的缩写。各主机间要进行信息传递，必须知道对方的IP地址。每个IP地址的长度为32位（bit），分为4段，每段8位（1 B），常用十进制数表示，每段数字的取值范围为1～254，段与段之间用小数点分隔。每个字节（段）也可以用十六进制数或二进制数表示。每个IP地址包括两个ID（标识码），即网络ID和宿主机ID。同一个物理网络上的所有主机都使用同一个网络ID，网络上的一台主机（工作站、服务器和路由器等）对应着一个主机ID。这样把IP地址的4个字节划分为2个部分，一部分用来标明具体的网络段，即网络ID；另一部分用来标明具体的结点，即主机ID。

4．什么是TCP/IP？TCP和IP各有什么作用？

解答：TCP/IP（Transmission Control Protocol/Internet Protocol，传输控制协议/网际协议）是目前世界上应用最为广泛的协议，它的流行与Internet的迅猛发展密切相关。TCP/IP最初是为互联网的原型ARPANET所设计的，目的是提供一整套方便实用、能应用于异构网络上的协议。事实证明，TCP/IP做到了这一点，它使网络互联变得容易起来，并且使越来越多的网络加入其中，成为Internet的事实标准。

TCP/IP协议族包含了很多功能各异的子协议。TCP/IP层次模型共分为四层：应用层、传输层、网络层、数据链路层。

（1）应用层是所有用户所面向的应用程序的统称。

（2）传输层的功能主要是提供应用程序间的通信，TCP/IP协议族在这一层的协议有TCP和UDP。

（3）网络层是TCP/IP协议族中非常关键的一层，主要定义IP地址格式，从而使得不同应用类型的数据在Internet上能够通畅地传输，IP协议就是一个网络层协议。

（4）数据链路层是TCP/IP层次模型的最低层，负责接收IP数据包并通过网络发送之，或者从网络上接收物理帧，抽出IP数据包，交给IP层。

TCP和UDP（User Datagram Protocol，用户数据报协议）属于传输层协议。TCP提供IP环境下的数据可靠传输，它提供的服务包括数据流传送、可靠性、有效流控、全双工操作和多路复用，通过面向连接、端到端和可靠的数据包发送。通俗地说，它是事先为所发送的数据开辟已连接好的通道，然后再进行数据传送。一般来说，TCP对应的是对于可靠性要求较高的应用。TCP支持的应用协议主要有Telnet、FTP、SMTP等。

IP是支持网间互联的数据报协议，它与TCP一起构成了TCP/IP协议族的核心。它提供网间连接的完善功能，包括IP数据报规定互联网络范围内的IP地址格式。

5．叙述Internet中域名和E-mail地址的形式。

解答：Internet域名是一种便于记忆的、分层表示的主机（Internet中的计算机、路由器、交换机等网络设备）名称。例如www. sina. com. cn，表示处于我国（cn）、ChinaNET网（com）、“新浪”组织（sina）中的名为“www”的主机。

E-mail地址类似于zhangsan@163.com，其中，符号“@”（读成at）前面的部分是用户名，后面是域名。

6．什么是WWW？如何浏览WWW？

解答：WWW是World Wide Web的英文缩写，即全球信息网，俗称“万维网”，是因特网应用中的最新成员，但也是使用最为广泛和成功的一个，其目标是实现全球信息的共享。它采用超文本（hypertext）或超媒体的信息结构，建立了一种简单但十分强大的全球信息系统。

媒体是指从网络上能够得到和传播的各种数据形式，包括文本文件、音频文件、图形或图像文件以及其他可以存储于计算机文件中的数据。超媒体是组织数据的一种新方法，一个超媒体文档采用非线性链表的方式与其他文档相连。

使用 WWW 就是按照超文本的链接指针查找和浏览信息。通俗地说，超链接就是通过指针将因特网所有主机上的信息链接起来，你指向我，我指向他，他再指向其他主机。这样因特网用户只要找到任何一台处于这个链接中的计算机，就可以沿着这些链接“顺藤摸瓜”，找到其他的主机。至于主机的性质、位置、服务器的地址，全都不需要考虑。使用者只要用鼠标单击代表超链接的文字或图像，就可以获取所需要的信息了。这是电子邮件、FTP 等其他因特网服务所不能及的。便捷的操作使因特网的吸引力大幅度提高，从而也更加普及。即使没有任何计算机专业知识背景的人，在经过简单的培训后，也都能熟练使用。

WWW 客户端程序一般称为浏览程序或浏览器（Web Browser）。有面向字符和面向图形的两类浏览程序，目前使用最多的当然是图形界面的浏览器，Netscape Navigator 或者 Microsoft Internet Explorer 是典型的代表。

7. 比较收藏夹和历史文件夹的不同之处。

解答：收藏夹的作用是把用户喜爱的网址添加到“收藏夹”中，其优点是便于日后快速地浏览，甚至设置为“允许脱机使用”（见图 6-1）。但用户的兴趣和爱好就会随之暴露无遗了。要想清除“收藏夹”中的历史记录，只要打开“整理收藏夹”对话框，选中目标网址，执行删除操作即可。

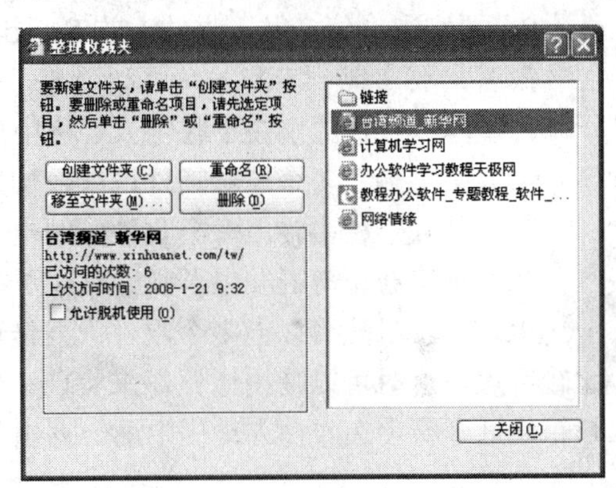

图 6-1 “整理收藏夹”对话框

历史文件夹的作用是：用户在用 IE 浏览器浏览文件后，在 Windows\History 文件夹中将“自动”记录最近数日（最近可记录 99 天）的一切操作，包括浏览过什么网站、观赏过什么图片、打开过什么文件等信息。这个文件夹相当独特，不能进行备份，但会暴露用户在网络及计算机上的“行踪”。如果不想让他人知道用户的“行踪”，要坚决、彻底地清除它。清除它的方法有以下两种。

（1）单击“工具”菜单，然后选择“Internet 选项”，弹出“Internet 选项”对话框，单击“常规”选项卡，单击“清除历史记录”按钮，然后单击“确定”按钮。或将“网页保存在历史记录中的天数”设置为“0”天，然后单击“确定”按钮。

（2）在“控制面板”中找开“Internet 选项”，在“常规”选项卡中，单击“清除历史记录”按钮，然后单击“确定”按钮。或将“网页保存在历史记录中的天数”设置为“0”天，然后单击“确定”按钮。

8. 将下列计算机学习网站保存到收藏夹中。

- 洪恩在线——电脑乐园
- 网易学院
- 新浪网上学园

- 天极专题教程宝典
- 统一教学网
- 太平洋电脑信息网——网络学院
- 计算机考级（洪恩）
- 办公软件（网易）
- 办公软件高手速成（新浪）
- 办公软件（天极）
- 中华网校
- 电脑爱好者
- 网狐学园
- 千源网
- 中国学习联盟
- 全国高校计算机基础教育网
- 微软视窗应用学习中心（MLC）
- 国家精品课程网站
- 计算机基础教学网

解答：略。

9．要实现一信多发，收件人的E-mail地址应如何填写？

解答：要实现一信多发，可利用电子邮件系统的群发功能。群发电子邮件和平时发送电子邮件基本一样，区别在于收件人一栏中要输入多个收件人的电子邮件地址。

（1）手工输入多个电子邮件地址，群发电子邮件

在收件人一栏中输入多个收件人的电子邮箱，中间用分号隔开。

（2）利用通讯簿群发电子邮件

上述方法虽然可以向多个收件人发送电子邮件，但如果要发送的用户很多，逐一输入会比较麻烦，这时可以使用通讯簿来实现。先建立通讯簿，然后分别单击通讯簿中的收件人的邮箱地址，将会在收件人一栏中逐一列出各收件人的地址。

综合练习 7 解答

7.1 选择题

1. D.　2. A.　3. A.　4. B.　5. C.　6. C.　7. C.

7.2 简答与综合题

1．什么是计算机安全？

解答：国际标准化组织（ISO）将“计算机安全”定义为：“为数据处理系统建立和采取的技术和管理的安全保护，保护计算机硬件、软件数据不会因偶然和恶意的原因而遭到破坏、更改和泄露。”

2．计算机安全的范围包括哪几个方面？各方面的含义是什么？

解答：计算机安全包括 3 个方面，即物理安全、逻辑安全及服务安全。

物理安全是指系统设备及相关措施受到物理保护，免于被破坏、丢失等。

逻辑安全包括信息的完整性、保密性和可用性。完整性是指信息不会被非授权方修改及信息保持一致性等；保密性是指仅在授权情况下，高级别信息可以流向低级别的客体和主体；可用性是指合法用户的请求能够及时、正确、安全地得到服务或响应。

服务安全的主要任务是防止硬件设备发生故障，避免系统服务和功能的丧失。

3．Internet 用户面临的安全威胁主要有哪几类？Internet 的安全防护策略有哪些？

解答：Internet 用户面临的安全威胁主要有：信息污染和有害信息，对 Internet 网络资源的攻击，蠕虫等计算机病毒，Internet 上的犯罪行为。

Internet 的安全防护策略包括安全管理防范和安全技术防范两个方面。安全管理防范包括法律制度规范、管理制度约束、道德规范和宣传教育；安全技术防范包括服务器的安全防范、客户端（访问网络的个人或企业用户）的安全防范、通信设备的安全。

4．什么是计算机病毒？它有哪几种类型？什么是黑客？

解答：计算机病毒是指编制或者在计算机程序中插入的破坏计算机功能或者毁坏数据，影响计算机的使用，并能自我复制的一组计算机指令或程序代码。

按照寄生方式，计算机病毒分为引导型病毒、文件型病毒和复合型病毒；按照破坏性，计算机病毒分为良性病毒和恶性病毒。

“黑客”是英文 Hacker 的音译，是指对计算机系统的非法入侵者。从信息安全的角度来说，多数“黑客”非法闯入信息禁区或者重要网站，以窃取重要的信息资源、篡改网址信息或者删除内容为目的，给网络和个人计算机造成了巨大的危害。

5．计算机病毒是如何传染的？如何预防计算机病毒的传染？

解答：计算机病毒主要通过以下 4 条途径传染。

（1）通过移动存储器。通过外界已被感染的 U 盘、软盘、移动硬盘等。由于使用了这些带有病毒的移动存储器，首先使机器部件（如硬盘、内存）感染，进而传染与此机器相连的干净磁盘，这些感染病毒的磁盘在其他机器上使用时又继续传染其他机器。

（2）通过硬盘。新购买的机器硬盘带有病毒，或者将带有病毒的机器维修、搬移到其他地方。硬盘一旦感染病毒，就成为传染病毒的基地。

（3）通过光盘。随着光盘驱动器的广泛使用，越来越多的软件以光盘作为存储介质，有些软件在写入光盘前就已经被病毒感染。由于光盘是只读型的存储设备，所以无法清除光盘中的病毒。

（4）通过网络。通过网络，尤其是通过 Internet 进行病毒的传播，其传播速度极快且传播区域更广。

预防计算机病毒的主要方法有：

（1）重要部门的计算机，尽量做到专机专用，与外界隔绝。

（2）不使用来历不明、无法确定是否带有病毒的软盘、光盘。

（3）慎用公用软件和共享软件。

（4）所有移动磁盘均启用写保护功能，需要写入数据时，临时开封，写后立即恢复写保护。

（5）坚持定期检测计算机系统。

（6）坚持经常性地备份数据，以便日后恢复。这也是预防病毒破坏最有效的一种方法。

（7）自己的软盘不要轻易地借给他人。万不得已，应制作备份后外借，归还后对其重新格式化。

（8）外来软盘、光盘经检测确认无毒后再使用。

（9）备有最新的病毒检测与清除软件。

（10）条件允许时，安装使用防病毒系统。

（11）局域网中的机器尽量使用无盘工作站。

（12）对局域网中超级用户的人选要严格控制。

（13）连入 Internet 的用户，要有在线和非在线的病毒防护系统。

6. 用查杀计算机病毒的软件（如瑞星杀毒软件、江民杀毒软件）检查当前使用的计算机。

解答：启动瑞星杀毒软件 2008 后，完成以下几项操作：

（1）查杀 C: 盘和 U 盘中的病毒。

（2）设置定时杀毒。设置为每天一次，时间为 12:00。

（3）进行在线升级。

7. 我国颁布了哪几部有关计算机安全和软件保护的法律法规？

解答：我国颁布了 7 部有关计算机安全和软件保护的法律法规，分别是：

1994 年 2 月 18 日中华人民共和国国务院令第 147 号发布《中华人民共和国计算机信息系统安全保护条例》，该条例是我国计算机信息系统安全保护的基本法。

1996 年 1 月 29 日公安部发布《关于对与国际联网的计算机信息系统进行备案工作的通知》。

1996 年 2 月 1 日中华人民共和国国务院令第 195 号发布《中华人民共和国计算机信息网络国际联网管理暂行规定》，并于 1997 年 5 月 20 日作了修订。

1997 年 12 月 30 日，公安部颁发了经国务院批准的《计算机信息网络国际联网安全保护管理办法》。

还有《中华人民共和国著作权法》、《计算机软件保护条例》、《关于禁止销售盗版软件的通告》等法律法规。

参 考 文 献

[1] 宋金柯，孙壮，等. 计算机应用基础 [M]. 4 版. 北京：中国铁道出版社，2009.
[2] 宋翔. Office 商务办公专家范例导航 [M]. 北京：科学出版社，2010.
[3] 付朝军，葛运培. 用 PowerPoint 2007 制作多媒体课件. 北京：清华大学出版社，2009.